JN021238

益川敏英監修／
植松恒夫，青山秀明編集

基 幹 講 座 　 物 理 学
相対論

田中貴浩 著

東京図書

シリーズ刊行にあたって

　現代社会の科学・技術の基盤であり，文明発達の原動力になっているのは物理学である．

　本講座は，根源的，かつ科学全ての分野にとって重要な基礎理論を軸としながらも，最新の応用トピックとしてどのような方面に研究が進んでいるか，という話題も扱っている．基礎と応用の両面をバランスよく理解できるように，という配慮をすることで未来を拓く新しい物理学を浮き彫りにする．

　現代社会の中で物理学が果たす本質的な役割や，表層的ではない真の物理学の姿を知って欲しいという観点から，「ただ使えればいい」「ただ易しければいい」という他書の姿勢とは一線を画し，難しい話題であっても全てのステップを一つひとつじっくり解説し，「各ステップを読み解くことで完全な理解が得られる」という基本姿勢を貫いている．

　しっかりとした読解の先に，物理学の極みが待っている．

２０１３年４月

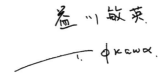

監修者，編集者によるまえがき

植松恒夫（以下，植松）　今回は，基幹講座シリーズの8巻目「相対論」です．タイトルは相対論ですが第1章で特殊相対論について述べて，その後はすべて，一般相対論が論じられています．一般相対論は，僕らが学生の頃，教科書はそんなになかったんですが，当時我々が勉強したのは，ランダウ・リフシッツですね．青山さんもそうじゃないですか？

青山秀明（以下，青山）　そう，『場の古典論』僕も読みました，懐かしいですね．益川さんはどうされましたか．

益川敏英（以下，益川）　僕は，本を通しで勉強するんじゃなくて，もっぱら，拾い読みをやってた．なんだ，こういう話かっていう具合に理解していくタイプ．まともに勉強したことないもん．

植松　僕らが学部学生のときにランダウ・リフシッツのゼミをやってて，一緒にやった仲間に，冨松彰君がいました．冨松君は大学院のマスターコースのときに，アインシュタイン方程式の冨松‐佐藤解というのを見つけることになるのですが．

益川　だけどあれは，佐藤文隆氏がね，摂動的にね，解けるだろうと思って，マスター論文の問題として出したわけ．摂動計算で，初項ぐらいのところがね，計算できるだろうと思って，解かせてみたのね．そうしてやったら，厳密解が出てきちゃって，得しちゃったっていうか（笑）．

青山　一般相対論の計算って，複雑ですものね．実際，テクニカルには，メトリックとかテンソルだとか，計算，面倒くさいですよね．

植松　今は，いろいろ数式処理のプログラムがあるから，それらを用いて計算がやれるけど，手でやるのは大変．でもやっぱり，アインシュタイン方程式を解いて，新しい解を見つけたってのはすごいうれしいことだと思うんだけど．

青山　そうですね．それはもう大発見だから．少し前はよく，何人かの院生が博士論文で5次元でのブラックホールがどうのとかをやってましたね．僕も，その審査で，委員に呼ばれて付き合いましたけど．

植松　宇宙論自体も高次元にしたらいろんなことやれるから．それこそ冨松君らも高次元の宇宙のことをやっていたと思う．それからアインシュタインの作用積分を書き換えるとか，グラヴィトンにスカラー場がカップルしたようなのがありますよね．

青山　重力理論自体に，アインシュタインを離れて，もうちょっと拡張しているものがいくつもあって．それがどれぐらい観測的に OK か，とか．素粒子と同じで標準理論の先も，いくらでもありうる，アインシュタインもそうですよね．常にそういうのを求めるのが正しい姿勢ですよね．

植松　ところで，この本の第 8 章で重力波が出てきますが，重力波は最近の観測，すなわち米国の LIGO（ライゴ）とか，イタリアの Virgo（バーゴ）とかの重力波干渉計で，たくさん見つかっているんですよね，ブラックホールどうしの衝突でできるのとか中性子星どうしが合体したのとか．日本では神岡で，KAGRA（かぐら）っていう重力波干渉計が建設されて完成し，実験が始まっており，大いに期待されています．アメリカ，ヨーロッパ，日本で観測すれば精度の高い，どっちの方向から重力波がきたか特定できるっていうので．

青山　そうですね，重力波天文学って言われていますよね．これから大きく発展する面白い分野です．

植松　これの解析には，重力波がどういう波形でやってくるかという理論シミュレーションで得たテンプレートを用いて，ノイズを含んだデータから重力波のシグナルを取り出すんですよね．日本で昔から数値相対論という理論的研究を中村卓史氏とかがやっていましたね．

益川　うんそうだったね．

青山　これ，このシリーズの最後をまとめる座談会なので．益川さん，若い人にメッセージ，ありませんか？　これからこういうこと勉強して進んでいこう，という．

益川　これから確実に発展が期待できる分野は素粒子論というよりは，天体・宇宙物理だね，そこの，理論的諸問題，そこにしか隙間がないと思うけど．素粒子論の方向は，まだ先が見えないね．

植松　それをどういうアプローチでやるのかっていう，問題ですよね．宇宙物理，単に現象見ているだけでは何もわからない．例えば，一般相対論をもとにしてやるんだったら，なんか，いいんですけど．何を基礎にしてやるの

かっていう．

青山　このシリーズはまさにそれをしないといけないわけですよね．天体・宇宙物理学をやろうと思ったら全部知っていないといけない．統計力学も，一般相対論も量子力学もね．総合的な，ハードコアな，シリーズなわけですよね．

植松　基幹講座シリーズ，これで全8巻揃ったので，やはりまんべんなく勉強してほしいという思いはありますね．これを読んだら，むしろ基幹講座どれか一巻を勉強して，もうちょっと遡って勉強するときには，ほかのもちゃんと読んでもらうと良いと思う．

益川　基本的には，やっぱり，背伸びしなきゃだめね．この本でもいいけれど．ほっといたら勉強しなかった分野に，足突っ込んでいるわけね．特定の，これおもしろいからって，一冊買うんじゃなくてね．講座になっているやつを片っ端から拾い読みすると．興味もつようになるわけね．だから講座として揃える意味があると僕は思う．

青山　若い学生さん，研究者になろうという人も，ぜひ，この講座を一通り読んでほしいということですね．拾い読みでいいから，視野を広げるという意味で．

益川　実際，拾い読みでも最終的に全部読んじゃうことになると思うんだけど．僕は，岩波の数学辞典，あれを，一巻，最終的には全部読んだ．付録のテーブルまでね．

植松　あれは，わりと，通しで読むのに向いているのかも．読み物的に書いてある．

益川　そう．拾い読みなんだけどね，拾い読みして，付録まで見て．学問が進んでいくから．古いやつはね．数学辞典は古いことでも意味があるわけ．物理は古くなると捨てられる．

青山　これは今，現場で物理の最先端をやっている研究者たちが書いた講座なので，是非読んで欲しい．

植松　全巻を通じて，このシリーズでは，結構新しいことが盛り込まれていると思うので，そういう意味で，基幹講座であって，かつ最近の発展を取り入れた内容になっていることを強調して座談会を終わりたいと思います．

著者によるまえがき

　一般相対論は 100 年以上の歴史を重ねてきた．理論を記述する方程式自体は確立しているにもかかわらず，未だに基礎的な研究においても著しい進展が見られる．数値計算により一般相対論の問題を解くという分野は，近年になりようやく実用可能となってきた．それでも，簡単な問題設定であっても必ずしも答が得られているとは限らないのが現状である．一方で，一般相対論の研究には数理科学的な側面の強いものもあり，そのような分野も独自の発展を続けている．素粒子論的には，ゲージ重力対応という考え方が注目を集めている．重力理論を通じて場の理論を理解する，あるいは，その逆が可能であるということがわかり，重力理論の理解に対して新しい展開を見せている．

　さらに，観測的にわかってきた我々の宇宙の成り立ちや宇宙で起こっている様々な現象を理解する上で，多くの局面において一般相対論が必要不可欠な道具となってきている．我々の宇宙の歴史を解き明かす宇宙論を展開する上で，一般相対論が基礎となっていることは言うまでもない．観測の多様化，精密化が進む中で宇宙論として議論できる物理も深まってきている．また，天体物理学の領域においてもブラックホールや中性子星といったニュートン重力では記述できない強重力場を伴う天体が議論に占める割合が増加しつつある．

　本書では，難しい数学的な側面をなるべく平易なものに置き換えて，実際の宇宙を理解する上で必要となる一般相対論的な考え方の基礎を築くことを主眼とした．一般相対論を用いる必要がある物理の比較的現実的な問題に対して，具体的に手を動かして計算できるようになることを目標とした．そのため，重要な内容であっても扱っていないものも多々あるが，本書の内容を応用することで理解できるものは少なくないと期待している．読者の理解を助けるために，基礎的で重要な式は四角で囲み目立つようにした．また，章末問題の中で発展的な内容のものに関しては＊印をつけた．本書で扱う内容は入口に過ぎないけれども，一般相対論で宇宙を理解したいと思う人の手助けになれば幸いと考える．

謝辞

　最後に，監修者の益川敏英先生及び執筆の貴重な機会を与えてくださった植松恒夫先生，青山秀明先生に感謝いたします．本書執筆にあたっては，大宮英俊さん，高橋卓弥さん，間仁田侑典さんから重要で有益な指摘をいただきました．心からお礼申し上げます．また，執筆に際して忍耐強くサポートいただいた編集部の皆様に謝意を表します．

2021 年 4 月　田中貴浩

　第 2 刷に際して，久徳浩太郎氏から多くの誤りの指摘をいただき大変感謝しています．

2024 年 4 月　田中貴浩

目次

目次

◆**装幀**　今垣知沙子（戸田事務所）

第1章 特殊相対論

本章では，一般相対論の議論に先立って，特殊相対論について簡単な導入をおこなう．特殊相対論によると，時間と空間を一体のもの，時空として扱うべきであるということになるが，この時空という概念は一般相対論の基礎になるものである．加えて，ローレンツ変換に対して不変な量についても学ぶが，物理量が変換に対して不変な量として表せるという考え方も以後の議論において重要である．

§1.1 光速度不変の原理

特殊相対論は，「あらゆる慣性系から見て，光の速さ ($c \approx 3 \times 10^8 \mathrm{m/s}$) は同じである」という**光速度不変の原理**にもとづいて構築される．この原理は，日常の感覚からは大きくかけ離れてはいるものの，長年にわたる検証実験により確かめられてきた観測的事実である．

速度を定義するためには時間を測る時計とものさしが必要になる．光速度不変の原理に基づくなら，我々が用意すべきものは時計だけでよい．なぜなら，ある慣性系の空間座標に固定された観測者 A,B 間の距離は，それらの観測者間で光を往復させるのに必要とする時間 (Δt) から，$c\Delta t/2$ と求めることができるからである．また，光を B が反射する時刻 $t^{(\mathrm{B})}$ を，光が A を出発した時刻 $t_1^{(\mathrm{A})}$ と，戻ってきた時刻 $t_2^{(\mathrm{A})}$ の中点となるように選ぶのが自然である．すなわち，$t^{(\mathrm{B})} = (t_1^{(\mathrm{A})} + t_2^{(\mathrm{A})})/2$．このように導入した座標系における時刻一定面は，慣性系に依存することが図 1.1 のような図を描けばすぐに理解できる．図 1.1 に描かれた斜めの 2 本の実線の直線は，異なる慣性系 O' で空間座標一定にとどまる二人の観測者 A，および，B の経路を表す．このような観測者の経路を一般に**世界線** (world line) と呼ぶ．このとき，A が発した光が B に到達し，折り返されて A に戻ってくる経路を図示するなら，図中の点線のようになる．光の速度は常に光速 c であるので，縦軸を時間に光速を掛けた ct とすれば，光の経路は斜め 45 度の直線になる．この図から，この異なる慣性系 O' における時刻一定面が，図に示したように元の慣性系 O での時刻一定面 ($t = 0$ 面) と異な

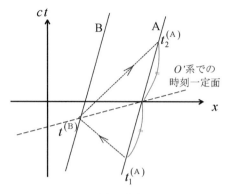

図 1.1　光を往復させることによる同時刻の決定．観測者 **A** にとって，$t^{(B)}$ と同時刻の点は $t_1^{(A)}$ と $t_2^{(A)}$ の中点であるので，運動する観測者からみた時刻一定面は破線で示されたものとなる．

る直線となることは明らかである．このことから，図 1.1 において，空間座標一定，時間座標一定の線は共に直線になる．また，同様の考察から，運動が x 方向である場合，系の対称性から y 座標や z 座標に時刻一定面は依存しない．すなわち，2 点の座標値の差に着目すると

$$
\begin{pmatrix} c\Delta t' \\ \Delta x' \\ \Delta y' \\ \Delta z' \end{pmatrix} = \begin{pmatrix} A & B & 0 & 0 \\ C & D & 0 & 0 \\ 0 & 0 & 1 & 0 \\ 0 & 0 & 0 & 1 \end{pmatrix} \begin{pmatrix} c\Delta t \\ \Delta x \\ \Delta y \\ \Delta z \end{pmatrix} \tag{1.1}
$$

と線形変換で結びついている．ここで，2 点が光の経路で結ばれているならば，O 系においても O' 系においても，

$$
\eta_{\mu\nu}\Delta x^\mu \Delta x^\nu = 0, \qquad \eta_{\mu\nu}\Delta x'^\mu \Delta x'^\nu = 0 \tag{1.2}
$$

の条件を満たす．ここで，上下で繰り返された添字については，和の記号がなくても和をとるものとする **縮約** (contraction) の規則を採用するものとした．また，ギリシャ文字を添字に用いた場合には，特に断らない限り時空の次元すべてにわたり和をとる約束とする．また，$\eta_{\mu\nu}$ は 4 行 4 列の行列とみなしたとき

$$\eta_{\mu\nu} = \begin{pmatrix} -1 & 0 & 0 & 0 \\ 0 & 1 & 0 & 0 \\ 0 & 0 & 1 & 0 \\ 0 & 0 & 0 & 1 \end{pmatrix} \tag{1.3}$$

と表される量で，**ミンコフスキー計量** (Minkowski metric) と呼ぶ．(1.2)式に (1.1)式を代入すると，

$$\begin{pmatrix} c\Delta t \\ \Delta x \\ \Delta y \\ \Delta z \end{pmatrix}^t \begin{pmatrix} -A^2 + C^2 & -AB + CD & 0 & 0 \\ -AB + CD & D^2 - B^2 & 0 & 0 \\ 0 & 0 & 1 & 0 \\ 0 & 0 & 0 & 1 \end{pmatrix} \begin{pmatrix} c\Delta t \\ \Delta x \\ \Delta y \\ \Delta z \end{pmatrix} = 0 \tag{1.4}$$

を得る．ここで，行列に付けられた添字 t は転置を表す．光の経路で結ばれた2点の差として，$c\Delta t = \pm\Delta x, \Delta y = \Delta z = 0$ の場合，および，$c\Delta t = \Delta y$，$\Delta x = \Delta z = 0$ の場合を考えると，

$$(A \pm B)^2 = (C \pm D)^2, \qquad A^2 - C^2 = 1 \tag{1.5}$$

という条件式を得る．また，慣性系 O' の慣性系 O に対する速度を $v = c\beta$ としたとき，$\Delta x = v\Delta t$ が，$\Delta x' = 0$ に対応すべきであることから，

$$C = -\beta D, \tag{1.6}$$

の条件式をえる．(1.5)式と (1.6)式を連立して解けば，

$$\begin{pmatrix} c\Delta t' \\ \Delta x' \\ \Delta y' \\ \Delta z' \end{pmatrix} = \begin{pmatrix} \gamma & -\gamma\beta & 0 & 0 \\ -\gamma\beta & \gamma & 0 & 0 \\ 0 & 0 & 1 & 0 \\ 0 & 0 & 0 & 1 \end{pmatrix} \begin{pmatrix} c\Delta t \\ \Delta x \\ \Delta y \\ \Delta z \end{pmatrix} \tag{1.7}$$

の変換が得られる．ここで，$\gamma = (1 - \beta^2)^{-1/2}$ である．この変換は**ローレンツ変換** (Lorentz transformation) と呼ばれる．

ローレンツ変換の顕著な特徴は，すぐに確かめられるように

$$\eta_{\mu\nu}\Delta x^\mu \Delta x^\nu = \eta_{\mu\nu}\Delta x'^\mu \Delta x'^\nu \tag{1.8}$$

を満たす点である．すなわち，無限小の線素の表式

$$ds^2 = -c^2 dt^2 + d\boldsymbol{x}^2 = \eta_{\mu\nu} dx^\mu dx^\nu \tag{1.9}$$

が，記述に用いた慣性系に依らないという性質を持つ．

ここで，任意の観測者とともに運動する時計の刻む時間間隔について考える．そのような時間を**固有時間** (proper time)τ と呼ぶ．固有時間間隔は時計と共に移動する観測者が観測する時間であるので，$x'^i = 0$ に固定された観測者にとっての固有時間は

$$\Delta\tau = \delta t'$$

に他ならない．この固有時間間隔を Δx^μ によって表すなら，

$$c^2(\Delta\tau)^2 = c^2(\Delta t)^2 - (\Delta x)^2$$

と表される．

§1.2 ポアンカレ変換

異なる慣性系間は，$-c^2 dt^2 + dx^2 + dy^2 + dz^2$ を不変にする座標変換によって結びついていることがわかった．そのような性質を満たす変換は**ポアンカレ変換** (Poincaré transformation) と呼ばれる．ポアンカレ変換には以下に示すように，(1.7)式で与えられるようなローレンツ変換の他に，**並進** (translation) が存在する．

並進は，ξ^μ を定数の 4 次元ベクトルとして単純に

$$x^\mu \to x'^\mu = x^\mu + \xi^\mu \tag{1.10}$$

と座標原点を移動させる変換である．ξ^μ の数に対応する 4 つの自由度を持つ．

ローレンツ変換には**ブースト** (boost) と**回転** (rotation) が存在する．それらはいずれも

$$x^\mu \to x'^\mu = \Lambda^\mu{}_\nu x^\nu \tag{1.11}$$

の形の線形変換である．この変換が (1.8)式を満足する条件は

$$\eta_{\mu\nu} \Lambda^\mu{}_\rho \Lambda^\nu{}_\sigma = \eta_{\rho\sigma} \tag{1.12}$$

となり，この条件を満足する $\Lambda^\mu{}_\nu$ がローレンツ変換を与える.

回転は時間座標が関係しない 3 次元空間での長さを不変にする，すなわち，$(\boldsymbol{x}' \cdot \boldsymbol{x}') = (\boldsymbol{x} \cdot \boldsymbol{x})$ となる変換である. $\mathbf{R}^t$ を $\mathbf{R}$ の転置行列として，$\mathbf{R}^t\mathbf{R} = \mathbf{1}$ を満たす行列 $\mathbf{R}$ を回転行列と呼ぶ. 回転行列 $\mathbf{R}$ を用いて，

$$\Lambda^\mu{}_\nu = \begin{pmatrix} 1 & \mathbf{0} \\ \mathbf{0} & \mathbf{R} \end{pmatrix} \tag{1.13}$$

とすれば，(1.12)式の条件を満たす.

ブーストについては，すでに x 方向に速度 v でブーストする場合の $\Lambda^\mu{}_\nu$ は $\beta = v/c, \gamma = 1/\sqrt{1-\beta^2}$ として，(1.7)から読み取れるように

$$\Lambda^\mu{}_\nu = \begin{pmatrix} \gamma & -\beta\gamma & 0 & 0 \\ -\beta\gamma & \gamma & 0 & 0 \\ 0 & 0 & 1 & 0 \\ 0 & 0 & 0 & 1 \end{pmatrix} \tag{1.14}$$

であることがわかる. x 系からみた x' 系の速度が v であることは

$$x' = -\beta\gamma ct + \gamma x = \text{一定} \tag{1.15}$$

の直線を (t, x) 座標で表したときの傾きが，$dx/dt = v$ となることからわかる.

一般の方向の boost への拡張は，

$$\Lambda^\mu{}_\nu = \begin{pmatrix} \gamma & -\boldsymbol{\beta}\gamma \\ -\boldsymbol{\beta}\gamma & \mathbf{1} + (\gamma-1)\dfrac{\boldsymbol{\beta} \circ \boldsymbol{\beta}}{\beta^2} \end{pmatrix}. \tag{1.16}$$

ここで，$(\boldsymbol{\beta} \circ \boldsymbol{\beta})_{ij} = \beta_i\beta_j$ で $i, j, \cdots$ は $1 \sim 3$ の空間座標のラベルを表すものとする.

ベクトル A^μ に対して，A_μ を $A_\mu = \eta_{\mu\nu}A^\nu$ と定義する約束にする. A^μ も A_μ も同じ 4 次元の方向を持った物理量を表すが，表現の仕方が異なる. A^μ, A_μ を，それぞれ，**反変ベクトル** (contravariant vector), **共変ベクトル** (covariant vector) と呼ぶ. $\eta^{\mu\nu}$ は $\eta_{\mu\nu}$ の逆行列となるように定義する. すなわち，

$$\eta_{\mu\nu}\eta^{\nu\rho} = \delta_\mu{}^\rho \tag{1.17}$$

である．ここで $\delta_\mu{}^\rho$ は

$$\delta_\mu{}^\rho = \begin{cases} 1, & (\mu = \rho) \\ 0, & (\mu \neq \rho) \end{cases} \tag{1.18}$$

で定義される**クロネッカーデルタ** (Kronecker's delta) である．(1.12) 式に $\eta^{\rho\xi}$ をかけると，

$$\eta_{\mu\nu}\eta^{\rho\xi}\Lambda^\mu{}_\rho\Lambda^\nu{}_\sigma = \eta_{\rho\sigma}\eta^{\rho\xi} = \delta_\sigma{}^\xi \tag{1.19}$$

となることから，

$$\Lambda_\nu{}^\xi = \eta_{\mu\nu}\eta^{\rho\xi}\Lambda^\mu{}_\rho \tag{1.20}$$

は $\Lambda^\nu{}_\xi$ の逆行列であることがわかる．反変ベクトル A^μ が $A^\mu \to A'^\mu = \Lambda^\mu{}_\nu A^\nu$ と変換するとき，共変ベクトル A_μ は

$$A'_\mu = \eta_{\mu\nu}A'^\nu = \eta_{\mu\nu}\Lambda^\nu{}_\rho A^\rho = \eta_{\mu\nu}\Lambda^\nu{}_\rho\eta^{\rho\sigma}A_\sigma = \Lambda_\mu{}^\sigma A_\sigma \tag{1.21}$$

と変換する．$x^\nu = \Lambda_\mu{}^\nu x'^\mu$ と変換することから，微分演算子も

$$\frac{\partial}{\partial x'^\mu} = \frac{\partial x^\nu}{\partial x'^\mu}\frac{\partial}{\partial x^\nu} = \Lambda_\mu{}^\nu \frac{\partial}{\partial x^\nu}$$

と共変ベクトルと同じ変換をする．

§1.3　ローレンツ不変な量

　一般にいくつかの上付き添字と下付き添字を持つ量で，それぞれに対して反変ベクトル，共変ベクトルと同様に変換する量を**テンソル** (tensor) と呼ぶ．例えば，$A^\mu{}_\nu$ のような量が，変換後に

$$A'^\mu{}_{\nu\rho} = \Lambda^\mu{}_\alpha\Lambda_\nu{}^\beta\Lambda_\rho{}^\gamma A^\alpha{}_{\beta\gamma} \tag{1.22}$$

と変換する量は (1,2) テンソルである．

　反変ベクトル A^μ と共変ベクトル B_μ を縮約した量 $A^\mu B_\mu$ はローレンツ変換に対して不変である．このように，一般に添字を全て縮約した"テンソル量"は Lorentz 不変であり，物理的に意味のある量はこの形に書かれる．

粒子の運動を例に考えてみよう. $\overset{(1)}{x}{}^{\mu}(\tau)$ を粒子1の世界線として, $\overset{(1)}{u}{}^{\mu} = d\overset{(1)}{x}{}^{\mu}(\tau)/d\tau$ を粒子1の**4元速度** (four velocity) と呼ぶ. ここでは, 4元速度 u^{μ} を

$$\eta_{\mu\nu}u^{\mu}u^{\nu} = -c^2 \tag{1.23}$$

を満たす速度の次元を持った量として規格化した.

勝手な慣性系における $\overset{(1)}{u}{}^{\mu}$ の時間成分 (0-成分) は慣性系の取り方に依存した量であるので, 物理的に意味のある量とは言えない. 一方, 粒子2を考えて粒子2の静止系における $\overset{(1)}{u}{}^{\mu}$ の時間成分と言えば, 物理的に意味のある量である. 粒子2の静止系では $\overset{(2)}{u}_{\mu} = (-c, 0, 0, 0)$ であることから, この量は

$$-c^{-1}\overset{(1)}{u}{}^{\mu}\overset{(2)}{u}_{\mu} \tag{1.24}$$

で与えられる.

粒子1が粒子2に対して相対速度 v^i で動いている場合, 粒子2の慣性系で考えると, $\beta^i \equiv v^i/c = dx^i/c\,dt = \overset{(1)}{u}{}^i / \overset{(1)}{u}{}^0$. したがって, 規格化の条件と組み合わせると, $\gamma = 1/\sqrt{1-\beta^2}$ として, $\overset{(1)}{u}{}^{\mu} = (c\gamma, v^i\gamma)$ で与えられることがわかり, (1.24)に mc を乗じたものは

$$-m\overset{(1)}{u}{}^{\mu}\overset{(2)}{u}_{\mu} = mc^2\frac{1}{\sqrt{1-\beta^2}} \approx mc^2 + \frac{1}{2}mv^2 + \cdots,$$

となり, 粒子2の静止系から見た粒子1のエネルギーを表す.

□章末コラム　ローレンツ収縮

　ローレンツ収縮 (Lorentz contraction) とは，静止している観測者が運動している物体を見ると，運動の方向に縮んでみえる現象である．この現象を考えるとき，しばしば物差しのような物体を考える．物差しの運動を考える際に物差しとともに運動している観測者から見れば物差しの長さ ℓ は変化しないとしている．このとき，ふつう物差しは運動の方向と平行に保たれている場合を考えている．この場合，時空図の中にものさしの両端が辿る経路を書くと下図のようになる．速度 v で物差しが x 方向に運動する場合に，静止している観測者が物差しの長さを測れば，図の ℓ' の長さになる．この長さを計算すれば，

$$\ell' = \sqrt{1 - v^2/c^2}\,\ell$$

となる．このことをもってローレンツ収縮が起こっていると説明される．

　しかし，このローレンツ収縮を利用して，そもそも通り抜けできない隙間をすり抜けるという忍術は使えないのである．ローレンツ収縮の効果を利用して車の横幅より狭い隙間をすり抜けようなどという無謀な企てを考えると痛い目を見ることは必至だ．車が横長であるとか，車が自在に変形するといった反則なことを考えない限り車の横幅より狭い隙間を車が通り抜けることは不可能である (章末問題 1)．この事実とローレンツ収縮が起こるという事実は互いにまったく矛盾しない．今考えている物差しは確かに物差しの長さよりも狭い隙間をすり抜けることが出来そうである．しかし，この物差しはそもそも厚みが 0 であるので，どんなに狭い隙間を用意しても物差しの進行方向と物差しを平行に保ち，少しでも角度をつけて隙間めがけて一直線に突入すれば，ローレンツ収縮などとは無関係に隙間をすり抜けることができるのだ．

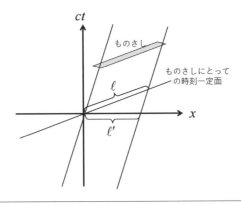

問題 1　半径 a の球を壁に向けて投げつける．壁には幅 ℓ の隙間が空いている．壁に垂直方向に対して球の運動は角度 θ をもつとして球が壁をすり抜けるためには ℓ はいくら以上である必要があるか．ただし壁は無限に薄いと考えてよいこととする．

問題 2　ロケットが各時刻で静止して見える慣性系からみて x 方向に一定の加速度 a で加速される場合のロケットの運動を解け．

問題 3　静止質量が m_1, m_2 で，運動量が $\boldsymbol{p}_1$, $\boldsymbol{p}_2$ の 2 粒子の衝突を考える．重心系のエネルギーを求めよ．

問題 4　静止質量が m で，速度 v を持つ粒子が屈折率 n の媒質中を運動するとき，粒子がよりエネルギーの低い粒子と光子に分かれる反応が起こる運動学的条件 (= エネルギー保存則と運動量保存則から許される条件) を求めよ．また，その際に生成される光子の進行方向と粒子の運動の方向のなす角を求めよ．

問題 5　視線方向に対してなす角度 θ で，速度 v で向かってくる光源を観測する．この光源が視線方向と垂直な方向に移動していると仮定し，光源の見かけの位置の移動速度から光源の速度を推定せよ．

第2章 擬リーマン幾何による重力場の記述

一般相対論において曲がった時空によって重力場を記述するという考え方が鍵となる．このとき，局所的にはミンコフスキー時空と区別がつかないような時空に限定すると，時空は擬リーマン幾何によって記述される．本章では擬リーマン幾何への導入をおこなう．

§2.1 等価原理

電磁気力の他に強い相互作用，弱い相互作用といった力が自然界にははたらいているが，それらの力と異なる重力場の顕著な特徴は，**等価原理** (equivalence principle) にある．等価原理は，あらゆる物体が重力のみを受けて運動するとき，その運動はその質量や電荷に依存しないというものである．万有引力の法則にしたがうなら，重力ポテンシャルを ϕ としたとき，**慣性基準系** (inertial frame) での重力場中の物体の運動方程式は

$$\ddot{x}^i = -\partial_i \phi =: -\phi_{,i} \quad (i = 1, 2, 3) \tag{2.1}$$

と表される．物体にはたらく重力の大きさが質量 m に比例するため，この運動方程式には物体の質量 m は現れない．あるいは，重力の大きさを決めている質量を m_g と書き，運動方程式 $\boldsymbol{a} = \boldsymbol{F}/m$ に現れる m を m_i と書くことにすれば，$m_g = m_i$ であるということを意味している．すなわち，それぞれの質量を**重力質量** (gravitational mass)，**慣性質量** (inertial mass) と呼び区別するならば，等価原理は全ての物体において重力質量と慣性質量が一致するという驚くべき事実を述べている．

等価原理が示す上記の方程式と，重力場がない場合の非慣性基準系での運動方程式は酷似している．力が何もはたらかない場合の慣性基準系における運動方程式は

$$\ddot{x}^i = 0 \tag{2.2}$$

である．むしろ，このような基準系が取れるという要請はニュートンの運動の
3 法則の一部と考えるべきものである．この慣性基準系を単に時間に依存して
平行移動させることで得られる非慣性基準系

$$x'^i = x^i - x_0^i(t) \tag{2.3}$$

において，運動がどう表されるかを考える．上式を，物体の位置を異なる座標
で表した x^i，および，x'^i の間の関係ととらえ，両辺を時間座標 t で 2 階微分
し，(2.2) を用いることで，

$$\ddot{x}'^i = -\ddot{x}_0^i(t) \tag{2.4}$$

を得る．この右辺に現れた見かけの加速度は慣性質量をかけると見かけの力と
なり，**慣性力** (inertial force) と呼ばれる．慣性力は，重力を受けた場合の運動
と同様に，物体の質量に陽に依存しない．$\ddot{x}_0^i(t) = \phi_{,i}(x(t))$ と選べば，重力場
中の運動は，ある着目した運動の軌跡に対しては，非慣性基準系における運動
と見かけ上同じになる．

　慣性力と真の重力場は似ているものの，慣性力はもとの慣性基準系に移る座
標変換をおこなうことで，あらゆる空間の位置において 0 にできるという点で
真の重力場と大きく異なる．重力場を打ち消すような非慣性基準系に移る座標
変換によって，ある物体の軌道に沿って重力場を 0 とすることはいつでも可能
である．しかし，そのような座標変換で真の重力場を任意の空間の位置におい
て，0 とすることはできない．逆に，非慣性基準系における運動は重力場中の
運動の特別な場合とみなすことができる．

§2.2　重力場の記述

　重力場がない場合，慣性基準系における線素は，

$$ds^2 = -c^2 dt^2 + dx^2 + dy^2 + dz^2 \tag{2.5}$$

で与えられた．重力場の記述を考える上で，特別な場合としての非慣性基準系
をまずは考えてみよう．先ほどと同様に例として，$x' = x - x_0(t)$ のような平
行移動により非慣性基準系に移るなら，微小な変位の間に成り立つ関係式

$$dx = dx' + \dot{x}_0 dt \tag{2.6}$$

を代入することで, 非慣性基準系における線素は

$$ds^2 = -(c^2 - \dot{x}_0^2(t))dt^2 + 2\dot{x}_0(t)dx'dt + dx'^2 + dy^2 + dz^2 \tag{2.7}$$

のように表されるはずである. 線素を

$$ds^2 = g_{\mu\nu}(x)dx^\mu dx^\nu \tag{2.8}$$

と表す. このとき, $g_{\mu\nu}$ を**計量テンソル** (metric tensor) と呼ぶ. 計量テンソル
は, $dx^\mu dx^\nu$ と縮約をとることで ds^2 を与える量として定義される. $g_{\mu\nu} = g_{\nu\mu}$
という対称性を持つものとするが, これにより一般性は失われない. なぜな
ら, $g_{\mu\nu}$ の $\{\mu, \nu\}$ の添字の入れ替えに対して反対称な成分は, $\{\mu, \nu\}$ の添字
の入れ替えに対して対称な $dx^\mu dx^\nu$ との縮約に寄与しないからである. 慣性基
準系では, 計量テンソル $g_{\mu\nu}$ は $\eta_{\mu\nu}$ で与えられるが, 非慣性基準系ではもは
や, そのような関係は成り立たない. 上記の (2.7) 式で与えられた線素のよう
に, 慣性基準系が存在する際に非慣性基準系で表現したものは適当な座標変換
で $g_{\mu\nu} = \eta_{\mu\nu}$ となる座標に移ることができるという意味で特殊である.

　一般の重力場中では座標変換で $\eta_{\mu\nu}$ に移ることのできないような, より一
般の $g_{\mu\nu}$ で与えられると考えるのが自然である. 一般の $g_{\mu\nu}(x)$ を与えた場合
においても, 任意の時空点 P を選んだとき, 点 P において, 計量テンソルが
$\eta_{\mu\nu}$ で与えられるように変換する座標変換が存在する. 例えば, 点 P として,
$x^\mu = 0$ を選び, この点のまわりで計量テンソルをテーラー展開すると

$$g_{\mu\nu} = g_{\mu\nu}(0) + g_{\mu\nu,\rho}(0)x^\rho + \frac{1}{2}g_{\mu\nu,\rho\sigma}(0)x^\rho x^\sigma + \cdots \tag{2.9}$$

となるが, それぞれの項の係数 $g_{\mu\nu}(0)$, $g_{\mu\nu,\rho}(0)$, $g_{\mu\nu,\rho\sigma}(0)$ は, 全て, $\{\mu, \nu\}$
の添字の入れ替えに対して対称であること, $g_{\mu\nu,\rho\sigma}(0)$ は $\{\rho, \sigma\}$ の添字の入れ
替えに対しても対称であることを考慮すると, それぞれの独立な成分の数は 10
成分, 40 成分, 100 成分であることがわかる. 一方, 座標変換についても点 P
のまわりでテーラー展開すると

$$x'^\mu = C^\mu{}_\nu x^\nu + C^\mu{}_{\nu\rho}x^\nu x^\rho + C^\mu{}_{\nu\rho\sigma}x^\nu x^\rho x^\sigma + \cdots \tag{2.10}$$

となる. 先ほどと同様に $\{\nu, \rho, \sigma\}$ の添字に関しては対称であることから, $C^\mu{}_\nu$,
$C^\mu{}_{\nu\rho}$, $C^\mu{}_{\nu\rho\sigma}$ の独立な成分の数は 16 成分, 40 成分, 80 成分であることがわか

る．$g_{\mu\nu}dx^\mu dx^\nu = g'_{\mu\nu}dx'^\mu dx'^\nu$ の関係から，$g_{\mu\nu}$ から $g'_{\mu\nu}$ の変換を読み取ると，$g_{\mu\nu}(0)$，$g_{\mu\nu,\rho}(0)$，$g_{\mu\nu,\rho\sigma}(0)$ の変換に，$C^\mu{}_\nu$，$C^\mu{}_{\nu\rho}$，$C^\mu{}_{\nu\rho\sigma}$ が，それぞれはじめて現れることがわかる．

まず，$C^\mu{}_\nu$ を適切に選ぶことにより

$$g_{\mu\nu}(0) = \eta_{\mu\nu} \tag{2.11}$$

と規格化された対角行列の形に変換できる．その際，一般には $(-,+,+,+)$ の符号にはならないが，計量が時間方向をただひとつ持つという物理的な条件として，$g_{\mu\nu}$ が座標変換で $\eta_{\mu\nu}$ に変換できることを要請する．ここで，関与する座標変換の係数 $C^\mu{}_\nu$ には 16 の独立な成分があるが，変換したい $g_{\mu\nu}(0)$ の独立な成分は 10 成分しかない．そのため，6 個の余分な変換の自由度が残される．この余分の変換は**ローレンツ変換**の自由度に他ならない．そのことは，既に計量テンソルを $g_{\mu\nu}(0) = \eta_{\mu\nu}$ となるように変換したのちに，さらにローレンツ変換を加えても，計量テンソル $g_{\mu\nu}(0)$ は変換されないことからわかる．

次に，$C^\mu{}_{\nu\rho}$ の独立な成分の数が $g_{\mu\nu,\rho}(0)$ の独立な成分の数に等しいことから推測されるように，$C^\mu{}_{\nu\rho}$ を適切に選ぶことにより，

$$g_{\mu\nu,\rho}(0) = 0 \tag{2.12}$$

とできる．

一方で，一般に $g_{\mu\nu,\rho\sigma}(0) = 0$ と変換する座標変換は存在しない．$C^\mu{}_{\nu\rho\sigma}$ の独立な成分の数が 80 成分しかないのに対して，$g_{\mu\nu,\rho\sigma}(0)$ の独立な成分の数は 100 成分であるので，20 個の成分は一般には消すことができない．この 20 個の成分が座標変換でミンコフスキー計量に移すことができないずれを表す．このずれの存在を時空が曲がっていると称し，これら 20 個の成分を**時空の曲率** (spacetime curvature) と呼ぶ．

(2.11)式，および，(2.12)式を満たすように選んだ座標系を**局所慣性系** (local Lorentz frame) と呼ぶ．

§2.3　テンソル

一般の座標を用いた場合，ベクトルなどの添字のついた量がどのように変換するかを考える．座標変換として，

$$x^\mu = x^\mu(x'^0, x'^1, x'^2, x'^3) \tag{2.13}$$

のように与えられる場合を考える．無限小だけ離れた2点間の差を表すベクトル dx^μ は，偏微分の規則にしたがって

$$dx^\mu = \frac{\partial x^\mu}{\partial x'^\nu} dx'^\nu \tag{2.14}$$

と変換することがわかる．一般座標変換に対して，dx^μ と同様に変換するベクトルをローレンツ変換の場合と同様に**反変ベクトル** (contravariant vector) と呼ぶ．すなわち，反変ベクトル A^μ は座標変換のもと，

$$A^\mu = \frac{\partial x^\mu}{\partial x'^\nu} A'^\nu \tag{2.15}$$

と変換する．ここで A^μ の引数は x であるのに，A'^ν の引数は x' である．それぞれ，座標値は異なるが，物理的には同一点の座標で両辺を評価する．反変ベクトルの添字は常に上付きを用いる．$\partial x^\mu / \partial x'^\nu$ の ν の添字は分母にあるので下付き添字であるとみなすと，「異なる座標に対応した添字同士が縮約されることがなく，縮約される添字は必ず上下で縮約される」という規則に従うだけで，間違えずに変換則を書き下すことができる．

逆に，下付き添字をもち

$$A_\mu = \frac{\partial x'^\nu}{\partial x^\mu} A'_\nu \tag{2.16}$$

と変換するものを**共変ベクトル** (covariant vector) と呼ぶ．

さらに，一般にいくつかの添字を持ち，上付き添字，下付き添字に関してそれぞれ反変的，共変的に変換する量を**テンソル** (tensor) と呼ぶ．例えば，$A_{\mu\nu}{}^\rho$ は

$$A_{\mu\nu}{}^\rho = \frac{\partial x'^\alpha}{\partial x^\mu} \frac{\partial x'^\beta}{\partial x^\nu} \frac{\partial x^\rho}{\partial x'^\gamma} A'_{\alpha\beta}{}^\gamma \tag{2.17}$$

と変換する．

座標変換に対して，

$$\phi(x) = \phi'(x') \tag{2.18}$$

のように変換する量を**スカラー** (scalar) と呼ぶ．評価する座標値は異なるが対応する点での値同士を比較したとき，座標変換で不変であることから，スカラーは単に座標変換に対して不変な量と言うこともある．

テンソルの添字を縮約したものもまた，テンソルである．特に，上下の添字を完全に縮約したものはスカラーになる．例えば，

$$A^\mu B_\mu = \frac{\partial x^\mu}{\partial x'^\alpha}\frac{\partial x'^\beta}{\partial x^\mu}A'^\alpha B'_\beta = A'^\alpha B'_\alpha \tag{2.19}$$

となる．ここで，$\dfrac{\partial x^\mu}{\partial x'^\alpha}\dfrac{\partial f}{\partial x^\mu} = \dfrac{\partial f}{\partial x'^\alpha}$ であることから，

$$\frac{\partial x^\mu}{\partial x'^\alpha}\frac{\partial x'^\beta}{\partial x^\mu} = \frac{\partial x'^\beta}{\partial x'^\alpha} = \delta^\beta{}_\alpha \tag{2.20}$$

となることを用いた．

線素 $ds^2 = g_{\mu\nu}dx^\mu dx^\nu$ は，用いる座標に依らないスカラーである．dx^μ が反変ベクトルであることから，計量テンソル $g_{\mu\nu}$ が2階の共変テンソルであることがわかる．

計量テンソルの反変成分 $g^{\mu\nu}$ については，共変成分 $g_{\mu\nu}$ の逆行列となるように定義する．すなわち，

$$g^{\mu\nu}g_{\nu\sigma} = \delta^\mu{}_\sigma \tag{2.21}$$

によって，$g^{\mu\nu}$ は定義される．

さらに，同一の物理量を異なった型のテンソルであらわすときには，添字の上げ下げは計量テンソルを用いておこなうことにする．例えば，共変ベクトル A_μ が与えられたとき，その反変成分は

$$A^\mu = g^{\mu\rho}A_\rho \tag{2.22}$$

で与えられる．

§2.4 共変微分

物理法則を記述するには微分が必要になる．微小距離離れた二点 x^μ と $x^\mu + dx^\mu$ でのベクトル A^μ の値の変化は

$$dA^\mu = A^\mu(x+dx) - A^\mu(x) = \frac{\partial A^\mu}{\partial x^\rho}dx^\rho + O((dx)^2) \tag{2.23}$$

で与えられるが, このとき, $\dfrac{\partial A^\mu}{\partial x^\rho}$ はテンソルではない. 実際, $A^\mu = \dfrac{\partial x^\mu}{\partial x'^\nu} A'^\nu$ なので,

$$\frac{\partial A^\mu}{\partial x^\rho} = \frac{\partial x^\mu}{\partial x'^\nu}\frac{\partial x'^\sigma}{\partial x^\rho}\frac{\partial A'^\nu}{\partial x'^\sigma} + \frac{\partial^2 x^\mu}{\partial x'^\nu \partial x'^\sigma}\frac{\partial x'^\sigma}{\partial x^\rho}A'^\nu \tag{2.24}$$

となり, テンソルの変換式としては右辺第二項が余分である. (2.23)式を見ると, $\dfrac{\partial A^\mu}{\partial x^\rho}$ 以外の量が全てテンソルであるように見えるので, $\dfrac{\partial A^\mu}{\partial x^\rho}$ もテンソルでなければならないと思うかもしれないが, ベクトル $A^\mu(x+dx)$ が点 x におけるベクトルではないという点に注意すべきである.

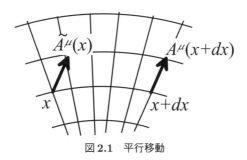

図 2.1 平行移動

$A^\mu(x+dx)$ に対応しつつ, かつ, 点 x におけるベクトルを定義するためには, $A^\mu(x+dx)$ を "平行移動" して点 x におけるベクトルを定義すればよい. 平行移動は曲がっていない平坦な時空上で, **デカルト座標系** (Cartesian coordinates) を用いた場合には自明である. 平坦な時空上では, たとえ一般の曲線座標を用いても, 平行移動の意味は明白であろう. 曲がった時空を考える際, 平行移動をどう定義するかは自明でないが, 平行移動後のベクトルの変化量が, 微小な変位 dx^μ に対して線形な項からはじまることに異論はないだろう. さらに, 平行移動するベクトルを定数倍したとき, 平行移動後のベクトルも同じく定数倍になることが期待されることから, 変位が A^μ に対しても線形であることが要求される. 以上のことから $\Gamma^\mu{}_{\nu\rho}$ を比例係数として,

$$\tilde{A}^\mu(x) = A^\mu(x+dx) + \Gamma^\mu{}_{\nu\rho}A^\nu dx^\rho + O\left((dx)^2\right), \tag{2.25}$$

であることが導かれる. ここで, $A^\mu(x+dx)$ が点 x におけるベクトルでないことから, $\Gamma^\mu{}_{\nu\rho}$ も点 x におけるテンソルではありえない. 平行移動を規定する係数 $\Gamma^\mu{}_{\nu\rho}$ を**接続** (connection) と呼ぶ.

未だ，接続をどのように定めるかを与えていないが，接続が与えられたとすれば，形式的にテンソルとして振舞う座標に関する微分を定義できる．そのような微分を**共変微分** (covariant derivative) と呼ぶ．

反変ベクトルに対する共変微分は，上記の反変ベクトルに対する平行移動を用いて，

$$\frac{DA^\mu}{\partial x^\rho} := \lim_{|dx^\mu| \to 0} \frac{\tilde{A}^\mu(x) - A^\mu(x)}{dx^\rho} = \frac{\partial A^\mu}{\partial x^\rho} + \Gamma^\mu{}_{\nu\rho} A^\nu \qquad (2.26)$$

と定義される．このように定義された微分 $\dfrac{DA^\mu}{\partial x^\rho}$ は，定義により 2 階のテンソルとして変換する．

ひとたび，反変ベクトルに対する共変微分が定義されると，他の型のテンソルに対する共変微分も微分の分配則を要請すると自然に導かれる．まず，スカラーの通常の偏微分がテンソルの変換則に従うことから，スカラーの共変微分は，通常の偏微分に他ならない．次に，共変ベクトルに対する共変微分は，$A^\mu B_\mu$ がスカラーであることから，

$$\frac{D(A^\mu B_\mu)}{\partial x^\nu} = \frac{\partial(A^\mu B_\mu)}{\partial x^\nu} = \frac{\partial A^\mu}{\partial x^\nu} B_\mu + A^\mu \frac{\partial B_\mu}{\partial x^\nu} \qquad (2.27)$$

および，

$$\frac{D(A^\mu B_\mu)}{\partial x^\nu} = \frac{DA^\mu}{\partial x^\nu} B_\mu + A^\mu \frac{DB_\mu}{\partial x^\nu} = \frac{\partial A^\mu}{\partial x^\nu} B_\mu + \Gamma^\mu{}_{\rho\nu} A^\rho B_\mu + A^\mu \frac{DB_\mu}{\partial x^\nu} \quad (2.28)$$

が任意の A^μ について等しいと要請することで，

$$\frac{DB_\mu}{\partial x^\nu} = \frac{\partial B_\mu}{\partial x^\nu} - \Gamma^\rho{}_{\mu\nu} B_\rho \qquad (2.29)$$

が得られる．

同様にして，一般のテンソルに対する共変微分も決定される．たとえば，$A^\mu{}_\nu$ の共変微分は

$$A^\mu{}_{\nu;\rho} := \frac{DA^\mu{}_\nu}{\partial x^\rho} = A^\mu{}_{\nu,\rho} + \Gamma^\mu{}_{\sigma\rho} A^\sigma{}_\nu - \Gamma^\sigma{}_{\nu\rho} A^\mu{}_\sigma, \qquad (2.30)$$

のように，上付きの添字に対しては反変ベクトルと同様の，下付きの添字に対しては共変ベクトルと同様の接続を含む項が現れる (章末問題 3)．ここで，共変微分の略記法として，セミコロン " ; " を用いることとした．

また，共変微分 $A^{\mu}_{;\nu}$ が，テンソルとして変換するという要請から $\Gamma^{\mu}_{\nu\rho}$ が

$$\Gamma^{\mu}_{\nu\rho} = \Gamma'^{\alpha}_{\beta\gamma}\frac{\partial x^{\mu}}{\partial x'^{\alpha}}\frac{\partial x'^{\beta}}{\partial x^{\nu}}\frac{\partial x'^{\gamma}}{\partial x^{\rho}} + \frac{\partial^{2} x'^{\alpha}}{\partial x^{\nu}\partial x^{\rho}}\frac{\partial x^{\mu}}{\partial x'^{\alpha}} \tag{2.31}$$

と変換することが示される (章末問題 4)．たとえば，原点 $x^{\mu}=0$ に着目してこの変換則を見ると，$\Gamma^{\mu}_{\nu\rho} = \Gamma^{\mu}_{\rho\nu}$ であるならば，$x'^{\mu} = x^{\mu} + \frac{1}{2}\Gamma^{\mu}_{\nu\rho}x^{\nu}x^{\rho}$ の変換により，原点で $\Gamma'^{\alpha}_{\beta\gamma} = 0$ となることがわかる．時空が曲がっていなければ $\Gamma^{\alpha}_{\beta\gamma} = 0$ となる座標系が存在する．今後，一般の曲がった時空へ拡張した場合であっても，時空の各点で $\Gamma^{\alpha}_{\beta\gamma} = 0$ となる座標系が存在することを要求するものとする．そのためには，$\Gamma^{\mu}_{\nu\rho} = \Gamma^{\mu}_{\rho\nu}$ が必要十分条件である．このような要請のもとで，$\Gamma^{\alpha}_{\rho\nu} = 0$ となる座標系を選ぶことが可能であるが，そのような座標系が前述した**局所慣性系**である．

§2.5 接続の決定

これまで，接続の決定の仕方を指定せずに議論を進めてきた．ここで，

$$A^{\mu}_{;\nu} = g^{\mu\rho}A_{\rho;\nu} \tag{2.32}$$

の関係式が成立することを要請する．これは，互いに計量テンソルで添字を上げ下げすることで結びつく反変ベクトルと共変ベクトルの共変微分がそれぞれ，等価な共変微分であるという要求である．このような自然な要求をすると，

$$A^{\mu}_{;\nu} = g^{\mu\rho}A_{\rho;\nu} = g^{\mu\rho}\left(g_{\rho\sigma}A^{\sigma}\right)_{;\nu} = A^{\mu}_{;\nu} + g^{\mu\rho}g_{\rho\sigma;\nu}A^{\sigma} \tag{2.33}$$

が任意の A^{σ} に対して成立することから，計量テンソルの共変微分が 0 になるという条件，$g_{\rho\sigma;\nu} = 0$ が導かれる．

この条件

$$0 = g_{\rho\sigma;\nu} = g_{\rho\sigma,\nu} - \Gamma^{\alpha}_{\rho\nu}g_{\alpha\sigma} - \Gamma^{\alpha}_{\sigma\nu}g_{\alpha\rho} \tag{2.34}$$

で，添字を入れ替えたものを組み合わせると，$g_{\rho\sigma,\nu} + g_{\sigma\nu,\rho} - g_{\nu\rho,\sigma} - 2\Gamma^{\alpha}_{\rho\nu}g_{\alpha\sigma} = 0$ が得られる．ここから，

$$\Gamma^{\alpha}{}_{\rho\nu} = \frac{1}{2} g^{\alpha\sigma} \left(g_{\rho\sigma,\nu} + g_{\sigma\nu,\rho} - g_{\rho\nu,\sigma} \right) \qquad (2.35)$$

と接続が計量テンソルを用いて表される．このように計量テンソルを用いて与えられる接続を**クリストッフェル記号** (Christoffel symbol) と呼ぶ．また，この (2.34) 式から，局所慣性系においては計量テンソルの通常の偏微分が全て 0 になるということがわかる．一方で，着目する一点において計量の 1 階微分を 0 にすることは，2.2 節でおこなった座標変換の自由度勘定からいつでも可能であるという事実は，いつでも局所慣性系が取れるという事実と符合する．時空の各点において局所慣性系が存在し，接続がクリストッフェル記号で与えられる幾何を**擬リーマン幾何** (pseudo-Riemannian geometry) と呼ぶ．

§2.6 曲率テンソル

着目する時空の 1 点において，計量テンソルの 1 階微分を 0 にすることは可能だが，一般に 2 階微分を 0 にはできない．このことが時空が曲がっているということを表す．計量の 2 階微分までを用いて時空の曲がりを表すテンソルを構成したい．

そのために，平行移動が経路に依るという点に着目する．図 2.2 に典型的な例として球面上でベクトルを平行移動する様子を図示した．1→2→3 の経路で平行移動した場合と 1→3 の経路で平行移動した場合で，平行移動後のベクトルの向きが異なることがこの例でよくわかるだろう．

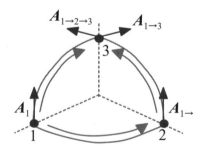

図 2.2　1→3 の経路でベクトル A_1 を平行移動した $A_{1\to3}$ と 1→2→3 の経路でベクトル A_1 を平行移動した $A_{1\to2\to3}$ が異なることを表す図

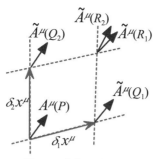

図 **2.3**　曲率の説明の図

　曲率の定義のためには，座標値での無限小の変位として $\delta_1 x^\mu$ と $\delta_2 x^\mu$ という 2 つの変位を考え，図 2.3 に示したように $x^\mu \to x^\mu + \delta_1 x^\mu \to x^\mu + \delta_1 x^\mu + \delta_2 x^\mu (\text{P} \to \text{Q}_1 \to \text{R})$ と $x^\mu \to x^\mu + \delta_2 x^\mu \to x^\mu + \delta_1 x^\mu + \delta_2 x^\mu (\text{P} \to \text{Q}_2 \to \text{R})$ の 2 通りの経路を考える．これらの経路にそって，平行移動したベクトルをそれぞれ $A^\mu(P) \to \tilde{A}^\mu(Q_1) \to \tilde{A}^\mu(R_1)$, $A^\mu(P) \to \tilde{A}^\mu(Q_2) \to \tilde{A}^\mu(R_2)$ と表すことにする．

　2 通りの経路の違いによる差は，$\delta_1 x^\mu$，および，$\delta_2 x^\mu$ に比例する項からはじまるはずである．また，$A^\mu(P)$ にも比例しているはずであることから，δA^μ を

$$\delta A^\mu \equiv \tilde{A}^\mu(R_2) - \tilde{A}^\mu(R_1) = R^\mu{}_{\nu\rho\sigma} A^\nu \delta_1 x^\rho \delta_2 x^\sigma, \tag{2.36}$$

と書くことができる．ここに現れた比例係数 $R^\mu{}_{\nu\rho\sigma}$ を**リーマンテンソル** (Riemann tensor)，又は，**曲率テンソル** (curvature tensor) と呼ぶ．

　リーマンテンソルを計算するために，$\delta_1 x^\rho$，および，$\delta_2 x^\sigma$ のそれぞれの 1 次の精度で，$\tilde{A}^\mu(R_1), \tilde{A}^\mu(R_2)$ を求める．まず，$\tilde{A}^\mu(R_1)$ を求めるために，$\tilde{A}^\mu(Q_1)$ を

$$\tilde{A}^\mu(Q_1) = A^\mu(P) + A^\mu{}_{;\rho}(P)\delta_1 x^\rho \tag{2.37}$$

と表す．ここで，$A^\mu{}_{,\rho} = 0$ を仮定し，$\Gamma^\mu{}_{\nu\rho}(P)A^\nu(P)$ を $A^\mu{}_{;\rho}(P)$ と略記した．更にこのベクトルを平行移動することで，

$$\begin{aligned}
\tilde{A}^\mu(R_1) &= \tilde{A}^\mu(Q_1) + \left(A^\mu(P) + A^\mu{}_{;\rho}(P)\delta_1 x^\rho\right)_{;\sigma} \delta_2 x^\sigma, \\
&= A^\mu(P) + A^\mu{}_{;\rho}(P)\delta_1 x^\rho + A^\mu{}_{;\sigma}(P)\delta_2 x^\sigma \\
&\quad + A^\mu{}_{;\rho\sigma}(P)\delta_1 x^\rho \delta_2 x^\sigma + A^\mu{}_{;\rho}(P)\Gamma^\rho{}_{\nu\sigma}\delta_1 x^\nu \delta_2 x^\sigma
\end{aligned} \tag{2.38}$$

を得る．同様に，

$$\tilde{A}^\mu(R_2) = A^\mu(P) + A^\mu{}_{;\rho}(P)\delta_1 x^\rho + A^\mu{}_{;\sigma}(P)\delta_2 x^\sigma$$
$$+ A^\mu{}_{;\sigma\rho}(P)\delta_1 x^\rho \delta_2 x^\sigma + A^\mu{}_{;\rho}(P)\Gamma^\rho{}_{\nu\sigma}\delta_1 x^\nu \delta_2 x^\sigma \qquad (2.39)$$

であるので,

$$R^\mu{}_{\nu\rho\sigma}A^\nu = \left(A^\mu{}_{;\sigma\rho} - A^\mu{}_{;\rho\sigma}\right) \qquad (2.40)$$
$$= \left(\Gamma^\mu{}_{\nu\sigma,\rho} - \Gamma^\mu{}_{\nu\rho,\sigma} + \Gamma^\mu{}_{\alpha\rho}\Gamma^\alpha{}_{\nu\sigma} - \Gamma^\mu{}_{\alpha\sigma}\Gamma^\alpha{}_{\nu\rho}\right)A^\nu \quad (2.41)$$

となる (章末問題 7). この関係式が任意の A^ν について成り立つことから, リーマンテンソルが

$$R^\mu{}_{\nu\rho\sigma} = \Gamma^\mu{}_{\nu\sigma,\rho} - \Gamma^\mu{}_{\nu\rho,\sigma} + \Gamma^\mu{}_{\alpha\rho}\Gamma^\alpha{}_{\nu\sigma} - \Gamma^\mu{}_{\alpha\sigma}\Gamma^\alpha{}_{\nu\rho} \qquad (2.42)$$

で与えられることがわかる.

反変ベクトルの 2 階共変微分の順序を反対称化したもの $A^\mu{}_{;\sigma\rho} - A^\mu{}_{;\rho\sigma}$ はリーマンテンソルを用いて表すことができた. 共変ベクトルに対する同様の関係式も以下のように求めることができる. まず, スカラーの 2 階共変微分の順序を入れ替えることができることはクリストッフェル記号の対称性 $\Gamma^\alpha{}_{\rho\sigma} = \Gamma^\alpha{}_{\sigma\rho}$ を用いて,

$$\phi_{;\sigma\rho} - \phi_{;\rho\sigma} = \phi_{,\sigma\rho} - \Gamma^\alpha{}_{\sigma\rho}\phi_{,\alpha} - \left(\phi_{,\rho\sigma} - \Gamma^\alpha{}_{\rho\sigma}\phi_{,\alpha}\right) = 0 \qquad (2.43)$$

と示される. (2.43)式の関係を $\phi = A^\mu B_\mu$ に対して当てはめると,

$$0 = (A^\mu B_\mu)_{;\sigma\rho} - (A^\mu B_\mu)_{;\rho\sigma}$$
$$= R^\mu{}_{\nu\rho\sigma}A^\nu B_\mu + A^\mu\left(B_{\mu;\sigma\rho} - B_{\mu;\rho\sigma}\right) \qquad (2.44)$$

を得る. この関係式が任意の A^ν に対して成り立つことから,

$$B_{\mu;\rho\sigma} - B_{\mu;\sigma\rho} = R^\alpha{}_{\mu\rho\sigma}B_\alpha \qquad (2.45)$$

が得られる.

また, (2.42)式にクリストッフェル記号の表式 (2.35)式を代入することにより

$$R_{\mu\nu\rho\sigma} = \frac{1}{2}\left(g_{\mu\sigma,\nu\rho} + g_{\nu\rho,\mu\sigma} - g_{\mu\rho,\nu\sigma} - g_{\nu\sigma,\mu\rho}\right)$$
$$+ g_{\alpha\beta}\left(\Gamma^\alpha{}_{\nu\rho}\Gamma^\beta{}_{\mu\sigma} - \Gamma^\alpha{}_{\nu\sigma}\Gamma^\beta{}_{\mu\rho}\right) \qquad (2.46)$$

を得る (章末問題 8).

(2.46) 式の表式から, リーマンテンソルには

$$R_{\mu\nu\rho\sigma} = -R_{\mu\nu\sigma\rho} = -R_{\nu\mu\rho\sigma}, \tag{2.47}$$

$$R_{\mu\nu\rho\sigma} = R_{\rho\sigma\mu\nu} \tag{2.48}$$

の対称性があることがわかる. また, (2.42) 式より,

$$R_{\mu\nu\rho\sigma} + R_{\mu\rho\sigma\nu} + R_{\mu\sigma\nu\rho} = 0 \tag{2.49}$$

の対称性があることを示すことができる (章末問題 10).

ここでは, 4 次元に限らず一般の D 次元の場合にリーマンテンソルの独立な成分の数を数えよう. ここまでの議論で, リーマンテンソルの表式 (2.42) 式をはじめ, 上記の対称性を導出する際に 4 次元の特殊性は一切用いていないことに注意しておこう. 独立な成分を数えるにあたり, $R_{\mu\nu\rho\sigma}$ の持つ対称性のうちで, (2.48) 式の対称性は, 他の関係式から導かれるという点に注意しよう (章末問題 10). (2.47) 式の対称性のみを考慮したとき, $\{\mu, \nu\}$ の反対称な添字の組み合わせの数が $D(D-1)/2$, $\{\rho, \sigma\}$ の反対称な添字の組み合わせの数も同様であることから, 独立な成分の数は $(D(D-1)/2)^2$ であることがわかる. 次に, (2.49) 式に含まれる独立な関係式の数を数える. (2.47) 式と組み合わせると, $\{\nu, \rho, \sigma\}$ の添字に関しては反対称化された関係式であることがわかるので, 添字が重複した場合には自明な関係式となっている. したがって, $\{\nu, \rho, \sigma\}$ の添字に関して, D 個の中から重複を許さずに 3 つを選ぶ場合の数を数えると, $D(D-1)(D-2)/6$ 通り存在することがわかる. μ の添字については D 通りであるので, (2.49) 式に含まれる独立な関係式の数は $D^2(D-1)(D-2)/6$ である. したがって, リーマンテンソルの独立な成分の数は $D^2(D-1)^2/4 - D^2(D-1)(D-2)/6 = D^2(D^2-1)/12$ であることがわかる. $D=4$ のときは 20 となり, これは 2.2 節で数えた計量テンソルの 2 階微分の成分のうちで, 座標変換で 0 とすることができない独立な成分の数に一致する. このことはリーマンテンソルが計量の 2 階微分までで構成されたテンソルであることと符合している.

リーマンテンソルの微分に関してもビアンキの恒等式 (Bianchi identity) と

呼ばれる

$$R^{\alpha}{}_{\mu\nu\rho;\sigma} + R^{\alpha}{}_{\mu\rho\sigma;\nu} + R^{\alpha}{}_{\mu\sigma\nu;\rho} = 0 \qquad (2.50)$$

の関係式が成り立つ．この関係式を示すには，テンソルの方程式であることから局所慣性系で成立することを示せば充分である．なぜなら，ある座標系で恒等的に0になるテンソルは，他の座標系の成分に変換しても0であることに変わりがないからである．局所慣性系では $\Gamma^{\mu}{}_{\nu\rho} = 0$ であるので，(2.42)式から，

$$R^{\alpha}{}_{\mu\nu\rho;\sigma} = \Gamma^{\alpha}{}_{\mu\rho,\nu\sigma} - \Gamma^{\alpha}{}_{\mu\nu,\rho\sigma} \qquad (2.51)$$

を得る．これを (2.50) 式の左辺に代入すれば，0となることが容易に示される．

　次に，リーマンテンソルの添字を縮約して得られるテンソルを考える．反対称な添字の組について縮約すると自明に0であるので，縮約は，前2つの添字のいずれかと後ろ2つの添字のいずれか同士の間で縮約される場合しか意味がない．そのような縮約のとり方は4通り存在するものの，(2.47)式の反対称性から，それらの4通りは本質的に等価である．ここでは1番目の添字と3番目の添字を縮約したもの

$$\begin{aligned}
R_{\mu\nu} &= g^{\alpha\beta} R_{\alpha\mu\beta\nu} \\
&= \Gamma^{\alpha}{}_{\mu\nu,\alpha} - \Gamma^{\alpha}{}_{\mu\alpha,\nu} + \Gamma^{\alpha}{}_{\mu\nu}\Gamma^{\beta}{}_{\alpha\beta} - \Gamma^{\alpha}{}_{\mu\beta}\Gamma^{\beta}{}_{\nu\alpha}
\end{aligned} \qquad (2.52)$$

を考える．この2階の対称テンソルをリッチテンソル (Ricci tensor) と呼ぶ．$R_{\mu\nu} = R_{\nu\mu}$ の対称性は (2.48)式の対称性から即座に示される．

　リッチテンソルをさらに

$$R = R^{\mu}{}_{\mu} \qquad (2.53)$$

のように縮約して定義されるスカラーを**スカラー曲率** (scalar curvature) と呼ぶ．

§2.7 重力場中での質点の運動と光線の軌跡

「曲がった時空中の直進運動によって重力場中の質点の運動を記述することで等価原理を満たす重力理論を構成する」という考えのもとに，曲がった時空の記述の仕方を学んできた．既に準備が整ったので，曲がった時空の質点の運動を記述する方程式を考えよう．

まず，重力場がない場合の質点の運動を考える．このとき，慣性基準系を選ぶと運動方程式は4元速度 (4-velocity) を $u^\mu = dx^\mu/d\tau$ として，

$$\frac{du^\mu(\tau)}{d\tau} = 0 \tag{2.54}$$

で与えられる．ここで，τ は質点に沿った固有時間であり，ds とは $c^2 d\tau^2 = -ds^2$ の関係にある．したがって，4元速度は

$$u_\mu u^\mu = -c^2 \tag{2.55}$$

と規格化されている．一般の座標系における (2.54) 式と等価な方程式を書き下すには，テンソルの方程式にすればよい．そのためには

$$\frac{du^\mu(\tau)}{d\tau} = \lim_{\delta\tau \to 0} \frac{u^\mu(\tau + \delta\tau) - u^\mu(\tau)}{\delta\tau} \tag{2.56}$$

において，$u^\mu(\tau + \delta\tau)$ を $x(\tau)$ の位置に平行移動したもの $\tilde{u}^\mu(\tau) = u^\mu(\tau + \delta\tau) + \Gamma^\mu_{\rho\sigma} u^\rho(\tau)\delta x^\sigma$ に置き換えればよい．ここで，$\delta x^\sigma = x^\sigma(\tau + \delta\tau) - x^\sigma(\tau)$ である．すなわち，

$$0 = \frac{Du^\mu(\tau)}{d\tau} = \frac{du^\mu(\tau)}{d\tau} + \Gamma^\mu_{\nu\rho} u^\nu u^\rho \tag{2.57}$$

が一般の座標における運動方程式ということになる．重力場が存在している曲がった時空の場合であっても，局所的には慣性系がとれることから，質点の運動を決定する運動方程式は同じ形になると考えられる．この方程式を**測地線方程式** (geodesic equation) と呼ぶ．(2.57) 式から，規格化条件 (2.55) 式が時間発展のもとで保たれることが保証される．

光線の伝播経路 $x^\mu(\lambda)$ を決定する方程式も同様に，曲がった時空に拡張される．ここで，λ は光線の伝播経路に沿ったパラメータである．光線の伝播方向

を表す波数ベクトル k^μ を $k^\mu = dx^\mu(\lambda)/d\lambda$ と表す. 慣性系では, k^μ の値が単純に変化しないことを意味する

$$\frac{dk^\mu}{d\lambda} = 0 \tag{2.58}$$

で k^μ の発展方程式は与えられる. この方程式をテンソル方程式にしたものは質点の運動方程式と同様に,

$$0 = \frac{Dk^\mu}{d\lambda} = \frac{dk^\mu}{d\lambda} + \Gamma^\mu{}_{\nu\rho} k^\nu k^\rho \tag{2.59}$$

によって与えられる.

光線の波数ベクトルは光的 (null), すなわち, $k^\mu k_\mu = 0$ を満たすため, 経路に沿ったパラメータ λ を固有時間に選ぶことはできない. このパラメータ λ を**アフィンパラメータ** (affine parameter) と呼ぶ. 通常, k^μ が光子のエネルギーと運動量を表すように選ぶ. すなわち, この光子を 4 元速度 u^μ を持つ観測者が観測したときのエネルギーは $-c^{-1} u^\mu k_\mu$ によって与えられる.

1 点を起点とする未来向き, または, 過去向きの光的測地線の束は 4 次元時空中に少なくとも局所的には円錐を描く. この円錐を光円錐とよぶ.

▣章末コラム　時空の曲がりを我々は何故感じないのか

　一般相対論では曲がった時空によって重力を記述する．我々はこの曲がった時空上を直進していることで知らず知らずのうちに進路を曲げられる．この気づかないような効果によって物体が重力を受けるという現象が表される．したがって，太陽から地球が受ける重力や，地球から我々が日々感じている重力も，全て時空の曲がりに帰着される．しかしながら，我々は日常生活の中で時空が曲がっていることを感じない．後に4章で学ぶように，時空の線素がミンコフスキー時空のものと異なっている程度はニュートンポテンシャルϕをc^2で割った無次元量ϕ/c^2で与えられる．太陽が地球に及ぼす重力を考えると，この量は10^{-8}程度と非常に小さい．太陽が地球の位置に作っている曲率を計算すると，曲率から出てくる長さスケール（$\approx$ **曲率半径** (curvature radius)）は約10^{15}mと，とてつもなく長い．これほどまでに緩やかにしか曲がっていないのだから，アインシュタイン以前の人類が空間が曲がっていると長年気付かなかったことになんら不思議はない．

　一方で，曲がった時空を想像することは難しいので，しばしば曲がった空間の例である球面との類推を考える．球面上における直線は大円である．大円を想像すると，半径rで軌道が閉じるには，半径rの球を考えざるを得ない．この類推からは太陽の周りを公転半径1.5×10^{11}mでまわる地球の軌道を説明するには，同程度の長さスケールで太陽が時空を曲げていなければならないとなる．しかし，そんなに空間が大きく歪んでいるなら，アインシュタインの登場を待たずとも人類は空間が曲がっていることに気づいたはずである．

　この類推が直感的に奇妙に感じる理由は，実際に曲がっているのは時空であって，空間ではないという点にある．1年という時間を光速cを使って長さのスケールにしたものが1光年であるが，これはおよそ10^{16}mである．この地球の公転周期に対応する長さの尺度と比較してみると，太陽が作る時空の曲がりである，曲率半径10^{15}mは同程度である．そのため，時空中を直進するということで太陽まわりの地球の公転運動も矛盾なく説明できるのである．

問題 1　$g_{\mu\nu}(0) = \eta_{\mu\nu},\ g_{\mu\nu,\rho}(0) = 0$ となる座標変換が存在することを示せ.

問題 2　曲がった空間の例として 2 次元単位球面の計量を極座標の角度座標 (θ, φ) を用いて書き下せ.

問題 3　$A^\mu_{\ \nu;\rho} = A^\mu_{\ \nu,\rho} + \Gamma^\mu_{\ \sigma\rho} A^\sigma_{\ \nu} - \Gamma^\sigma_{\ \nu\rho} A^\mu_{\ \sigma}$ を示せ.

問題 4　$\dfrac{DA^\mu}{\partial x^\nu}$ が, テンソルとして変換することから $\Gamma^\mu_{\ \nu\rho}$ が

$$\Gamma^\mu_{\ \nu\rho} = \Gamma'^\alpha_{\ \beta\gamma} \frac{\partial x^\mu}{\partial x'^\alpha} \frac{\partial x'^\beta}{\partial x^\nu} \frac{\partial x'^\gamma}{\partial x^\rho} + \frac{\partial^2 x'^\alpha}{\partial x^\nu \partial x^\rho} \frac{\partial x^\mu}{\partial x'^\alpha}$$

と変換することを示せ.

問題 5　2 つの任意のベクトル A^μ と B^ν の内積を

$$(A \cdot B) = g_{\mu\nu} A^\mu B^\nu$$

で定義すると, この内積が平行移動で保存するという要請から, $g_{\mu\nu;\rho} = 0$ を導け. この内積の保存はベクトルの長さ $\sqrt{(A \cdot A)}$ の保存とベクトル間の角度 $\cos^{-1}(A \cdot B)/\sqrt{(A \cdot A)(B \cdot B)}$ の保存を意味する.

問題 6　$ds^2 = g_{\mu\nu} dx^\mu dx^\nu$ であるので, 時空上の与えられた 2 点を結ぶ粒子の世界線の固有時間間隔を停留させる条件は

$$0 = \delta \left(\int d\lambda \sqrt{-g_{\mu\nu} \frac{dx^\mu}{d\lambda} \frac{dx^\nu}{d\lambda}} \right)$$

これより, $x^\mu(\lambda)$ を決定する方程式を導け. 又, $c^2 d\lambda^2 = -ds^2$ と置くことにより測地線方程式が導かれることを示せ.

問題 7　(2.40) 式より (2.41) 式を示し, (2.42) 式を示せ.

問題 8　(2.42) 式に Γ の表式を代入することにより, (2.46) 式を示せ.

問題 9* (1)　原点 $x^\mu = 0$ 周りに局所慣性系をとると，線素は $ds^2 = \eta_{\mu\nu}dx^\mu dx^\nu + O(x^2)$ と表される．この展開が任意の測地線の周りに拡張されることを示す．測地線に沿う座標を τ として，測地線を $x^\mu(\tau)$ で表す．測地線に直交する，空間方向を与える互いに直交するベクトル $e^\mu_{(i)}, (i = 1, 2, 3)$ をある時刻に用意し，測地線に沿って平行移動

$$u^\mu(\tau)\, e^\nu_{(i);\mu} = 0$$

によって定義を拡張する．測地線 $x^\mu(\tau)$ の近傍の点を

$$x^\mu = x^\mu(\tau) + e^\mu_{(i)}(\tau)\xi^i - \frac{1}{2}\left[\Gamma^\mu_{\nu\rho}e^\nu_{(i)}e^\rho_{(j)}\right](\tau)\,\xi^i\xi^j + O(\xi^3)$$

と表し，$\{\tilde{x}^\mu\} \equiv \{c\tau, \xi^i\}$ を新しい座標とするとき，線素が

$$ds^2 = \left(\eta_{\mu\nu} + C_{\mu\nu kl}(\tau)\xi^k\xi^l\right)d\tilde{x}^\mu d\tilde{x}^\nu + O(\xi^3)$$

と書けることを示せ．

(2)　$C_{\mu\nu kl}$ を測地線上のリーマンテンソル $R_{\mu\nu\alpha\beta}(x(\tau))$ を用いて表せ．

問題 10　(2.49)式の対称性が存在することを確かめよ．また，(2.48)式の対称性を (2.47) 式，および，(2.49)式の対称性から示せ．

問題 11　リッチテンソルに関して線形で，(2.47)式，及び，(2.48)式のリーマンテンソルのもつ対称性と同じ対称性を持つ 4 階のテンソルを計量テンソルとリッチテンソルを用いて構成し，そのテンソルをリーマンテンソルに加えることで任意の添字のペアに関する縮約が 0 となるテンソルを求めよ．

問題 12　測地線に沿っての固有時を τ として，測地線の族 $x^\mu(\tau; \xi^j)$ を考える．ここで，ξ^j は異なる測地線をラベルするパラメータである．$B^\mu_{(i)} := \partial x^\mu(\tau; \xi^j)/\partial\xi^i$ の測地線に沿っての時間発展を記述する方程式を求めよ．

第3章　一般相対論

　曲がった時空によって重力を表す理論を構築するには，時空の曲がりを決定する方程式が必要である．この方程式を与える理論として，座標の選び方に理論が依存しないという性質を持つものの中で最も単純なものが一般相対論である．この理論を作用原理に基づいて導入する．

§3.1　重力場の作用関数

　計量テンソルが時空の曲がり，すなわち，重力場を規定する．したがって，重力理論を定義するには計量テンソルを決定する方程式が必要である．ここでは，**作用関数** (action) を与え，その変分により方程式を求めるという方針をとる．作用関数に対して，以下の3条件を課す．

　1) 計量テンソル以外の場を含まない．

　2) 作用関数が座標の選び方に依存しない．

　3) 変分原理によって得られた方程式が，高々計量テンソルの2階微分しか含まない．

2) の要請を一般座標変換不変性，あるいは，**共変性** (general covariance) の要請と呼ぶ．

　4次元体積要素 $\sqrt{-g}\,d^4x$ がスカラーとして変換する (章末問題1) ので，**ラグランジュ関数** (Lagrangian)$\mathcal{L}$ がスカラー関数であるとして，作用関数が $S_g = \int \mathcal{L}\sqrt{-g}\,d^4x$ と書かれていれば，2) の要請は満たされる．ここで，$g = \det[g_{\mu\nu}]$ である．$\mathcal{L}$ が計量テンソルの高々1階微分しか含まなければ，この作用関数の変分から導かれる運動方程式は3) の要請を満たす．しかし，計量テンソルの高々1階微分のみから構成できるテンソルは計量テンソル $g_{\mu\nu}$ のみである．計量テンソルの添字を縮約して構成することのできるスカラーは定数のみである．一方，$\mathcal{L}$ が計量テンソルの2階微分を含むことを許せば，リーマンテンソルを構成することができる．リーマンテンソルの添字を縮約することで得られるスカラー量として，スカラー曲率 R が構成できる．スカラー曲率

31

に含まれる計量テンソルの2階微分を含む項は，他に計量テンソルの微分を含まない．したがって，ラグランジュ関数がスカラー曲率 R を含んでいても，その変分から得られる運動方程式は高々計量テンソルの2階微分しか含まず，3)の要請を満たす.

リーマンテンソルを複数用いてもよければ $R^{\mu\nu\rho\sigma}R_{\mu\nu\rho\sigma}$ のようなスカラー量を構成することも可能だが，その変分から得られる運動方程式は一般に，計量テンソルの高階微分を含む．4次元の場合に限れば，上記の3つの要請を満たすスカラー関数は定数とスカラー曲率 R しかない (コラム参照).

定数に関しては物質場による作用関数への寄与の一部とみなすこともできるので，ここでは重力場の作用関数として

$$S_g = \frac{c^3}{16\pi G_N} \int R\sqrt{-g}\, d^4x \tag{3.1}$$

のみを考える．ここで，G_N は $G_N = 6.67 \times 10^{-11} \mathrm{m^3 kg^{-1} s^{-2}}$ で与えられる**万有引力定数** (Newton's constant) と同定されることが，後の議論で明らかになる．(3.1)式で与えられる作用関数は**アインシュタイン・ヒルベルト作用** (Einstein-Hilbert action) と呼ばれる.

§3.2 エネルギー・運動量テンソル

物質場の作用関数も共変性の条件を満たさなければならないので，$\mathcal{L}_m$ を物質場のラグランジュ関数として物質場をあらわす変数 q^a を含むスカラー関数を用意し，物質場の作用関数を

$$S_m = \frac{1}{c} \int \sqrt{-g}\mathcal{L}_m\, d^4x, \tag{3.2}$$

と与える．この作用関数には計量テンソルも含まれるが，物質場の作用関数の計量テンソルに対する変分から**エネルギー・運動量テンソル** (energy momentum tensor) を

$$T_{\mu\nu} = -\frac{2c}{\sqrt{-g}} \frac{\delta S_m}{\delta g^{\mu\nu}} \tag{3.3}$$

と定義する. $g^{\mu\nu}$ が $\{\mu,\nu\}$ の添字の入れ替えに対して対称であることから, $T_{\mu\nu}$ も同様の対称性を持つ. ここで, $g_{\mu\nu}$ は $g^{\mu\nu}$ の逆行列であるので, $g_{\mu\nu}$ 変分は $g^{\mu\nu}$ の変分に従属していることに注意しておこう. 実際, $\delta(g^{\mu\nu}g_{\nu\rho}) = 0$ より

$$\delta g_{\mu\nu} = -g_{\mu\alpha}g_{\nu\beta}\delta g^{\alpha\beta} \tag{3.4}$$

の関係が導かれる.

(3.3)式によって定義されたエネルギー・運動量テンソルは, **エネルギー・運動量テンソルの保存則**

$$T^{\mu\nu}{}_{;\nu} = 0 \tag{3.5}$$

を満たすことを以下に示す. 無限小座標変換 $x'^{\mu} = x^{\mu} + \xi^{\mu}$ のもとで, 計量テンソルは

$$
\begin{aligned}
g'^{\mu\nu}(x'^{\rho}) &= g^{\alpha\beta}(x^{\rho})\frac{\partial x'^{\mu}}{\partial x^{\alpha}}\frac{\partial x'^{\nu}}{\partial x^{\beta}} \\
&\approx \left(g^{\alpha\beta}(x'^{\rho}) - g^{\alpha\beta}{}_{,\gamma}\xi^{\gamma}\right)\left(\delta^{\mu}_{\alpha} + \frac{\partial \xi^{\mu}}{\partial x^{\alpha}}\right)\left(\delta^{\nu}_{\beta} + \frac{\partial \xi^{\nu}}{\partial x^{\beta}}\right) \\
&\approx g^{\mu\nu}(x'^{\rho}) - g^{\mu\nu}{}_{,\gamma}\xi^{\gamma} + g^{\mu\alpha}\frac{\partial \xi^{\nu}}{\partial x^{\alpha}} + g^{\nu\alpha}\frac{\partial \xi^{\mu}}{\partial x^{\alpha}}
\end{aligned} \tag{3.6}
$$

と変換する. ここで, 無限小の微小量である ξ^{μ} の2次以上の項はすべて無視した.

$$\Gamma^{\mu\nu}{}_{\rho} + \Gamma^{\nu\mu}{}_{\rho} = g^{\mu\alpha}g^{\nu\beta}g_{\alpha\beta,\rho} = -g^{\mu\nu}{}_{,\rho} \tag{3.7}$$

であることを用いると, (3.6)式から, 無限小座標変換のもとでの計量テンソルの変分が

$$\delta_{\xi}g^{\mu\nu} \equiv g'^{\mu\nu} - g^{\mu\nu} = \xi^{\mu;\nu} + \xi^{\nu;\mu} \tag{3.8}$$

で与えられることがわかる.

S_m は, 共変性の条件より座標変換に対して不変であることが要求されるので,

$$0 = \delta_{\xi}S_m = \int\left(\frac{\delta S_m}{\delta q^a}\delta_{\xi}q^a + \frac{\delta S_m}{\delta g^{\mu\nu}}\delta_{\xi}g^{\mu\nu}\right)d^4x$$

$$= -\frac{1}{c} \int T_{\mu\nu} \xi^{\mu;\nu} \sqrt{-g} \, d^4x = \frac{1}{c} \int T^{\mu\nu}{}_{;\nu} \xi_\mu \sqrt{-g} \, d^4x \quad (3.9)$$

となる. ここで, 2つ目の等号では, 物質場の運動方程式 $\delta S_m/\delta q^a = 0$ を用い, 最後の等号では

$$A^\mu{}_{;\mu} \sqrt{-g} = \left(A^\mu \sqrt{-g}\right)_{,\mu} \quad (3.10)$$

を用い部分積分を実行し (章末問題2), ξ^μ は積分領域の境界において 0 として表面項を無視した. (3.9) 式が任意の ξ_μ に対して成り立つことから (3.5)式が結論される.

§3.3 アインシュタイン方程式

重力場の作用関数 (3.1)の計量テンソルについての変分を考える. $R = g^{\mu\nu} R_{\mu\nu}$ であることから, 変分を形式的に

$$\delta S_g = \frac{c^3}{16\pi G_N} \int \left[\frac{R}{\sqrt{-g}} \delta\sqrt{-g} + g^{\mu\nu} \delta R_{\mu\nu} + \delta g^{\mu\nu} R_{\mu\nu} \right] \sqrt{-g} \, d^4x \quad (3.11)$$

のように 3 つの項に分け, それぞれの項について考える.

第1項については, 行列式 g の変分を考えるとき, **完全反対称記号** (completely antisymmetric symbol), $e^{\mu\nu\rho\sigma}$, を用いて g を表すのが便利である. $e^{\mu\nu\rho\sigma}$ は, $e^{0123} = 1$ で, かつ, すべての添字のペアの入れ替えに対して反対称な量 (テンソルではない) として定義される. この記号を用いて, 行列式は

$$g = \det[g_{\mu\nu}] = e^{\mu\nu\rho\sigma} g_{0\mu} g_{1\nu} g_{2\rho} g_{3\sigma} = \frac{1}{4!} e^{\alpha\beta\gamma\delta} e^{\mu\nu\rho\sigma} g_{\alpha\mu} g_{\beta\nu} g_{\gamma\rho} g_{\delta\sigma} \quad (3.12)$$

と定義される. この表式を用いて両辺の変分を取ると,

$$\delta g = \frac{1}{3!} e^{\alpha\beta\gamma\delta} e^{\mu\nu\rho\sigma} g_{\beta\nu} g_{\gamma\rho} g_{\delta\sigma} \delta g_{\alpha\mu} \quad (3.13)$$

を得る. ここで, $e^{\alpha\beta\gamma\delta} g_{\alpha\xi} g_{\beta\nu} g_{\gamma\rho} g_{\delta\sigma}$ が, $\{\xi, \nu, \rho, \sigma\}$ の添字に対して完全反対称であることに注目し, $e^{\alpha\beta\gamma\delta} g_{\alpha 0} g_{\beta 1} g_{\gamma 2} g_{\delta 4} = g$ であることから, 下付き添字の完全反対称記号を $e_{\alpha\beta\gamma\delta} := e^{\alpha\beta\gamma\delta}$ と定義すると,

$$e^{\alpha\beta\gamma\delta} g_{\alpha\xi} g_{\beta\nu} g_{\gamma\rho} g_{\delta\sigma} = g e_{\xi\nu\rho\sigma} \quad (3.14)$$

であることがわかる. 一方で,

$$e^{\mu\nu\rho\sigma} e_{\alpha\nu\rho\sigma} = 3! \delta^{\mu}_{\alpha} \tag{3.15}$$

である (章末問題 3) ことから, $\delta g = g g^{\mu\nu} \delta g_{\mu\nu}$ であることがわかる. これ
より,

$$\delta\sqrt{-g} = \frac{1}{2}\sqrt{-g} g^{\mu\nu} \delta g_{\mu\nu} = -\frac{1}{2}\sqrt{-g} g_{\mu\nu} \delta g^{\mu\nu} \tag{3.16}$$

を得る.

第 2 項の $\delta R_{\mu\nu}$ を計算するには, クリストッフェル記号 $\Gamma^{\mu}_{\nu\rho}$ がテンソル
ではないが, 以下に示すように, その変分 $\delta\Gamma^{\mu}_{\nu\rho}$ はテンソルであることに
注目する. 計量テンソルが $g^{\mu\nu} + \delta g^{\mu\nu}$ で与えられたとして反変ベクトル
$A^{\mu}(x^{\rho})$ を $x^{\rho} + \Delta x^{\rho}$ に平行移動したのちに, 今度は計量テンソルが $g^{\mu\nu}$ で与
えられたとして再び x^{ρ} まで平行移動したものを $\tilde{A}^{\mu}(x^{\rho})$ とする. このとき差
$\tilde{A}^{\mu}(x^{\rho}) - A^{\mu}(x^{\rho})$ は,

$$\delta\Gamma^{\mu}_{\nu\rho} A^{\nu} \Delta x^{\rho} \tag{3.17}$$

で与えられる. この差は同一点のベクトルの差分であるのでベクトルである.
一方, $A^{\nu}\Delta x^{\rho}$ はテンソルとして変換するので, $\delta\Gamma^{\mu}_{\nu\rho}$ もテンソルとして変換
する. 実際,

$$\begin{aligned}
\delta\Gamma^{\mu}_{\nu\rho} &= \delta\left(\frac{1}{2}g^{\mu\alpha}\left(g_{\alpha\nu,\rho} + g_{\alpha\rho,\nu} - g_{\nu\rho,\alpha}\right)\right) \\
&= \Gamma_{\alpha\nu\rho}\delta g^{\mu\alpha} + \frac{1}{2}g^{\mu\alpha}\left((\delta g_{\alpha\nu})_{,\rho} + (\delta g_{\alpha\rho})_{,\nu} - (\delta g_{\nu\rho})_{,\alpha}\right) \\
&= \frac{1}{2}g^{\mu\alpha}\left((\delta g_{\alpha\nu})_{;\rho} + (\delta g_{\alpha\rho})_{;\nu} - (\delta g_{\nu\rho})_{;\alpha}\right)
\end{aligned} \tag{3.18}$$

である. 最後の等号は丁寧に計算することで示すこともできるが, $\delta\Gamma^{\mu}_{\nu\rho}$ がテ
ンソルであるので, 2 行目の第 1 項を無視した局所慣性系での表式を共変な形
に書き換えれば, 最後の表式を得る.

$\delta R_{\mu\nu}$ は同一点におけるテンソル間の差分であるので, テンソルである. し
たがって, まずは局所慣性系で考えると, (2.52) 式から

$$\delta R_{\mu\nu} = \delta\Gamma^{\alpha}_{\mu\nu,\alpha} - \delta\Gamma^{\alpha}_{\mu\alpha,\nu} \tag{3.19}$$

であることがわかる. これを共変な形に書き直せば,

$$\delta R_{\mu\nu} = \delta\Gamma^{\alpha}_{\mu\nu;\alpha} - \delta\Gamma^{\alpha}_{\mu\alpha;\nu} \tag{3.20}$$

を得る．これより，一般に，ベクトル

$$\Gamma^{\alpha} := g^{\mu\nu} \delta\Gamma^{\alpha}{}_{\mu\nu} - g^{\mu\alpha} \delta\Gamma^{\nu}{}_{\mu\nu} \tag{3.21}$$

を定義して，

$$g^{\mu\nu} \delta R_{\mu\nu} = \Gamma^{\alpha}{}_{;\alpha} \tag{3.22}$$

と書ける．したがって，

$$\int g^{\mu\nu} \delta R_{\mu\nu} \sqrt{-g} \, d^4x = \int (\Gamma^{\alpha} \sqrt{-g})_{,\alpha} d^4x \tag{3.23}$$

となり，重力場の作用関数の変分の第 2 項は全微分項であり，運動方程式には寄与しない．

　以上より，

$$\frac{1}{\sqrt{-g}} \frac{\delta S_g}{\delta g^{\mu\nu}} = \frac{c^3}{16\pi G_N} G_{\mu\nu} \tag{3.24}$$

を得る．ここで，**アインシュタインテンソル** (Einstein tensor)

$$G_{\mu\nu} := R_{\mu\nu} - \frac{1}{2} g_{\mu\nu} R \tag{3.25}$$

を導入した．一方で物質の作用関数の変分からは，エネルギー・運動量テンソルの定義により

$$\frac{1}{\sqrt{-g}} \frac{\delta S_m}{\delta g^{\mu\nu}} = -\frac{1}{2c} T_{\mu\nu} \tag{3.26}$$

を得る．したがって，重力場，および，物質場の作用関数全体の計量テンソルに関する変分 $\delta(S_g + S_m) = 0$ より得られる方程式は

$$G_{\mu\nu} = \frac{8\pi G_N}{c^4} T_{\mu\nu} \tag{3.27}$$

となる．この方程式は**アインシュタイン方程式** (Einstein's equations) と呼ばれる．

　エネルギー・運動量テンソルの保存則 $T_{\mu}{}^{\nu}{}_{;\nu} = 0$ に矛盾しないためには，アインシュタインテンソルにも同様の恒等式 $G_{\mu}{}^{\nu}{}_{;\nu} = R_{\mu}{}^{\nu}{}_{;\nu} - \frac{1}{2} R_{;\mu} = 0$ が要請されるが，これはビアンキの恒等式 (2.50) を $\{\alpha, \nu\}$ の添字の組，および，$\{\mu, \rho\}$ の添字の組について縮約したものである．

§3.4 様々な物質場のエネルギー・運動量テンソル

3.4.1 粒子系

　自由粒子の運動方程式は粒子の世界線に沿った時間間隔を停留させる条件から導かれた．したがって，自由粒子の作用関数は，粒子の世界線に沿った時間間隔に比例する．作用関数の次元を持たせるには，時間間隔にエネルギーの次元を持ったものを乗じればよい．また，非相対論の極限ではよく知られた作用関数に帰着しなければならないので，質量 $m^{(i)}$ をもつ i 番目の粒子の作用関数は，その世界線を $z_{(i)}^\mu$ で表し，$\dot{z}_{(i)}^\mu = dz_{(i)}^\mu/d\lambda$ を用いて

$$S^{(i)} = -m^{(i)}c \int d\lambda \sqrt{-g_{\mu\nu}(z(\lambda))\dot{z}_{(i)}^\mu \dot{z}_{(i)}^\nu}$$

$$= -m^{(i)}c \int d^4x \int d\lambda \sqrt{-g_{\mu\nu}(x)\dot{z}_{(i)}^\mu \dot{z}_{(i)}^\nu}\, \delta^4\left(x - z_{(i)}(\lambda)\right) \quad (3.28)$$

と与えられるべきであることがわかる．ここで，パラメータ λ は世界線をパラメトライズするパラメータであればなんでもよい．実際，λ の任意関数 $\lambda'(\lambda)$ を用いてこの作用関数を書き換えても同じ表式になる．また，2つ目の等号が成立することは最後の表式で $\int d^4x$ の積分を実行すればすぐに元の式と等価であることが確かめられる．

　この作用関数の変分からは

$$T_{\mu\nu}^{(i)} = -\frac{2c}{\sqrt{-g}}\frac{\delta S^{(i)}}{\delta g^{\mu\nu}} = m^{(i)}c^2 \int d\lambda \frac{\dot{z}_\mu^{(i)}\dot{z}_\nu^{(i)}}{\sqrt{-g_{\rho\sigma}\dot{z}_{(i)}^\rho \dot{z}_{(i)}^\sigma}}\frac{\delta^4\left(x - z_{(i)}(\lambda)\right)}{\sqrt{-g(x)}} \quad (3.29)$$

が得られる．表式を簡単にする目的で λ として固有時間 τ を用いることにすると，

$$T_{\mu\nu}^{(i)} = m^{(i)}c \int d\tau\, \dot{z}_\mu^{(i)}(\tau)\dot{z}_\nu^{(i)}(\tau)\frac{\delta^4\left(x - z_{(i)}(\tau)\right)}{\sqrt{-g(x)}} \quad (3.30)$$

を得る．さらに，微小な体積の中に多数の粒子が存在する系を考え，微小体積 V での平均をとる．このとき，粒子の運動が等方的に見える局所慣性系が存在するとして，そのような座標系で考えると，エネルギー・運動量テンソルの平均 $\langle T_{\mu\nu} \rangle$ は

$$\langle T_{\mu\nu} \rangle = \frac{\int_V d^3x\, T_{\mu\nu}}{\int_V d^3x} = \left(\int_V d^3x\right)^{-1}\sum_{i \in V} m^{(i)}c \int d\tau\, \dot{z}_\mu^{(i)}\dot{z}_\nu^{(i)}\delta\left(x^0 - z_{(i)}^0(\tau)\right)$$

$$= \left(\int_V d^3x \right)^{-1} \sum_{i \in V} m^{(i)} c \frac{\dot{z}_\mu^{(i)} \dot{z}_\nu^{(i)}}{\left| \dot{z}_{(i)}^0 \right|} \tag{3.31}$$

と与えられる.

この系における粒子の速度を $\boldsymbol{v}$ とすると, 4 元速度は $\gamma = 1/\sqrt{1 - \beta^2}$ をもちいて, $\dot{z}_\mu = \gamma(-c, \boldsymbol{v})$ と与えられる. 粒子の速度分布関数を $n(\boldsymbol{v})$ と表し, 全ての粒子の質量が m であるとすると, エネルギー・運動量テンソルの各成分は

$$\begin{cases} \langle T_{00} \rangle = \int mc^2 \gamma n(\boldsymbol{\beta}) d^3\beta = \epsilon \,, \\ \langle T_{0i} \rangle = \int mc^2 \gamma \beta_i n(\boldsymbol{\beta}) d^3\beta = 0 \,, \\ \langle T_{ij} \rangle = \int mc^2 \gamma \beta_i \beta_j n(\boldsymbol{\beta}) d^3\beta = P \, \delta_{ij} \,, \end{cases} \tag{3.32}$$

と与えられる. ここで, ϵ はエネルギー密度 (energy density), P は圧力 (pressure) を表す.

上記のように粒子の分布が等方的に見える座標系が存在する場合には, エネルギー密度と圧力のみで, エネルギー・運動量テンソルを表すことができる. 粒子の集団を流体とみなせば, このような座標系を流体とともに運動する局所慣性系と言うことができる. このとき, エネルギー・運動量テンソルの一般の座標系における表示は, この局所慣性系の空間原点の運動方向を表す 4 元速度を一般の座標系で u^μ と表せば,

$$T_{\mu\nu} = (\epsilon + P) \frac{u_\mu u_\nu}{c^2} + P \, g_{\mu\nu} \tag{3.33}$$

で与えられる.

粒子の運動速度が光速に比べて非常に小さいとき, アインシュタイン方程式 (3.27) の右辺, すなわち, 重力場の源としてのエネルギー・運動量テンソルにおいて, 圧力を無視することができる. このような状況を**非相対論的運動の極限** (non-relativistic limit) と呼ぶ. 一方で粒子の運動速度が光速に非常に近い場合, あるいは, 光子のように光速で運動する粒子を考える場合, (3.32) 式において $\delta_{ij} \beta^i \beta^j = 1$ と置くことができる. このとき

$$3P = \langle T_{ij} \rangle \delta^{ij} = \int mc^2 \gamma n(\boldsymbol{\beta}) d^3\beta = \epsilon \tag{3.34}$$

であり, エネルギー・運動量テンソルはトレースレス, すなわち, $T = T_\mu{}^\mu = 0$ となる. このような状況を**相対論的運動の極限** (relativistic limit) と呼ぶ.

3.4.2 電磁場

古典的な物質場の代表例として，電磁場を考える．電磁場の自由度を 4 元ベクトルポテンシャル A_μ を用いて表すと，電磁場の作用関数は場の強さ (field strength)

$$F_{\mu\nu} = A_{\nu;\mu} - A_{\mu;\nu} = A_{\nu,\mu} - A_{\mu,\nu} \tag{3.35}$$

を用いて，

$$\begin{aligned}
S_m &= -\frac{1}{16\pi c} \int F_{\mu\nu} F^{\mu\nu} \sqrt{-g}\, d^4x \\
&= -\frac{1}{16\pi c} \int g^{\mu\alpha} g^{\nu\beta} F_{\mu\nu} F_{\alpha\beta} \sqrt{-g}\, d^4x
\end{aligned} \tag{3.36}$$

と与えられる．場の強さ $F_{\mu\nu}$ は A_μ が独立な自由度であると考えると，計量テンソルに依存しないことがわかる．したがって，電磁場の作用関数の中に含まれる計量テンソルは $\sqrt{-g}$ を含め，(3.36)式の最後の表式に陽に現れるもののみである．

したがって，上記の作用関数の計量テンソルに関する変分から，電磁場のエネルギー・運動量テンソルは

$$T_{\mu\nu} = \frac{1}{4\pi} \left(F_{\mu\alpha} F_\nu{}^\alpha - \frac{1}{4} g_{\mu\nu} F_{\alpha\beta} F^{\alpha\beta} \right) \tag{3.37}$$

と求まる．得られたエネルギー・運動量テンソルはトレースレス条件 $T = T_\mu{}^\mu = 0$ を満たす．これは相対論的極限の粒子のエネルギー・運動量テンソルがトレースレスであったことと符合する．

しかし，電磁場のエネルギー・運動量テンソルがトレースレスになる背景には，**共形変換** (conformal transformation) に対する作用関数の不変性というより深い意味がある．共形変換は，計量テンソルを非一様にスケール倍する変換であり，$g_{\mu\nu}$ を

$$g'_{\mu\nu} = e^{2\Omega(x)} g_{\mu\nu} \tag{3.38}$$

に置き換える変換である．時空の次元を D として，この変換のもとで $\sqrt{-g}$ は $e^{D\Omega(x)}\sqrt{-g}$ に $g^{\mu\nu}$ は $e^{-2\Omega(x)} g^{\mu\nu}$ へと変換する．したがって，$D = 4$ の場合には特別に電磁場の作用関数が共形変換のもとで不変になる．$D = 4$ のとき，

$\delta\Omega$ で与えられる無限小の共形変換のもとで，作用関数の変分が0となること
を式で表すと，

$$0 = T_{\mu\nu}\frac{dg'^{\mu\nu}}{d\Omega}\bigg|_{\Omega=0}\delta\Omega = -2T_{\mu\nu}g^{\mu\nu}\delta\Omega \tag{3.39}$$

となり，エネルギー・運動量テンソルがトレースレスであることを保証する．
一方で，このような厳密な意味で電磁場のエネルギー・運動量テンソルがト
レースレスになるのは4次元の特殊性である．

3.4.3 スカラー場

スカラー場の作用関数は，ラグランジュ関数を

$$\mathcal{L}_\phi = -\frac{1}{2}g^{\mu\nu}\phi_{,\mu}\phi_{,\nu} - V(\phi) \tag{3.40}$$

として，

$$S = \frac{1}{c}\int \mathcal{L}_\phi(x)\sqrt{-g}\,d^4x \tag{3.41}$$

で与えられる．スカラー場のポテンシャル $V(\phi)$ の具体的な形はここでは特に
指定しない．運動方程式は作用関数の変分を取ることで，

$$\Box\phi - V'(\phi) = 0 \tag{3.42}$$

と得られる．ここで，$\Box := g^{\mu\nu}\nabla_\mu\nabla_\nu$ は共変微分で定義された**ダランベール
演算子** (d'Alembertian) である．

作用関数 (3.41)の計量テンソルに関する変分から，スカラー場のエネルギー・
運動量テンソルは，

$$T_{\mu\nu} = \phi_{,\mu}\phi_{,\nu} - g_{\mu\nu}\left(\frac{1}{2}g^{\rho\sigma}\phi_{,\rho}\phi_{,\sigma} + V(\phi)\right) \tag{3.43}$$

と与えられる．

□章末コラム ラブロック重力理論 (Lovelock theory of gravity)

　計量テンソルのみで書かれていて，その2階微分までのみを運動方程式が含むよ
うな，共変な作用関数はアインシュタイン・ヒルベルト作用に限られるわけではな
い．そのような条件を満たす最も一般化された理論としてラブロック重力理論があ
り，その D 次元における作用関数は n-次のラブロック項，

$$S_g^{(n)} = \frac{1}{2^n} \int \delta_{\mu_1}^{[\nu_1} \delta_{\mu_2}^{\nu_2} \cdots \delta_{\mu_{2n}}^{\nu_{2n}]} R^{\mu_1 \mu_2}{}_{\nu_1 \nu_2} \cdots R^{\mu_{2n-1} \mu_{2n}}{}_{\nu_{2n-1} \nu_{2n}} \sqrt{-g}\, d^D x \quad (3.44)$$

の線形和で書かれる．ここで，リーマンテンソルの計量テンソルによる変分が

$$\frac{\delta R^\mu{}_{\nu\rho\sigma}}{\delta g^{\alpha\beta}} = F^\mu{}_{\nu\rho\alpha\beta;\sigma} - F^\mu{}_{\nu\sigma\alpha\beta;\rho} \quad (3.45)$$

という全微分の形で表せる (章末問題4) ことから，変分原理により運動方程式を導
出する際に変分がリーマンテンソルに作用する項は，部分積分の結果，$R^{\mu_1\mu_2}{}_{\nu_1\nu_2;\nu_3}$
のようなリーマンテンソルの微分を導くが，$\{\nu_i\}$ の添字に関しては反対称化され
ているためにビアンキの恒等式 (2.50) を用いると0となる．そのため，計量テンソ
ルの2階以上の微分は出現しない．$S_g^{(n)}$ は $2n$ 個の添字を反対称化した量を含むた
め，$2n > D$ となると存在しない．すなわち，高次元の重力理論では $n \le D/2$ の
項の存在が許される．$n = 2$ の項は特別に**ガウス・ボネ項** (Gauss-Bonnet term) と
呼ばれる．

　$n = D/2$ の場合は特別で，この場合にも運動方程式には寄与しない．$\delta R^{\mu\nu}{}_{\rho\sigma} = g^{\nu\alpha}\delta R^\mu{}_{\alpha\rho\sigma} + R^\mu{}_{\alpha\rho\sigma}\delta g^{\nu\alpha}$ と書くと，第2項の変分が消えずに残る．この寄与が
$\sqrt{-g}$ の変分からの寄与とちょうど打ち消しあうために，計量テンソルに対する変
分が0となる．このことは，$n = D/2$ の作用関数が0であることを意味しない．
$n = D/2$ の作用関数はオイラー数の高次元拡張になっており，連続変形で移りあ
う時空では同じ値をとることを意味する．したがって，運動方程式に寄与する項と
言う意味では，$n < D/2$ の項のみの存在が許される．我々の最も関心の高い4次
元の重力理論に限ると，$n = 1$ のアインシュタイン・ヒルベルト作用と $n = 0$ の宇
宙項しか存在しない．

問題1　$\sqrt{-g}\,d^4x$ が一般座標変換のもとで不変であることを示せ.

問題2　(3.10) 式を示せ.

問題3　$e_{\alpha\beta\gamma\delta} = e^{\alpha\beta\gamma\delta}$ と下付き添字の反対称シンボルを定義するとき，以下の関係式が成り立つことを確かめよ.

$$e^{\mu\nu\rho\sigma}e_{\alpha\beta\gamma\delta} = \delta^\mu_{[\alpha}\delta^\nu_\beta\delta^\rho_\gamma\delta^\sigma_{\delta]}, \qquad e^{\mu\nu\rho\sigma}e_{\alpha\beta\gamma\sigma} = \delta^\mu_{[\alpha}\delta^\nu_\beta\delta^\rho_{\gamma]},$$
$$e^{\mu\nu\rho\sigma}e_{\alpha\beta\rho\sigma} = 2\delta^\mu_{[\alpha}\delta^\nu_{\beta]}, \qquad e^{\mu\nu\rho\sigma}e_{\alpha\nu\rho\sigma} = 3!\delta^\mu_\alpha. \tag{3.46}$$

ただし，添字についた角括弧は $A_{[\mu\nu]} = A_{\mu\nu} - A_{\nu\mu}$ のように反対称化を表す.

問題4　リーマン曲率の変分 $\delta R^\mu{}_{\nu\rho\sigma}$ を $\delta g_{\alpha\beta}$ で表せ.

問題5　本章の説明では，A_μ を独立変数として $T_{\mu\nu}$ を求めたが，$A^\mu = g^{\mu\nu}A_\nu$ を独立変数として $T_{\mu\nu}$ を求めるとどうなるか.

問題6*　$U(1)$ ゲージ理論は，$\Lambda(x)$ を任意関数とする変換

$$A_\mu(x) \to A_\mu(x) + \partial_\mu\Lambda(x) \tag{3.47}$$

のもとで不変な理論である. 一般共変性とゲージ不変性を保つような荷電粒子の4元速度 $u^\mu(\tau)$ とゲージ場 $A_\mu(x)$ の相互作用の形を示し，ゲージ変換に対してその作用関数が不変であること示せ. ただし，ゲージ変換の元で荷電粒子の運動は変換を受けないものとする.

問題7*　共形変換 (3.38) のもとで，クリストッフェル記号 $\Gamma^\mu{}_{\nu\rho}$，および，曲率テンソル $R^\mu{}_{\nu\rho\sigma}$ がどのように変換するかを導け.

第4章 弱い重力場

ニュートンの万有引力の法則は日常的に観測できる重力現象をほぼ正しく記述する. したがって，一般相対論が真の重力理論であるためには，適切な近似のもとでニュートンの万有引力の法則を再現する必要がある. ニュートン重力では時空は固定されたものであり，その固定された時空の上で重力がはたらくという描像である. 曲がった時空によって重力を記述する一般相対論においてこの状況に近い状況は，時空の曲がりが小さい極限である. したがって，本章ではミンコフスキー計量からのずれが小さい場合について議論する.

§4.1 ニュートン極限

計量テンソルのミンコフスキー計量 $\eta_{\mu\nu}$ からのずれが小さいとして，

$$g_{\mu\nu} = \eta_{\mu\nu} + h_{\mu\nu} \tag{4.1}$$

と表し，計量テンソルの摂動 $h_{\mu\nu}$ の2次以上はすべて無視する近似を採用する. ミンコフスキー計量に対するクリストッフェル記号 $\Gamma^\mu_{\ \nu\rho}$ は0であるので，$h_{\mu\nu}$ の1次までの近似で (2.46) 式は，

$$R_{\mu\nu\rho\sigma} \approx \frac{1}{2}\left(h_{\mu\sigma,\nu\rho} + h_{\nu\rho,\mu\sigma} - h_{\mu\rho,\nu\sigma} - h_{\nu\sigma,\mu\rho}\right) \tag{4.2}$$

となる. 次に，$\{\mu, \rho\}$ の添字について縮約を取る. (4.2)式の右辺は既に $h_{\mu\nu}$ の1次の微小量であるので，縮約をとる際に用いる計量テンソルをミンコフスキー計量としてよい. よって，

$$R_{\mu\nu} \approx \frac{1}{2}\left(h^\alpha_{\ \mu,\alpha\nu} + h^\alpha_{\ \nu,\alpha\mu} - h_{,\mu\nu} - \Box h_{\mu\nu}\right), \tag{4.3}$$

を得る. 一般に，与えられた計量テンソルを背景として摂動を考えるとき，しばしば，テンソル添字の上げ下げに背景の計量テンソルを用いる約束を採用する. ここでも，$h_{\mu\nu}$ の添字の上げ下げはミンコフスキー計量を用いて，$h^\alpha_{\ \mu} = \eta^{\alpha\nu}h_{\nu\mu}$, $h = h^\alpha_{\ \alpha}$ のように定義されるものとする. また，ダランベール演算子も $\Box = \eta^{\alpha\beta}\partial_\alpha\partial_\beta$ のように背景時空の計量テンソルを用いて定義する.

計量テンソルの摂動 $h_{\mu\nu}$ は微小な座標変換 $x^\mu \to x'^\mu = x^\mu + \xi^\mu$ のもとで，(3.8) 式より，

$$h_{\mu\nu} \quad \to h'_{\mu\nu} = h_{\mu\nu} - \xi_{\mu,\nu} - \xi_{\nu,\mu} \tag{4.4}$$

と変換される．この ξ^μ の 4 つの自由度を用いて，

$$\psi_\mu{}^\nu := h_\mu{}^\nu - \frac{1}{2}\delta_\mu{}^\nu h \tag{4.5}$$

に対して，4 つの条件

$$\psi_\mu{}^\nu{}_{,\nu} = 0 \tag{4.6}$$

を課すことができる．この座標条件は**ローレンツゲージ条件** (Lorenz gauge conditions) と呼ばれる．実際，変換後に (4.6) 式の条件が満たされるための ξ^μ に対する条件を書き下すと

$$\Box\xi_\mu = \psi_\mu{}^\nu{}_{,\nu} \tag{4.7}$$

となる．この方程式は ξ^μ に対しての双曲型の方程式であり，任意の初期条件の元で解が存在する．すなわち，(4.6) 式の条件を満たす座標変換は常に存在する．

この条件のもと (4.3) 式は，$R_{\mu\nu} \approx -\frac{1}{2}\Box h_{\mu\nu}$ となり，

$$G_{\mu\nu} \approx -\frac{1}{2}\Box\psi_{\mu\nu} \tag{4.8}$$

を得る．

§4.2 非相対論的物質場が作る弱い重力場

時間変化がゆっくりであり，ρ を質量密度として，$T_{00} = \epsilon = \rho c^2$ 以外の成分が無視できる場合を考える．このとき，$\Box \approx \Delta$ と時間微分の項を近似的に無視できることから，アインシュタイン方程式の $\{00\}$ 成分は

$$-\frac{1}{2}\Delta\psi_{00} \approx \frac{8\pi G_N}{c^2}\rho \tag{4.9}$$

となり，その他の成分は

$$\Box \psi_{\mu j} \approx 0 \tag{4.10}$$

となる．ただし，ここでラテン文字の添字は空間座標を表すものとする．無限遠方で計量テンソルの摂動が 0 に漸近するという境界条件のもとで，これらの方程式の解は，**ニュートンポテンシャル** (Newton potential)

$$\phi = 4\pi G_N \Delta^{-1} \rho \tag{4.11}$$

を用いて，

$$\psi_{00} = -\frac{4}{c^2}\phi, \qquad \psi_{\mu j} \approx 0 \tag{4.12}$$

と与えられる．

(4.5)式のトレースから $\psi = -h$ が得られるので，逆に $h_{\mu\nu}$ は $\psi_{\mu\nu}$ を用いて

$$h_{\mu\nu} = \psi_{\mu\nu} - \frac{1}{2}\eta_{\mu\nu}\psi \tag{4.13}$$

と表される．したがって，非相対論的な物質場が引き起こす弱い重力場の近似における計量テンソルの摂動が，(4.12)式からニュートンポテンシャル ϕ を用いて

$$h_{00} \approx -\frac{2\phi}{c^2}, \qquad h_{0j} \approx 0, \qquad h_{ij} \approx -\frac{2\phi}{c^2}\delta_{ij} \tag{4.14}$$

と与えられることがわかる．これを線素の形で表すならば，

$$ds^2 = -\left(1 + \frac{2\phi}{c^2}\right)c^2 dt^2 + \left(1 - \frac{2\phi}{c^2}\right)\delta_{ij}dx^i dx^j \tag{4.15}$$

となる．

§4.3 遅い粒子の運動

粒子の4元速度: $u^\mu \approx (c, \boldsymbol{v})$ が十分に遅く，$\beta := |\boldsymbol{v}|/c \ll 1$ の場合，(2.57)式は

$$\frac{dv^i}{dt} \approx -c^2 \Gamma^i{}_{00} \tag{4.16}$$

と近似できる．ここで，上で求めた非相対論的な物質場が引き起こす計量テンソルの摂動 (4.14)式を代入すると，上式に現れるクリストッフェル記号は

$$\Gamma^i{}_{00} \approx \frac{1}{2}\eta^{ij}\left(2h_{0j,0} - h_{00,j}\right) \approx \frac{1}{c^2}\phi_{,i} \tag{4.17}$$

と計算できる．この表式を (4.16)に代入すれば，

$$\frac{d\boldsymbol{v}}{dt} \approx -\nabla\phi \tag{4.18}$$

となり，ニュートン重力における重力場中の運動方程式を再現する．

§4.4　光の曲がり

光の経路についても，遅い粒子の運動と同様に (4.15)式で与えられる時空上で測地線方程式を解けばよい．しかしながら，弱い重力を想定しているので光の経路は基本的に光的な直線で与えられるとして良い近似である．ここで経路が**光的** (null) であるとは，経路をパラメータ λ を用いて $x^\mu(\lambda)$ と表した際に，

$$g_{\mu\nu}\frac{dx^\mu(\lambda)}{d\lambda}\frac{dx^\nu(\lambda)}{d\lambda} = 0 \tag{4.19}$$

であることを指す．計量テンソルの摂動がない場合の光の経路である光的な直線を非摂動解として，経路に関しても摂動的に解を求める (図 4.1 参照)．光の進行方向を z として，非摂動解は

$$\begin{cases} ct = \lambda, \\ z = \lambda, \\ x^I = (x, y) = \boldsymbol{b} \end{cases} \tag{4.20}$$

と与えられる．ここで導入した定ベクトル $\boldsymbol{b}$ を**衝突パラメータ** (impact parameter) と呼ぶ．アフィンパラメータは $k^\mu = dx^\mu/d\lambda$ が4元波数ベクトルとなるように選ぶことが多いが，ここでは (ct, x, y, z) の座標で $k^\mu = (1, 0, 0, 1)$ のように規格化する．

運動方程式の x, y 方向成分を考える．摂動の1次までの近似では，z での微分と λ 微分を同一視し，

$$\frac{d}{dz}\left(\frac{dx^I}{d\lambda}\right) \approx \frac{d^2x^I}{d\lambda^2} \tag{4.21}$$

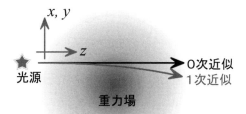

図 **4.1** 弱い重力場による光線の曲がり

とできる. したがって,

$$\frac{d}{dz}\left(\frac{dx^I}{d\lambda}\right) \approx -\Gamma^I{}_{\mu\nu}k^\mu k^\nu \approx -\left(\Gamma^I{}_{00} + 2\Gamma^I{}_{03} + \Gamma^I{}_{33}\right)$$

$$\approx \frac{1}{2}\left(h_{00,I} + h_{33,I}\right) \approx -\frac{2}{c^2}\partial_I \phi(\boldsymbol{b}, z) \tag{4.22}$$

という方程式を得る. この方程式を積分すれば, 光線の曲がり角を表すベクトル

$$\alpha^I(\boldsymbol{b}) := -\left[\frac{dx^I}{d\lambda}\right]_{z=-\infty}^{z=\infty} \tag{4.23}$$

は

$$\alpha^I(\boldsymbol{b}) \approx \frac{2}{c^2}\int dz\, \partial_I \phi(\boldsymbol{b}, z) \tag{4.24}$$

により評価できる.

　具体的に, 重力源となる天体の質量分布が光線の経路にまで広がっておらず, また, 球対称からのずれが小さい場合には, 重力ポテンシャルを

$$\phi = -\frac{G_N M}{r} \tag{4.25}$$

と近似できる. ここで, M は考えている天体の質量である. このように重力源を質点で近似できる場合, $\boldsymbol{b} = (b, 0)$ として,

$$\partial_x \phi = \frac{G_N M x}{r^3} \approx \frac{G_N M b}{(z^2 + b^2)^{3/2}} \tag{4.26}$$

であるので，曲がり角は

$$\alpha \approx \frac{2}{c^2} \int dz \, \phi_{,x} \approx \frac{2G_N M}{c^2 b} \int_{-\infty}^{\infty} \frac{dz'}{(z'^2 + 1)^{3/2}} = \frac{4G_N M}{c^2 b} \qquad (4.27)$$

と具体的に与えられる．質量 M から決まる典型的な長さのスケールとして，**重力半径** (gravitational radius)

$$r_g := \frac{2G_N M}{c^2} \qquad (4.28)$$

を定義する．重力半径を用いて曲がり角を表現すると重力半径と衝突パラメータの比の 2 倍である．重力半径がどの程度の長さであるかの目安として，例えば，質量がおよそ 2×10^{30}kg である太陽の重力半径は約 3km である．

§4.5　重力レンズ効果

　光学レンズを通して広がりをもった光源を見ると，光源が大きく見えたり小さく見えたりする．ここでの大小は光源を見込む立体角の大小である．見込む立体角に比例してエネルギー流束，すなわち，光源のみかけの明るさが変化する (コラム参照)．

　重力による光の曲がりも光学レンズと同様に背景にある光源の像を変形するとともに，光源を見込む立体角も変化させる．この効果を総称して**重力レンズ効果** (gravitational lensing effect) と呼ぶ．重力レンズ効果を理解するには，重力レンズ天体がなかった場合の光源の方向 ϕ と，重力レンズ天体がある場合のみかけの方向 θ を関係づける必要がある．図 4.2 に，光源，レンズ天体，観測者の位置関係を表した．ここでは便宜的に光源やレンズ天体の広がりを無視しているが，実際には広がりを持っていることに注意しておこう．D_ℓ, D_s は，それぞれ，観測者からレンズ天体，および，光源までの距離を表す．$D_{\ell s}$ はレンズ天体と光源までの距離である．このとき，レンズ天体近傍を除いて時空の曲がりを無視し，レンズ天体の影響は光線の進行方向の変化 α によって表されるとすると，方程式

$$D_s \theta = D_s \phi + D_{\ell s} \alpha (b = D_\ell \theta) \qquad (4.29)$$

が得られる．この方程式を**レンズ方程式** (lens equation) と呼ぶ．$\alpha(b)$ にはレ

ンズ天体の重力場の情報が含まれるので，重力レンズ効果は電磁波による直接観測ができない物質や天体を観測する手段として用いることができる．

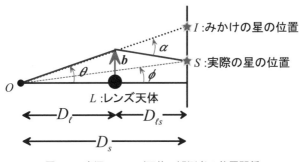

I :みかけの星の位置

S :実際の星の位置

L :レンズ天体

図 4.2　光源，レンズ天体，観測者の位置関係

インパクトパラメータの大きさ b に比して，レンズのサイズが無視できるコンパクト球対称レンズの場合には，レンズ天体の質量を M として，

$$\boldsymbol{\alpha}(\boldsymbol{b} = D_\ell \boldsymbol{\theta}) = \frac{4G_N M}{c^2 b} \frac{\boldsymbol{b}}{b} = \frac{4G_N M}{c^2 D_\ell} \frac{\boldsymbol{\theta}}{\theta^2} \tag{4.30}$$

である．ここで，最初の等号には (4.27) 式を用いた．したがって，

$$\alpha_0^2 = \frac{4G_N M D_{\ell s}}{c^2 D_s D_\ell} \tag{4.31}$$

として，

$$\boldsymbol{\phi} = \left(1 - \frac{\alpha_0^2}{\theta^2}\right) \boldsymbol{\theta} \tag{4.32}$$

を得る．

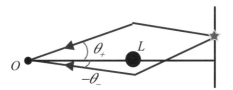

L

図 4.3　点状の球対称レンズ天体が起こす重力レンズによる二重像のしくみ

視線方向を軸に回転対称なレンズの場合，レンズ天体の方向を原点とする 2 次元面上に光線の方向を射影すると，重力レンズ効果によって光線の方向は，

49

原点からの角度の大きさのみが変化し,

$$\phi = \theta - \frac{\alpha_0^2}{\theta} \tag{4.33}$$

の関係が成立する. この方程式を θ について解くと,

$$\theta = \theta_\pm = \frac{1}{2}\left(\phi \pm \sqrt{\phi^2 + 4\alpha_0^2}\right) \tag{4.34}$$

の二つの解が得られる. θ_- の解は図4.3に示すように, レンズ天体の裏側を回り込む, より大きな角度で曲げられた経路を通って到達する像を表す. レンズ天体の裏側を通ることは, 式の上では $\theta_- < 0$ であること, すなわち, レンズ天体 (原点) に対して, 光源と反対側に像ができることに対応する.

O, L と光源が一直線上に並ぶときには, $\phi = 0$ である. このときレンズ天体を中心に像は回転対称であるので, $\theta = \alpha_0$ のリング状になる. このような重力レンズ像を**アインシュタインリング** (Einstein ring) と呼ぶ. また, α_0 をアインシュタインリングの半径と呼ぶ.

§4.6　重力レンズによる増光

重力レンズに限らず, レンズを通すことで観測される光度, すなわち明るさが変化して見える理由は, その光源を見込む立体角が変化することによる. したがって, 重力レンズによる増光率も天体を見込む重力レンズ効果がある場合の見かけの立体角と, 重力レンズがない場合の立体角の比によって与えられる. すなわち, レンズがある場合の見かけの角度座標 $\boldsymbol{\theta}$ とレンズがない場合の角度座標 $\boldsymbol{\phi}$ の間の関係がわかれば, 重力レンズによる増光率は

$$\mathcal{A} = \frac{d\Omega(\boldsymbol{\theta})}{d\Omega(\boldsymbol{\phi})} = \left|\det\left(\frac{\partial\boldsymbol{\theta}}{\partial\boldsymbol{\phi}}\right)\right|, \tag{4.35}$$

のように求まる. ここで, 二つ目の等号では見込む角が十分小さいとして, 像の位置での座標変換のヤコビ行列式によって立体角の比を近似した. 先述の点状の重力レンズ天体を考える場合, 一般に二つの光の経路が考えられ, それぞれに対して増光率が

$$\mathcal{A}_\pm = \left|\det\left(\frac{\partial\boldsymbol{\theta}_\pm}{\partial\boldsymbol{\phi}}\right)\right| = \frac{1}{4}\left(\sqrt{1 + \frac{4\alpha_0^2}{\phi^2}} + \frac{1}{\sqrt{1 + \frac{4\alpha_0^2}{\phi^2}}} \pm 2\right) \tag{4.36}$$

と得られる (章末問題 4). この表式から一般に $\mathcal{A}_+ > \mathcal{A}_-$ であり，光源と同じ側に見える像 θ_+ の方が明るいことがわかる．重力レンズによって生じた二重像の間の角度が小さすぎて観測的には分解することができない状況もしばしばある．そのような場合には，二つの像を合わせた明るさ

$$\mathcal{A}_{tot} = \mathcal{A}_+ + \mathcal{A}_- = \frac{1}{2} \left(\sqrt{1 + \frac{4\alpha_0^2}{\phi^2}} + \frac{1}{\sqrt{1 + \frac{4\alpha_0^2}{\phi^2}}} \right) \geq 1. \qquad (4.37)$$

が観測されることになる．この表式は常に 1 より大きく，レンズ天体により光源からの光が遮られるというようなことを考えない限り，重力レンズによる明るさの変化は増光であるということがわかる．

□章末コラム　光の輝度は変わらない

　重力レンズの話の際に光の**輝度** (intensity)，すなわち単位面積あたり単位立体角あたりに通過する光のエネルギー流束 I は光線に沿って変化しないという事実を用いた．一般のレンズにも当てはまる**相反定理** (reciplocity theorem) と同じ物理的内容であるが，いずれも馴染みがない人も多いかもしれない．

　この関係を直感的に理解する方法を挙げてみる．図4.4のように S_A, S_B の二つの微小な面積要素を考える．それぞれの面積を $d\sigma_A$, $d\sigma_B$ と表すことにする．S_A から見たとき S_B を見込む立体角を $d\Omega_A$，S_B から見たとき S_A を見込む立体角を $d\Omega_B$ とする．このとき，S_A から S_B に単位時間あたりに流れるエネルギーは S_A 表面での輝度を I_A とすれば，$I_A d\Omega_A d\sigma_A$ で与えられる．逆に，S_B から S_A へのエネルギー流は $I_B d\Omega_B d\sigma_B$ である．ここで系が温度 T の熱平衡状態にあると仮定しよう．ならば，I_A も I_B も温度 T の黒体輻射で決まる輝度を持つはずであるので，$I_A = I_B$ である．また，熱平衡状態にあれば，S_A から S_B へのエネルギー流束は S_B から S_A へのエネルギー流束と釣り合っているはずであるので，

$$d\Omega_A d\sigma_A = d\Omega_B d\sigma_B \tag{4.38}$$

の関係が導かれる．ここで，S_A から S_B に向けて放出されたエネルギー流束 $F = I_A d\Omega_A d\sigma_A$ に着目する．S_B でこの保存するエネルギー流束 F を受ける．この際，単位面積あたり，および，S_A を見込む単位立体角あたりのエネルギー流束である輝度 $I_{A\to B}$ に焼き直すと $I_{A\to B} = F/d\Omega_B d\sigma_B = I_A$ となり，S_A における放出時の輝度に等しいことが示される．

　ここで熱平衡の議論が正当化できるには定常性が必要であることに注意しよう．宇宙論的な重力レンズの場合，膨張宇宙は定常ではない．しかしながら，重力レンズ天体周辺に着目すれば，宇宙膨張は無視できて定常とみなせる．一方で，重力レンズの影響のない空間を伝搬する間は単純に宇宙論的な赤方偏移 (9.3節参照) を受けるだけである．そう考えると，重力レンズを受けていない場合との比較による相対的な重力レンズによる増光は宇宙膨張があっても同様に扱うことができる．

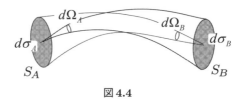

図4.4

第4章　章末問題

問題1* 回転している物体の作る重力場について考える.

(1)　4.2 節の議論で, 重力源となっている物質の速度について 1 次の項まで残す近似で $h_{\mu\nu}$ を求めよ.

(2)　時間に依存しない物質分布を考える. 物体の持つ 3 次元の角運動量ベクトル

$$\boldsymbol{J} \approx \int d^3x \, \rho(\boldsymbol{x}) \boldsymbol{x} \times \boldsymbol{v}(\boldsymbol{x}) \tag{4.39}$$

と同じ方向に角運動量を持つ $r = r_0$ の円軌道するテスト粒子を考える. r_0 は物質の分布より十分大きいという近似のもと, 物体の回転に対してテスト粒子の運動が**順回転** (prograde) の場合, **逆回転** (retrograde) の場合のそれぞれについて軌道周期を $\boldsymbol{J}$ の 1 次までの近似で求めよ.

(3)　十分遠方で速度＝0とした初期条件から落下させたテスト粒子の運動について議論せよ. ただし, 簡単のために初期位置 $\boldsymbol{r}$ は $\boldsymbol{r} \cdot \boldsymbol{J} = 0$ を満たすものとする.

問題2　ニュートン重力で粒子の速度が光速 c であるとして, 質点近傍を通過する際の曲がり角を計算し, (4.24)式の結果と比較せよ.

問題3　太陽表面近くを通る星の光の曲がり角はいくらか. ただし, 衝突パラメータを $b = R_\odot \approx 6.96 \times 10^8 \text{m}$ に選び, 太陽の質量を $M_\odot \approx 1.99 \times 10^{30} \text{kg}$ とせよ.

問題4　(4.36)式を導出せよ.

問題5　点状の重力レンズ天体が光源の前を一定の速度で横切るとき, 明るさの時間変化を導け.

第5章　一般相対論の初期値問題としての定式化

　一般にアインシュタイン方程式を書き下す作業は単なる計算で，物理的直観を深める上でもあまり役に立たないが，時刻一定面上の物理量がどのように時間発展するかという形で定式化することで，多少直観的な理解が可能になる．さらに，アインシュタイン方程式の構造を理解する上でも，この定式化は非常に有用である．

§5.1　$d+1$ 分解

　時空を d 次元超曲面 Σ とそれと交わる 1 次元の座標 σ に分解 (decomposition) する．ここで，超曲面 Σ を座標 $\sigma =$ 一定の面に選ぶことにする．この超曲面 Σ が空間的である場合により興味があるが，時間的であっても同様の議論が可能であるので，両方の場合を同時に議論することにする．以降では上側の符号が Σ が空間的である場合，下側の符号が時間的である場合を表すものとする．

　Σ に垂直な単位ベクトルを n^μ とする．すなわち，

$$n^\mu n_\mu = \mp 1 \tag{5.1}$$

と規格化されている．σ をスカラー関数とみなし，Σ 面内の曲線をパラメトライズするパラメータ λ に沿って微分すると 0 になる．すなわち

$$0 = \frac{d\sigma}{d\lambda} = \frac{\partial \sigma}{\partial x^\mu} \frac{dx^\mu}{d\lambda} \tag{5.2}$$

であるが，$dx^\mu/d\lambda$ によって Σ 面内の任意のベクトルを表せるので，$\partial \sigma / \partial x^\mu$ が面に垂直であるとわかる．したがって，規格化をすると

$$n_\mu = \mp \frac{\partial \sigma}{\partial x^\mu} \bigg/ \left| \frac{\partial \sigma}{\partial x^\alpha} \right| \tag{5.3}$$

を得る．ここで，反変成分 n^μ の向きが σ の増加する方向に一致するように，n^μ が時間的な場合に "$-$" 符号をつけた．$i, j = 1, 2, \cdots, d$ のような小文字の

ラテンアルファベットの添字は d 次元の座標に対応するものとする．この表式から，明らかに

$$n_i = 0 \tag{5.4}$$

である．

$d+1$ 次元のテンソルから，d 次元のテンソルを抽出する**射影演算子** (projection operator)

$$q_{\mu\nu} := g_{\mu\nu} \pm n_\mu n_\nu \tag{5.5}$$

を導入する．射影演算子は添字の入れ替えに対して対称

$$q_{\mu\nu} = q_{\nu\mu} \tag{5.6}$$

で，

$$q_{\mu\nu} q^\nu{}_\rho = q_{\mu\rho} \tag{5.7}$$

および，

$$q^{\mu\nu} n_\nu = 0, \tag{5.8}$$

すなわち，$q^{\mu\sigma} = 0$ の性質を満たす．本章において，添字 σ は面に垂直な方向の座標成分を表すことに注意しておく．

　射影演算子と似たものに，線素の表式において $d\sigma = 0$ とおくことにより，Σ 面上に誘導される計量である**誘導計量** (induced metric)，$g_{ij}(i,j = 1, 2, \cdots, d)$ がある．$d\sigma = 0$ として，$d+1$ 次元の計量から得られる d 次元の計量が単純に

$$ds_{(d)}^2 = g_{ij} dx^i dx^j \tag{5.9}$$

と与えられることから，$d+1$ 次元の計量テンソル $g_{\mu\nu}$ の共変成分において，単に $\{i, j\}$ 成分を抽出したものが誘導計量である．射影演算子の定義 (5.5)，および，(5.4) より，

$$q_{ij} = g_{ij} \tag{5.10}$$

であることがわかる．すなわち，$d+1$ 次元の共変テンソルである $q_{\mu\nu}$ の d 次元成分は誘導計量に一致する．

さらに，反変テンソルである $q^{\mu\nu}$ の d 次元成分 q^{ij} は d 次元行列 q_{ij} の逆行列であることが，

$$q^{ij}q_{jk} = q^{i\mu}q_{\mu k} = q^i{}_k = \delta^i{}_k \tag{5.11}$$

のようにして，確かめられる．したがって，射影演算子の d 次元成分を抽出したものは誘導計量に他ならない．したがって，d 次元の誘導計量にも，表記として q_{ij} を用いる．

以上の準備を経て，$d+1$ 次元のベクトル V^μ を Σ 面上に射影したベクトルを

$$\hat{V}^\mu = q^\mu{}_\nu V^\nu \tag{5.12}$$

と定義する．このベクトルは $q^{\mu\sigma} = 0$ の性質より，$\hat{V}^\sigma = 0$ を満たす．すなわち，$\hat{V}^\mu$ 自体は $d+1$ 次元の反変ベクトルではあるが，その σ-成分は 0 である．一方，共変成分に目を向けると，一般に $q_{\sigma\nu}V^\nu \neq 0$ である．しかしながら，

$$\hat{V}_i := q_{ij}\hat{V}^j = q_{ij}q^j{}_\mu V^\mu = q_{i\nu}q^\nu{}_\mu V^\mu = q_{i\mu}V^\mu \tag{5.13}$$

であるので，$\hat{V}^i$ を d 次元の反変ベクトルとみなし，誘導計量 q_{ij} によって添字を下げることで得られる d 次元共変ベクトル $\hat{V}_i$ は，元のベクトル V^ν に射影演算子 $q_{\mu\nu}$ を作用させたのちに空間成分のみを取り出すことで得られる．逆に，d 次元成分である $\hat{V}_i$ のみが与えられれば，$\hat{V}_\sigma$ については $n^\mu\hat{V}_\mu = 0$ を解くことによって一意に定まる．同様に，一般のテンソルに対して射影演算子を作用させることで得られる量は $d+1$ 次元のテンソルであるが，その d 次元成分を抽出したものは，誘導計量で添字が上げ下げされる d 次元テンソルとみなすことが可能である．

次に，Σ 面上の共変微分を反変ベクトルに対して

$$D_i\hat{V}^j := q_i{}^\mu q^j{}_\nu \nabla_\mu \hat{V}^\nu \tag{5.14}$$

のように導入する．一般のテンソルの Σ 面上の共変微分に対しても，射影演算子によって実質的に d 次元のテンソルである量を $d+1$ 次元のテンソルとみなして，$d+1$ 次元の共変微分をおこなった後に，すべての添字について d 次元への射影をおこなうものと定義する．上記の $D_i\hat{V}^j$ を d 次元のクリストッフェル記号 $\Gamma_{(d)ik}^{\ \ \ j}$ を用いて書き下すと，$\partial_i\hat{V}^j + \Gamma_{(d)ik}^{\ \ \ j}\hat{V}^k$ である．$\Gamma_{(d)ik}^{\ \ \ j}$ が (5.14) 式

で定義されるものとすると，$\Gamma_{(d)ik}^{\ j}$ は，結局，$d+1$ 次元のクリストッフェル記号 $\Gamma^{\mu}_{\ \nu\rho}$ を射影演算子で射影したもの

$$\Gamma_{(d)ik}^{\ j} = q^{j}_{\ \mu}q_{i}^{\ \nu}q_{k}^{\ \rho}\Gamma^{\mu}_{\ \nu\rho} \tag{5.15}$$

に他ならないので，$\Gamma_{(d)ik}^{\ j} = \Gamma_{(d)ki}^{\ j}$ の対称性を持っている．また，d 次元共変微分 D_i が微分の分配則や線形性を満たすことは，その定義から明らかだろう．したがって，一般のテンソルに対する共変微分も同じ $\Gamma_{(d)ik}^{\ j}$ を用いて与えられることがわかる．さらに，この共変微分を d 次元の誘導計量に作用させると

$$D_i q^{jk} = q_i^{\ \mu}q^{j}_{\ \nu}q^{k}_{\ \rho}\nabla_{\mu}q^{\nu\rho} = q_i^{\ \mu}q^{j}_{\ \nu}q^{k}_{\ \rho}\nabla_{\mu}\left(g^{\nu\rho} \pm n^{\nu}n^{\rho}\right) = 0 \tag{5.16}$$

となる．ここで，最後の等号には $g^{\nu\rho}$ の $d+1$ 次元共変微分が 0 であることと，$n^{\nu}n^{\rho}$ の一方には微分が掛からないため，射影演算子との縮約により 0 になることを用いた．以上から，共変微分 D_i は d 次元誘導計量 $q_{ij}(= g_{ij})$ に付随した共変微分であることがわかる．まとめると，「d 次元に射影したテンソルを共変微分した後に，再び射影すれば，Σ 面上の d 次元テンソルとして d 次元の誘導計量に付随した共変微分を与える」となる．

次に，平行移動の選び方に依存しない，共変な方向微分として**リー微分** (Lie derivative) を導入する．まず，λ でパラメトライズされた曲線の族 $x^{\mu}(\lambda, \zeta^{i})$ を考える．ここで，ζ^{i} は異なる曲線を区別するラベルである．すると，

$$A^{\mu}\left(x(\lambda, \zeta^{i})\right) \equiv \frac{\partial x^{\mu}}{\partial \lambda} \tag{5.17}$$

によって反変ベクトル場を導入することができる．ここで無限小の座標変換を考え，新しい座標を

$$x'^{\mu}(x) = x^{\mu} + \xi^{\mu}(x) \tag{5.18}$$

で導入すると，これは時空の各点 x^{μ} を異なる点 $x'^{\mu}(x)$ へ移す写像と考えることができる．この写像によって，曲線の族を移すことで，$x'^{\mu}(\lambda, \zeta^{i}) := x'^{\mu}(x(\lambda, \zeta^{i}))$ という新たな曲線の族が得られる．ここから，$A^{\mu}(x)$ とは異なる別のベクトル場

$$A'^{\mu}(x') = \frac{\partial x'^{\mu}(\lambda, \zeta^{i})}{\partial \lambda} = \frac{\partial x^{\mu}(\lambda, \zeta^{i})}{\partial \lambda} + \xi^{\mu}_{,\nu}\frac{\partial x^{\nu}(\lambda, \zeta^{i})}{\partial \lambda} = A^{\mu}(x) + \xi^{\mu}_{,\nu}A^{\nu} \tag{5.19}$$

を得る. ここで ξ の 2 次以上は無視した. $A^\mu(x)$ と $A'^\mu(x)$ の差を取ると, 再び 2 次以上を無視する近似で,

$$A^\mu(x) - A'^\mu(x) = A^\mu(x) - A^\mu(x' - \xi) - \xi^\mu_{,\nu} A^\nu = A^\mu_{,\nu} \xi^\nu - \xi^\mu_{,\nu} A^\nu \quad (5.20)$$

となる. (5.20)式の右辺は同一点の異なる二つのベクトル場の差であるので, 再びベクトル場となる. これをリー微分と呼び, $\mathcal{L}_\xi A^\mu$ のように表す.

一方, スカラー関数 $\phi(x)$ のリー微分を通常の ξ^μ 方向の方向微分となるように

$$\mathcal{L}_\xi \phi(x) = \xi^\mu \nabla_\mu \phi \quad (5.21)$$

と定義する. $\mathcal{L}_\xi(A^\mu B_\mu) = (\mathcal{L}_\xi A^\mu) B_\mu + A^\mu (\mathcal{L}_\xi B_\mu)$ のように微分の分配則が満たされることを要請すれば, 共変ベクトルに対するリー微分も定まり, まとめると,

$$\mathcal{L}_\xi A^\mu = \xi^\nu \nabla_\nu A^\mu - A^\nu \nabla_\nu \xi^\mu = \xi^\nu \partial_\nu A^\mu - A^\nu \partial_\nu \xi^\mu,$$
$$\mathcal{L}_\xi B_\mu = \xi^\nu \nabla_\nu B_\mu + B_\nu \nabla_\mu \xi^\nu = \xi^\nu \partial_\nu B_\mu + B_\nu \partial_\mu \xi^\nu \quad (5.22)$$

となる. 一般のテンソル場のリー微分についても同様であり, 添字の数だけ $\partial_\nu \xi^\mu$ を伴う項が現れる.

上記の表式が普通の偏微分で書けていることからわかるように, リー微分は接続に依存しない微分である. このことは, リー微分が異なる 2 点での場の量を比較して定義された微分ではなく, 曲線の族の無限小変換によって生じる新たな場との間の同一点における差分によって定義されていることに由来する. また, $\xi^\mu = \partial x^\mu / \partial \sigma = \delta^\mu_{\ \sigma}$ に選んだ場合には, $\xi^\mu_{,\nu} = 0$ であるので, 任意のテンソルのリー微分は単に,

$$\mathcal{L}_\xi T^{\mu_1 \cdots \mu_n}_{\nu_1 \cdots \nu_m} = \partial_\sigma T^{\mu_1 \cdots \mu_n}_{\nu_1 \cdots \nu_m} \quad (5.23)$$

となる.

次に, **外的曲率** (extrinsic curvature) を

$$K_{\mu\nu} := q_\mu^{\ \rho} q_\nu^{\ \xi} \nabla_\rho n_\xi = \frac{1}{2} \mathcal{L}_n q_{\mu\nu} \quad (5.24)$$

により導入する. 最後の表式が示すように, この量は対称テンソルであり, 誘導計量が面に垂直な方向に変化する割合を表す. ここで, 2 つ目の等号は以下のように示すことができる. まず,

$$\pounds_n q_{\mu\nu} = n^\rho \nabla_\rho (g_{\mu\nu} \pm n_\mu n_\nu) + (g_{\mu\rho} \pm n_\mu n_\rho) \nabla_\nu n^\rho + (g_{\nu\rho} \pm n_\nu n_\rho) \nabla_\mu n^\rho$$

$$= \pm n_\nu n^\rho \nabla_\rho n_\mu \pm n_\mu n^\rho \nabla_\rho n_\nu + \nabla_\nu n_\mu + \nabla_\mu n_\nu$$

$$= q_\nu{}^\rho \nabla_\rho n_\mu + q_\mu{}^\rho \nabla_\rho n_\nu \tag{5.25}$$

が成り立つ. (5.25)式の 2 つ目の等号で $n_\mu \nabla_\rho n^\mu = \nabla_\rho (n^\mu n_\mu)/2 = 0$ を用いた. 同じ式を用いると, $q_\mu{}^\rho q_\nu{}^\xi \nabla_\rho n_\xi = q_\mu{}^\rho \nabla_\rho n_\nu$ も示すことができる. $q_\mu{}^\rho \nabla_\rho n_\nu$ が $\{\mu, \nu\}$ の添字の入れ替えに対して対称であることを示せば, (5.24)式の 2 つ目の等号が (5.25)式から示されたことになる (章末問題 2).

§5.2　ガウス・コダッチ (Gauss・Codazzi) 方程式

以下では, $d+1$ 次元曲率を d 次元 (内的) 曲率や外的曲率を用いて書き表す公式を求める. 共変微分の順序の入れ替えが曲率テンソルを用いて表されることを表す恒等式

$$(D_i D_j - D_j D_i) \hat{V}_k = {}^{(d)} R_{ijkl} \hat{V}^l \tag{5.26}$$

を出発点とする. (5.26)式の左辺を $d+1$ 次元の量を用いて書き表すように変形する. まず,

$$D_i D_j \hat{V}_k = q_i{}^\mu q_j{}^\nu q_k{}^\rho \nabla_\mu q_\nu{}^\xi q_\rho{}^\tau \nabla_\xi \hat{V}_\tau$$

$$= q_i{}^\mu q_j{}^\nu q_k{}^\rho \Big(q_\nu{}^\xi q_\rho{}^\tau \nabla_\mu \nabla_\xi \hat{V}_\tau$$

$$\pm (\nabla_\mu n_\nu) n^\xi q_\rho{}^\tau \nabla_\xi \hat{V}_\tau \pm (\nabla_\mu n_\rho) n^\tau q_\nu{}^\xi \nabla_\xi \hat{V}_\tau \Big)$$

$$= q_i{}^\mu q_j{}^\nu q_k{}^\rho \nabla_\mu \nabla_\nu \hat{V}_\rho \pm K_{ij} q_k{}^\rho n^\xi \nabla_\xi \hat{V}_\rho \pm K_{ik} q_j{}^\nu n^\xi \nabla_\nu \hat{V}_\xi$$

$$\tag{5.27}$$

と書き換える. 2 つ目の等号では, 例えば, $q_\nu{}^\xi = \delta_\nu{}^\xi \pm n_\nu n^\xi$ に微分が掛かる項で残るのは, n_ν に微分が掛かる項のみであることなどを用いた. n^ξ に微分

が掛かる項は $n_\nu q_j{}^\nu = 0$ から残らない. さらに, 最後の項は

$$\pm K_{ik} q_j{}^\nu n^\xi \nabla_\nu \hat{V}_\xi = \mp K_{ik} q_j{}^\nu (\nabla_\nu n^\xi) \hat{V}_\xi = \mp K_{ik} K_{jl} \hat{V}^l \tag{5.28}$$

と書き換えることができる. また, (5.26)式の左辺は $\{i, j\}$ の入れ替えに関して反対称化されているため, (5.26)式の左辺に代入した際, (5.27)式の第一項は $d + 1$ 次元の共変微分の交換関係を与えるので, $d + 1$ 次元の曲率テンソル $R_{\mu\nu\rho\xi}$ を用いて書き換えられる. さらに, (5.27)式の K_{ij} を含む第2項は, 明らかに $\{i, j\}$ の入れ替えに関して対称であるので, 反対称化された表式には寄与しない. 以上より, (5.26)式から

$$^{(d)}R_{ijkl}\hat{V}^l = q_i{}^\mu q_j{}^\nu q_k{}^\rho R_{\mu\nu\rho l}\hat{V}^l \mp (K_{ik}K_{jl} - K_{jk}K_{il})\hat{V}^l \tag{5.29}$$

が得られる. 任意の $\hat{V}_l$ に対して上式が成立することから,

$$^{(d)}R_{ijkl} = q_i{}^\mu q_j{}^\nu q_k{}^\alpha q_l{}^\beta R_{\mu\nu\alpha\beta} \mp K_{ik}K_{jl} \pm K_{jk}K_{il} \tag{5.30}$$

を得る. この方程式は, **ガウス方程式** (Gauss equation) と呼ばれる.

次に, 恒等式

$$q_i{}^\mu n^\nu R^\rho{}_{\mu\rho\nu} = q_i{}^\mu (\nabla^\rho \nabla_\mu - \nabla_\mu \nabla^\rho) n_\rho \tag{5.31}$$

を考える. 右辺第1項は

$$\begin{aligned}
q_i{}^\mu \nabla^\rho \nabla_\mu n_\rho &= q_i{}^\mu \nabla^\rho (q_\mu{}^\eta \mp n_\mu n^\eta)(q_\rho{}^\nu \mp n_\rho n^\nu) \nabla_\eta n_\nu \\
&= q_i{}^\mu \nabla^\rho K_{\mu\rho} \mp K_i{}^\nu n^\eta \nabla_\eta n_\nu \\
&= D^j K_{ij} \pm K_{i\nu} n^\rho \nabla_\rho n^\nu \mp K_i{}^\nu n^\eta \nabla_\eta n_\nu = D^j K_{ij} \tag{5.32}
\end{aligned}$$

と変形される. ここで, 2つ目の等号では $n^\nu \nabla_\eta n_\nu = 0$ であることに注意し, 3つ目の等号では

$$q_i{}^\mu \nabla^\rho K_{\mu\rho} = q_i{}^\mu (q^{\rho\nu} \mp n^\rho n^\nu) \nabla_\rho K_{\mu\nu} = D^j K_{ij} \pm K_{i\nu} n^\rho \nabla_\rho n^\nu \tag{5.33}$$

と変形した. 一方, (5.31)式の右辺第2項は

$$q_i{}^\mu \nabla_\mu \nabla^\rho n_\rho = q_i{}^\mu \nabla_\mu (q^{\nu\rho} \mp n^\nu n^\rho) \nabla_\nu n_\rho = D_i K \tag{5.34}$$

と評価できる．以上より，(5.31)式は

$$q_i{}^\mu n^\nu R_{\mu\nu} = D_j K_i{}^j - D_i K \tag{5.35}$$

と書き換えることができた．この方程式を**コダッチ方程式**(Codazzi equation)
と呼ぶ．

§5.3　拘束条件

　曲率は計量テンソルの2階微分で与えられ，外的曲率 K_{ij} は計量テンソルの
σ に関する1階微分しか含まないので，$d+1$ 次元の曲率の表式には外的曲率
の σ 微分が含まれるはずである．しかし，前節で得たガウス方程式もコダッチ
方程式も外的曲率の σ 微分を含まない．その意味で，これらは曲率の成分の中
で特別なものである．これらの関係式とアインシュタイン方程式を結びつけて
みよう．

　まず，(5.30)式で $\{i, k\}$，および，$\{j, l\}$ の添字を縮約すると，

$$^{(d)}R = q^{\mu\alpha} q^{\nu\beta} R_{\mu\nu\alpha\beta} \mp K^2 \pm K_{ij} K^{ij} \tag{5.36}$$

を得る．さらに，右辺第1項は

$$\begin{aligned} q^{\mu\alpha} q^{\nu\beta} R_{\mu\nu\alpha\beta} &= (g^{\mu\alpha} \pm n^\mu n^\alpha)(g^{\nu\beta} \pm n^\nu n^\beta) R_{\mu\nu\alpha\beta} \\ &= R \pm 2 R_{\mu\beta} n^\mu n^\beta = \pm 2 G_{\mu\beta} n^\mu n^\beta \end{aligned} \tag{5.37}$$

と書き換えられる．すなわち，

$$^{(d)}R \pm K^2 \mp K_{ij} K^{ij} = \pm 2 G_{\mu\nu} n^\mu n^\nu \tag{5.38}$$

を得る．ここで，アインシュタイン方程式を使うと，

$$^{(d)}R \pm K^2 \mp K_{ij} K^{ij} = \pm \frac{16\pi G_N}{c^4} T_{\mu\nu} n^\mu n^\nu \tag{5.39}$$

を得る．

　また，(5.35)式にアインシュタイン方程式を適用すると，

$$D_j K_i{}^j - D_i K = q_i{}^\mu n^\nu R_{\mu\nu} = \frac{8\pi G_N}{c^4} T_{\mu\nu} n^\mu q_i{}^\nu \qquad (5.40)$$

が得られる.

超曲面 Σ が空間的な場合, σ を時間座標とみなすことができる. この場合, 上側の符号をとることになる. アインシュタイン方程式は誘導計量 $g_{ij} = q_{ij}$ などの時空の幾何を表す量の発展方程式である. 素朴には, アインシュタイン方程式はそれらの量の 2 階微分方程式であると考えられるので, それらの値と時間微分を初期条件として与えた際の発展方程式となると期待される. しかしながら, (5.39) 式と (5.40) 式は d 次元誘導計量の時間に関する 1 階微分しか含まない方程式であり, 時間発展の方程式を与えない. 代わりに, これらの方程式は初期条件を制限する条件式になっている. このため, これらを**拘束条件** (constraint equations) と呼ぶ. (5.39) 式と (5.40) 式を区別する場合は, それぞれを**ハミルトニアン拘束条件** (Hamiltonian constraint), **運動量拘束条件** (momentum constraints) と呼ぶ.

§5.4 発展方程式

計量を

$$ds^2 = \mp N^2 d\sigma^2 + q_{ij}(dx^i + N^i d\sigma)(dx^j + N^j d\sigma) \qquad (5.41)$$

の形に書いたとき, N を**ラプス関数** (lapse function), N^i を**シフトベクトル** (shift vector) と呼ぶ. 計量テンソルを行列の形で書き下すと,

$$g_{\mu\nu} = \begin{pmatrix} \mp N^2 + N^k N_k & N_i \\ N_j & q_{ij} \end{pmatrix} \qquad (5.42)$$

である. この計量テンソルの逆行列 $g^{\mu\nu}$ は

$$g^{\mu\nu} = \begin{pmatrix} \mp 1/N^2 & \pm N^j/N^2 \\ \pm N^i/N^2 & q^{ij} \mp N^i N^j/N^2 \end{pmatrix} \qquad (5.43)$$

と与えられる. これを直接確かめることもさほど難しくないが, 導出するという立場に立つと, 以下のように考えるのが易しい.

$$e_\mu^{(0)} dx^\mu = N d\sigma, \qquad e_\mu^{(i)} dx^\mu = dx^i + N^i d\sigma \qquad (5.44)$$

によって定義される $e_\mu^{(\alpha)}$,および,計量 $\tilde{\eta}_{\alpha\beta} = \begin{pmatrix} \mp 1 & \mathbf{0} \\ \mathbf{0} & q_{ij} \end{pmatrix}$ を用いて,計量テンソルは $g_{\mu\nu} = \tilde{\eta}_{\alpha\beta} e_\mu^{(\alpha)} e_\nu^{(\beta)}$ と表される.ここで,

$$e_{(0)}^\mu \partial_\mu = \frac{1}{N}(\partial_\sigma - N^i \partial_i), \qquad e_{(i)}^\mu \partial_\mu = \partial_i \tag{5.45}$$

によって $e_{(\alpha)}^\mu$ を定義すると,

$$e_\mu^{(\alpha)} e_{(\beta)}^\mu = \delta_\alpha^\beta, \qquad e_\mu^{(\alpha)} e_{(\alpha)}^\nu = \delta_\mu^\nu \tag{5.46}$$

を満たすことは容易に確かめられる.したがって,

$$(\tilde{\eta}^{\alpha\beta} e_{(\alpha)}^\mu e_{(\beta)}^\nu) g_{\nu\rho} = \tilde{\eta}^{\alpha\beta} e_{(\alpha)}^\mu e_{(\beta)}^\nu e_\nu^{(\gamma)} e_\rho^{(\delta)} \tilde{\eta}_{\gamma\delta} = \delta_\rho^\mu \tag{5.47}$$

が示され,上付き添字の計量テンソルは $g^{\mu\nu} = \tilde{\eta}^{\alpha\beta} e_{(\alpha)}^\mu e_{(\beta)}^\nu$ であることがわかる.ここで $\tilde{\eta}^{\alpha\beta}$ は $\tilde{\eta}_{\alpha\beta}$ の逆行列であり $\tilde{\eta}^{\alpha\beta} = \begin{pmatrix} \mp 1 & \mathbf{0} \\ \mathbf{0} & q^{ij} \end{pmatrix}$ と与えられる.ここから,(5.43)の表式が導かれる.

　また,$e_{(0)}^\mu$ は Σ 面内の3つの独立なベクトル $e_{(i)}^\mu$ と直交するので,$e_{(0)}^\mu$ は Σ に垂直な単位ベクトルであることがわかる.この反変ベクトルの向きは σ の増える方向であるので,符号も含めて,$e_{(0)}^\mu = n^\mu$ に他ならない.そこで,d 次元の座標 x^i を一定に保ち σ を $\sigma + \Delta\sigma$ まで無限小だけ変化させたときの変位ベクトル $(\partial x^\mu / \partial \sigma)\Delta\sigma$ を考える.この無限小変位ベクトルは (5.45) の第1式より,

$$\frac{\partial x^\mu}{\partial \sigma}\Delta\sigma = (Nn^\mu + N^\mu)\Delta\sigma \tag{5.48}$$

である.ただし,ここで d 次元ベクトル N^i から $N^\sigma = 0$ として $d+1$ 次元ベクトル N^μ を定義した.

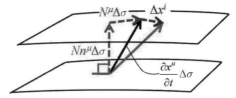

図 5.1　$d+1$ 形式における,ラプス関数,シフトベクトルの幾何学的意味

　$\Delta\sigma$ に対応する変位は (5.48) 式により,面 Σ に垂直な成分 $Nn^\mu\Delta\sigma$ と面に平行な成分 $N^\mu\Delta\sigma$ に分けられる.一方で,d 次元の座標 x^i の変化 Δx^i に対応

した変位は面 Σ 内の成分しか持たない. この様子を図示したものが図 5.1 である. 図からは, (5.41) 式が 3 平方の定理の拡張に他ならないことがわかる.

これまでに議論していないアインシュタイン方程式の成分

$$q_i{}^{\mu}q_j{}^{\nu}G_{\mu\nu} = \frac{8\pi G_N}{c^4}q_i{}^{\mu}q_j{}^{\nu}T_{\mu\nu} \tag{5.49}$$

に着目する. この左辺の表式を得るために (5.30) 式を縮約した量,

$$
\begin{aligned}
{}^{(d)}R_{ij} \pm KK_{ij} \mp K_{ik}K^k{}_j &= q_i{}^{\mu}q_j{}^{\nu}q^{\alpha\beta}R_{\mu\alpha\nu\beta} \\
&= q_i{}^{\mu}q_j{}^{\nu}R_{\mu\nu} \pm q_i{}^{\mu}q_j{}^{\nu}n^{\rho}n^{\xi}R_{\mu\rho\nu\xi}
\end{aligned} \tag{5.50}
$$

を考える. 最後の項は

$$
\begin{aligned}
q_i{}^{\mu}&q_j{}^{\nu}n^{\rho}n^{\zeta}R_{\mu\rho\nu\zeta} \\
&= q_i{}^{\mu}q_j{}^{\nu}n^{\rho}\left(\nabla_{\mu}\nabla_{\rho} - \nabla_{\rho}\nabla_{\mu}\right)n_{\nu} \\
&= q_i{}^{\mu}q_j{}^{\nu}n^{\rho}\left\{\nabla_{\mu}(q_{\rho}{}^{\zeta} \mp n_{\rho}n^{\zeta})q_{\nu}{}^{\xi}\nabla_{\zeta}n_{\xi} - \nabla_{\rho}(q_{\mu}{}^{\zeta} \mp n_{\mu}n^{\zeta})q_{\nu}{}^{\xi}\nabla_{\zeta}n_{\xi}\right\} \\
&= q_i{}^{\mu}q_j{}^{\nu}\left\{n^{\rho}\nabla_{\mu}K_{\rho\nu} - n^{\rho}\nabla_{\rho}K_{\mu\nu}\right. \\
&\qquad \left. + \nabla_{\mu}(n^{\rho}\nabla_{\rho}n_{\nu}) \pm (n^{\rho}\nabla_{\rho}n_{\mu})(n^{\zeta}\nabla_{\zeta}n_{\nu})\right\}
\end{aligned} \tag{5.51}
$$

と書き換えられる. 最右辺の表式の中括弧内の初項は

$$q_i{}^{\mu}q_j{}^{\nu}n^{\rho}\nabla_{\mu}K_{\rho\nu} = -q_i{}^{\mu}K_{\rho j}(\nabla_{\mu}n^{\rho}) = -K_i{}^k K_{kj} \tag{5.52}$$

と変形でき, 第 2 項は

$$
\begin{aligned}
-q_i{}^{\mu}q_j{}^{\nu}n^{\rho}\nabla_{\rho}K_{\mu\nu} &= -q_i{}^{\mu}q_j{}^{\nu}\left(\mathcal{L}_n K_{\mu\nu} - 2(\nabla_{(\mu}n^{\rho})K_{\nu)\rho}\right) \\
&= -\mathcal{L}_n K_{ij} + 2K_i{}^k K_{kj}
\end{aligned} \tag{5.53}
$$

と書き換えられる. ここで最後の等号では $n^{\mu}\mathcal{L}_n K_{\mu\nu} = -K_{\mu\nu}\mathcal{L}_n n^{\mu} = 0$ を用いた. (5.51) 式に現れている $(n^{\rho}\nabla_{\rho}n_{\mu})$ については, (5.44) 式から, $n_{\mu} = \mp N\partial_{\mu}\sigma$ であることがわかるので,

$$n^{\rho}\nabla_{\rho}n_{\mu} = \mp n^{\rho}\nabla_{\rho}\left(N\frac{\partial\sigma}{\partial x^{\mu}}\right) = n^{\nu}n_{\mu}\nabla_{\nu}\log N \mp N n^{\rho}\nabla_{\rho}\frac{\partial\sigma}{\partial x^{\mu}} \tag{5.54}$$

と変形され, 最後の項はさらに,

$$n^{\rho}\nabla_{\rho}\frac{\partial\sigma}{\partial x^{\mu}} = n^{\rho}\nabla_{\mu}\frac{\partial\sigma}{\partial x^{\rho}} = \mp n^{\rho}\nabla_{\mu}\frac{n_{\rho}}{N} = -\frac{1}{N}\partial_{\mu}\log N \tag{5.55}$$

となるので，まとめると，

$$n^\rho \nabla_\rho n_\mu = \pm D_\mu \log N \tag{5.56}$$

を得る．上記の関係式を (5.50) 式に代入すると，

$$\mathcal{L}_n K_{ij} = 2K_{ik}K^k_{\ j} - KK_{ij} \pm N^{-1}D_iD_jN \mp {}^{(d)}R_{ij} \pm q_i^{\ \mu}q_j^{\ \nu}R_{\mu\nu} \tag{5.57}$$

を得る．アインシュタイン方程式を用いると，

$$
\begin{aligned}
\mathcal{L}_n K_{ij} = {} & 2K_{ik}K^k_{\ j} - KK_{ij} \pm N^{-1}D_iD_jN \mp {}^{(d)}R_{ij} \\
& \pm \frac{8\pi G_N}{c^4} q_i^{\ \mu}q_j^{\ \nu}\left(T_{\mu\nu} - \frac{1}{d-1}g_{\mu\nu}T \right)
\end{aligned} \tag{5.58}
$$

が得られる．これは誘導計量の時間座標 σ に関する 2 階微分を $\mathcal{L}_n K_{ij}$ の中に含み，誘導計量に対する時間発展の方程式とみなされる．

なお，(5.57) 式を q^{ij} と縮約した式と (5.38) を合わせると，

$$R = \pm 2\mathcal{L}_n K \pm K_{ij}K^{ij} \pm K^2 - 2N^{-1}D^2N + {}^{(d)}R \tag{5.59}$$

という $d+1$ 次元曲率を書き下す公式が得られる．ここで，$D^2 = D^iD_i$ である．

§5.5 重力場の初期条件の自由度

アインシュタイン方程式を $\mathcal{E}_{\mu\nu} = 0$ のように書き表すなら，拘束条件は $\mathcal{C}_\nu := \mathcal{E}_{\mu\nu}n^\mu = 0$ であり，誘導計量の時間発展の方程式はそれ以外の成分である $\mathcal{E}_{ij} := q_i^{\ \mu}q_j^{\ \nu}\mathcal{E}_{\mu\nu} = 0$ で与えられる．3.2 節の議論と同じ議論を作用関数全体に適用することで，作用関数が一般座標変換に対して不変である限り，作用関数の計量テンソルに関する変分によって得られるテンソル $\mathcal{E}_{\mu\nu}$ に対して，$\mathcal{E}^\mu_{\ \nu;\mu} = 0$ が恒等式として成立する．したがって，拘束条件 $\mathcal{C}^\mu = 0$ が初期に成立していれば，$\mathcal{E}_{ij} = 0$ が満たされる限り，その後の時刻においても拘束条件が成立する．

上記のことを踏まえて，アインシュタイン方程式に含まれる変数の数と方程式の数について整理をしておこう．q_{ij} の時間発展は K_{ij} の定義式である

(5.24)式によって与えられ，K_{ij} の時間発展は (5.58)式によって与えられる．これらの方程式の中にはラプス関数 N やシフトベクトル N^i は含まれるが，それらの時間発展を決定する方程式は含まれない．すなわち，アインシュタイン方程式を解く際に，これらの変数を任意に選ぶ自由度が存在する．このことは一般座標変換不変な理論が特別な座標系を選択することはなく，どのような座標においても同等に物理法則が記述できることの現れである．したがって，実際に方程式の時間発展を解く際には，N や N^i を指定する 4 つの条件を置くことが必要になる．これらの条件は N や N^i を直接指定する条件でなくても，座標変換で要請可能な変数間の関係式であれば何でもよい．

方程式の解が持つ自由度の数とは，初期条件として自由に設定することのできる空間座標に関する任意関数の数を指す．物質場の自由度が n であるとする．これらに加えて，q_{ij}，および，K_{ij} の自由度を単純に加えると，4 次元時空の場合に自由度は $n + 12$ となる．しかし，(5.39)式，および，(5.40)式の 4 つの拘束条件を満たさなければならないので，実際に自由に選ぶことができる任意関数の数は $n + 8$ であることになる．このとき，拘束条件には N や N^i が含まれないことに注意しておこう．すなわち，これらのもともと任意に選ぶことが可能なラプス関数やシフトベクトルを調整して，拘束条件を満たすことは不可能であり，上で数えた $n + 12$ の任意関数のうち 4 つが確かに制限されるのである．

以上，初期条件として選べる任意関数の数は $n + 8$ であることを確認したが，それらがすべて物理的に異なる解を与える初期条件ではない．なぜなら，座標変換で結びつく解は物理的に同一の解とみなすべきだからだ．いま，初期条件に着目しているが，この初期条件を与える時刻一定面 Σ の選び方を変えると，異なる初期条件を与えることになる．超曲面 Σ は空間座標一定の曲線ごとに時刻を指定すれば決まることから，任意関数の自由度としては 1 である．ひとたび，時刻一定面 Σ が固定されたのちに，空間座標 x^i を取り換える自由度が存在するが，空間座標の関数としての自由度は 3 である．したがって，最終的に座標変換で結びつく解を同一視したときの解の自由度，すなわち，解の物理的な自由度の数は $n + 4$ である．ここに現れた $+4$ が重力場の持つ物理的な自由度であり，後に 8 章で議論する重力波の二つの偏極モードの値とその時間微分に対応する．

□章末コラム　ブレーンワールド (braneworld)

　超弦理論によれば我々は10次元，あるいは，11次元の時空に住んでいるらしい．日常経験とはかけ離れているが，空間の余分の次元が小さく丸まって見えなくなる現象 (コンパクト化) が起こっていれば，荒唐無稽でもない．簡単なコンパクト化はトーラスコンパクト化である．線素が $ds^2 = \cdots + r^2 d\chi^2 + \cdots$ のようになっていて，空間座標 χ と $\chi + 2\pi$ を同一視する周期境界条件を課せば，χ 方向の空間の広がりは $2\pi r$ である．χ 方向に波だった場を励起させるにはその広がりの逆数に比例した $O(\hbar c/r)$ のエネルギーが必要だ．r が十分に小さければ，そのような励起は起こらず，我々は余剰次元の存在に気付かない．加速器で作り出される最高エネルギーは TeV を超えているので，$\hbar c/r$ はそれよりも大きくなければならない．

　しかし，ブレーンワールドシナリオでは r はもっと大きくても構わない．ブレーンとはこれもまた超弦理論によりその存在が予言される膜のことである．4次元の膜の上に標準模型の粒子が閉じ込められているとするシナリオがブレーンワールドシナリオである．このシナリオでは，粒子間にはたらく電弱相互作用や強い相互作用は通常の4次元の相互作用と変わらない．しかし，高次元時空を考えているので重力相互作用は高次元のものとなる．したがって，ブレーンワールドシナリオにおいてもコンパクト化はやはり必要となるが，mm 以下のスケールでの重力の精密測定は極めて困難であるため，コンパクト化のスケール r がかなり大きくても我々は気づくことがない．さらに，余剰次元方向が有限でなくても空間の曲がりで実効的にコンパクト化を起こすシナリオも提唱された (ランドール・スンドルム II 型模型 (Randall-Sundrum II model))．この模型は5次元の模型で，負の宇宙項を持った最大対称時空である**反ド・ジッター時空** (anti-de Sitter spacetime)(補章参照)

$$ds^2 = dy^2 + e^{-2y/a} \left[-dt^2 + d\boldsymbol{x}^2 \right] \tag{5.60}$$

において，$y = 0$ の位置にブレーンを置き，$y < 0$ の領域を $y > 0$ の領域のコピーで置き換えたものを基底状態とするものだ．ここで，a は5次元時空の曲率スケールを与えるパラメータである．ブレーンのもつ張力が $y = 0$ に局在したエネルギー・運動量テンソルを与え，ブレーンをまたぐ左右の計量の接続条件を満足させる．面白い点は，$y > 0$ の領域は無限に広がっているものの，y の大きいところでは体積要素 $\sqrt{-g} d^5 x$ は小さくなり，実効的にコンパクト化が実現される点である．この性質を理解する目的で，ブレーン上の計量が満たす有効アインシュタイン方程式が白水-前田-佐々木によって書き下された．ここではこれ以上立ち入らないが，本章で議論した内容でこの方程式の導出も十分に理解することができる．

問題 1　(5.7)式，および，(5.8)の性質を確かめよ．

問題 2　$q_\nu{}^\rho \nabla_\rho n_\mu$ が $\{\mu, \nu\}$ の添字の入れ替えに対して対称であることを示せ．

問題 3　線素が $ds^2 = \delta_{\mu\nu} dx^\mu dx^\nu$ で与えられる $d+1$ 次元のユークリッド空間を考え，$r = \sqrt{x_\mu x^\mu}$ として $r = r_0 =$ 一定の d 次元球面を考える．(5.30)式を用いて，d 次元球面のリーマンテンソルを d 次元単位球面の誘導計量 $\gamma_{ij} := q_{ij}/r^2$，および，$r_0$ を用いて表せ．また，リッチテンソル，および，スカラー曲率を求めよ．

問題 4　外的曲率を N, N_i, q_{ij}，および，それらの微分を用いて具体的に書き下せ．

問題 5*　(1)　(5.58)式において，$\sigma = \sigma_0 - \varepsilon$ から $\sigma = \sigma_0 + \varepsilon$ の区間で積分し，$\varepsilon \to 0$ の極限をとる．このとき，エネルギー運動量テンソルに

$$T_{\mu\nu} = q^i{}_\mu q^j{}_\nu S_{ij} N^{-1} \delta(\sigma - \sigma_0) \tag{5.61}$$

のように面に局在した成分があるとして，外的曲率の飛び $[K_{ij}] := K_{ij}(\sigma + \varepsilon) - K_{ij}(\sigma - \varepsilon)$ が満たすべき条件を導け．

(2)　円筒座標表示でのミンコフスキー時空の線素 $ds^2 = -c^2 dt^2 + d\rho^2 + \rho^2 d\bar\varphi^2 + dz^2$ において，$\bar\varphi$ と $\bar\varphi + 2\pi - \delta$ を同一視しても $\rho = 0$ の軸上を除けば，自明にアインシュタイン方程式の解となる．この線素を通常の 2π の周期を持つ座標 φ を用いて $ds^2 = -c^2 dt^2 + d\rho^2 + \hat\rho(\rho)^2 d\varphi^2 + dz^2$ の形に表されるように $\hat\rho(\rho)$ を定めよ．但し，$\rho = \rho_0$ において $\hat\rho = \rho_0$ となるように選べ．

(3)　z 軸まわりはミンコフスキー時空で与えられ，$\rho = \rho_0$ の円筒上にエネルギー・運動量テンソルが $T_{\mu\nu} = \tilde{T}_{\mu\nu} \delta(\rho - \rho_0)$ のように局在するとして，前問のアインシュタイン方程式の解に $\rho > \rho_0$ で接続されるためのエネルギー・運動量テンソルの表式を求めよ．

(4)　軸が一般の座標 x^μ を用いて $x^\alpha = z^\alpha(X^i)$ によって与えられるとする．$\rho_0 \to 0$ の極限で，局在したエネルギー・運動量テンソルが

$$T_{\mu\nu}(x) = \int d^2 X \sqrt{\gamma} \hat{T}_{\mu\nu}(X) \frac{\delta^4(x^\alpha - z^\alpha(X))}{\sqrt{-g(x)}} \tag{5.62}$$

と与えられるとして，$\hat{T}_{\mu\nu}(X)$ を求めよ．ここで，γ_{AB} を軸を表す時間方向に延びた 2次元面の計量テンソルとし，その行列式を γ と表した．

第6章 球対称ブラックホール

球対称静的時空の真空解であるシュワルツシルト解を導出し，ブラックホールの概念とブラックホール時空の構造について学ぶ.

§6.1 静的球対称な重力場

アインシュタイン方程式は多変数で非線形の方程式であるので，一般に解を求めることは容易ではない. そこで，解析的に解を得るために対称性を課して問題を単純化することが有効である. そのひとつとして静的球対称の仮定をおくことが考えられる. ここで，時空が**静的** (static) であるとは，計量テンソルが時間座標 t に依存せず，さらに，t の符号を取り換える変換，$t \rightarrow -t$ に対して不変となる座標が選べる場合を指す. もちろん，適切な座標を選ばなければ，時空が静的であっても，計量テンソルが t に依存する. また，時空が球対称 (spherically symmetric) であるとは，回転に対して計量テンソルが不変となる座標の存在を意味する. 球面内の2次元ベクトルは回転でそのベクトルの向きが変化するので，0でない値を持てない. したがって，静的球対称な時空の計量は一般に

$$ds^2 = -e^{\nu(r)}c^2 dt^2 + e^{\lambda(r)} dr^2 + r^2 (d\theta^2 + \sin^2 \theta \, d\varphi^2) \tag{6.1}$$

と書ける. ここで，$d\theta^2 + \sin^2 \theta \, d\varphi^2$ は2次元単位球面の線素である (補章参照).

上記の計量を仮定して，アインシュタイン方程式を書き下す. $t =$ 一定の面で3+1分解を行う. このとき，$K_{ij} = 0$ であるので，(5.39) 式から，ただちに，

$$^{(3)}R = -\frac{16\pi G_N}{c^4} T^t_t \tag{6.2}$$

を得る. また，(5.58) 式からは，$N = e^{\nu/2}$ として

$$^{(3)}R_{ij} - N^{-1} D_i D_j N = \frac{8\pi G_N}{c^4} \left(T_{ij} - \frac{1}{2} q_{ij} T \right) \tag{6.3}$$

を得る．これらを組み合わせると

$$^{(3)}G_{ij} - N^{-1}\left(D_i D_j - q_{ij}D^2\right)N = \frac{8\pi G_N}{c^4}T_{ij} \tag{6.4}$$

が得られる．

$^{(3)}G_{ij}$ に関しては，動径座標 $r = $ 一定の面で 2+1 分解を行うことで容易に求まる．このように 2+1 分解した場合の外的曲率を $\tilde{K}_{AB}$，2 次元の誘導計量を $^{(2)}\gamma_{AB}$ と書くことにすると，

$$\tilde{K}^A_B = \frac{1}{r}\,^{(2)}\gamma^A_B e^{-\lambda/2} \tag{6.5}$$

である．この表式を (5.38) 式に適用すると，$\hat{r}^i$ を $r = $ 一定面に外向き垂直な単位ベクトルとして

$$^{(3)}G_{ij}\hat{r}^i\hat{r}^j = -\frac{1}{2}\left(^{(2)}R - \tilde{K}^2 + \tilde{K}_{AB}\tilde{K}^{AB}\right) = \frac{1}{r^2}\left(e^{-\lambda} - 1\right) \tag{6.6}$$

を得る．ここで，$^{(2)}R$ の評価には (12.3) 式，および，(12.9) 式を用いた．最後に，$\hat{r}^i\hat{r}^j\left(D_i D_j N - q_{ij}D^2\right)N$ を評価すると

$$\hat{r}^i\hat{r}^j\left(D_i D_j N - q_{ij}D^2 N\right) = -^{(2)}\gamma^{ij}D_i D_j N = (D_i\,^{(2)}\gamma^{ij})D_j N$$

$$= -(D_i\hat{r}^i\hat{r}^j)D_j N = -(D_i\hat{r}^i)\hat{r}^j D_j N = -\frac{\nu'}{r}e^{-\lambda}N \tag{6.7}$$

となる．ここで，$^{(2)}\gamma^{ij} := q^{ij} - \hat{r}^i\hat{r}^j$ は $t = $ 一定の 3 次元超曲面から，$r = $ 一定の 2 次元球面への射影演算子である．また，2 つ目，および，4 つ目の等号では $D_j N \propto \hat{r}_j$ であることを，最後の等号では，$(D_i\hat{r}^i) = \tilde{K}^A_A = 2r^{-1}e^{-\lambda/2}$ であることを用いた．$^{(3)}R$ については，(5.59) 式を用いて計算し，すべてをまとめると，

$$\frac{8\pi G_N}{c^4}T^r_r = e^{-\lambda}\left(\frac{\nu'}{r} + \frac{1}{r^2}\right) - \frac{1}{r^2}, \tag{6.8}$$

$$\frac{8\pi G_N}{c^4}T^t_t = e^{-\lambda}\left(-\frac{\lambda'}{r} + \frac{1}{r^2}\right) - \frac{1}{r^2} \tag{6.9}$$

が得られる．

物質が存在しない真空の場合を考えて，(6.8) 式，および，(6.9) 式において $T_{\mu\nu} = 0$ とおくと，$\nu' + \lambda' = 0$ が導かれ，これにより，

$$\nu + \lambda = \text{一定}, \tag{6.10}$$

すなわち,

$$e^{\nu(r)} = \alpha^2 e^{-\lambda(r)} \tag{6.11}$$

が結論される. 時間座標を $\alpha t \to t$ のように取り換えることで, 一般性を失うことなく $\nu = -\lambda$ とできる. また, (6.9) 式は $\partial_r(re^{-\lambda}) = 1$ と書き換えられるので, r_g を積分定数として

$$e^{-\lambda(r)} = e^{\nu(r)} = 1 - \frac{r_g}{r} \tag{6.12}$$

と容易に積分できる.

4章の弱い重力場で議論したように, M を重力場を生成する物体の重力質量としたとき, $r \to \infty$ での重力場に重力質量は,

$$-g_{00} = e^{-\lambda} \approx 1 - \frac{2G_N M}{rc^2} \tag{6.13}$$

の形で現れる. この表式と (6.12)式を見比べると, (4.28)式で与えたように

$$r_g = \frac{2G_N M}{c^2} \tag{6.14}$$

であるとわかる. r_g は長さの次元を持ち, 物体の**重力半径** (Schwarzschild radius) と呼ばれる. 太陽の質量は $\approx 2 \times 10^{33}$g であるが, この場合の重力半径は $r_{g\odot} \approx 3 \times 10^5$cm である.

ここで得た, 静的球対称なアインシュタイン方程式の解は, 線素の形で表すと,

$$ds^2 = -\left(1 - \frac{r_g}{r}\right)c^2 dt^2 + \frac{dr^2}{1 - \dfrac{r_g}{r}} + r^2\left(d\theta^2 + \sin^2\theta\, d\varphi^2\right) \tag{6.15}$$

となる. この線素を**シュワルツシルト解** (Schwarzschild solution), この座標を**シュワルツシルト座標** (Schwarzschild coordinates) と呼ぶ. ここでは静的であると仮定したが, 実は, 重力場が球対称であると仮定さえすれば, 真空解はシュワルツシルト解に限られることが**バーコフの定理** (Birkhoff's theorem) として知られている (章末問題10).

通常の星を考える場合, 静的球対称という近似は悪くない近似である. その場合, 星の表面の半径を a としたとき, 星の外部 ($r > a$) においては唯一の静

的球対称解であるシュワルツシルト解が実現される．物質場が存在する星の内部 $(r < a)$ について議論する際にも (6.8)式，および，(6.9)は有効である．物質場が存在する場合にも，(6.9) 式は

$$\lambda(r) = -\ln\left[1 - \frac{8\pi G_N}{c^4 r}\int_0^r \epsilon(r')r'^2 dr'\right] \tag{6.16}$$

と形式的に積分できる．ここで，積分定数は $r = 0$ で特異性を持たないよう，$\lambda(0) = 0$ となるように選んだ．また，$\epsilon = -T_t^t$ は空間座標一定の世界線に沿って運動する観測者から見たエネルギー密度である．通常の物質を考える限り，$\epsilon > 0$ であることから，

$$\lambda(r) > 0 \tag{6.17}$$

が結論される．

　星のエネルギー密度分布と重力質量の関係を求める．そのために，星表面 $r = a$ における解の連続性に着目する．ν の値に関しては t の取り換えで変更されるので，連続性の要求は条件を与えない．一方，(6.5)式のように，λ の値は $\tilde{K}_B^A$ に影響を与える．λ の値に不連続性があれば，$\tilde{K}_B^A$ にも不連続性があることになる．(5.58)式からわかるように，このような外的曲率の不連続性は3次元曲率の発散を意味する．実際，(6.9)式は λ' が発散するとき，エネルギー密度も発散することを示している．λ の連続性の要請による，星の外部の解である (6.12)式と (6.16)式が与える λ の値が星表面で一致するという条件から，重力質量が

$$M = \frac{4\pi}{c^2}\int_0^a \epsilon r^2 dr = 4\pi\int_0^a \rho\, r^2 dr \tag{6.18}$$

と与えられる．ここで，$\rho = \epsilon/c^2$ は質量密度である．一方，質量密度 ρ に単純に体積要素 $(\sqrt{q}drd\theta d\varphi = r^2\sin\theta e^{-\lambda}drd\theta d\varphi)$ を掛けて積分したものは

$$\hat{M} = 4\pi\int_0^a \rho\, r^2 e^{\lambda/2} dr \tag{6.19}$$

である．この積分は，各点で空間座標一定の世界線に沿って運動する観測者が計った質量の総和を表す．(6.17)式より，$e^{\lambda/2} > 1$ であるので，(6.19)式で与えられる質量 $\hat{M}$ は重力質量 M より大きい．この差 $\hat{M} - M$ は，重力相互作用による束縛エネルギーが，負の重力質量として寄与することを表すものであり，**重力的質量欠損** (gravitational deficit mass) と呼ばれる．

§6.2 定常な重力場とキリングベクトル

計量テンソルが時間 $ct = x^0$ に依らないように書けるとき，その時空は**定常** (stationary) な時空と呼ばれる．定常な時空の線素は一般に

$$ds^2 = g_{00}(x^k)\, c^2 dt^2 + 2g_{0i}(x^k)\, c\, dt\, dx^i + g_{ij}(x^k)\, dx^i dx^j \tag{6.20}$$

と表すことが可能である．静的な場合には，時間反転に対する対称性から $g_{0i} = 0$ とできる．

定常な時空上の測地線方程式にしたがう運動を考えると，**運動の恒量** (constants of motion) の存在が示される．4元速度の共変成分に対する測地線方程式を書き下すと，

$$0 = u_{\mu;\nu} u^\nu = \frac{du_\mu}{d\lambda} - \Gamma_{\rho\mu\nu} u^\rho u^\nu \tag{6.21}$$

だが，最後の項で $u^\rho u^\nu$ は $\{\rho, \nu\}$ の添字の入れ替えに対して対称であることから，$\Gamma_{\rho\mu\nu}$ の $\{\rho, \nu\}$ の添字について対称化したものを考えると，

$$\Gamma_{\rho\mu\nu} + \Gamma_{\nu\mu\rho} = \frac{1}{2}\left(g_{\rho\mu,\nu} + g_{\rho\nu,\mu} - g_{\mu\nu,\rho} + g_{\nu\mu,\rho} + g_{\nu\rho,\mu} - g_{\mu\rho,\nu}\right) = g_{\rho\nu,\mu} \tag{6.22}$$

となる．定常な重力場では計量が時間に依存しないことから $\Gamma_{\rho 0\nu} u^\rho u^\nu = 0$ が示され，(6.21)式で $\mu = 0$ とした式から，

$$\frac{du_0}{d\lambda} = 0 \tag{6.23}$$

が導かれる．すなわち，測地線に沿って運動する粒子の4元速度ベクトルの共変時間成分 u_0 は一定であると結論される．光の場合も同様にして，波数ベクトルの共変時間成分 k_0 が一定であるとわかる．

「4元速度の共変時間成分が一定である」とは，ベクトル

$$\xi^\mu = \frac{\partial x^\mu}{\partial t} \tag{6.24}$$

を定義し，「$u_\mu \xi^\mu$ が一定である」という主張と等価である．計量が t に依らない定常時空の場合，ξ^μ はキリング方程式

$$\xi_{\mu;\nu} + \xi_{\nu;\mu} = 0 \tag{6.25}$$

を満たす．一般にキリング方程式を満たすベクトル場を**キリングベクトル** (Killing vector) と呼ぶ．(6.25)式は $\xi_{\mu;\nu}$ が $\{\mu,\nu\}$ の添字の入れ替えに対して反対称であることを意味する．この性質からも

$$\frac{d}{d\lambda}(u_\mu \xi^\mu) = \frac{Du^\mu}{d\lambda}\xi_\mu + u^\mu u^\nu \xi_{\mu;\nu} = 0 \tag{6.26}$$

のように，測地線に沿った運動のもとで $u_\mu \xi^\mu$ の保存が導かれる．

§6.3　重力赤方偏移

(6.20)式で与えられる定常な時空中で，$x^i = $ 一定 の世界線に沿って運動する観測者が観測する光の振動数の変化を考える．このような運動をする観測者の4元速度を (ct, x^1, x^2, x^3) 成分で表すと，

$$u^\mu = \left(\frac{c}{\sqrt{-g_{00}}}, 0, 0, 0\right) \tag{6.27}$$

である．光の波数ベクトルを k^μ とすると，観測量は座標不変であるので，添字が完全に縮約された量でなければならない．また，局所慣性系では $k^t = ck^0$ が光の振動数であることから，これらの観測者が観測する光の振動数は

$$\omega = -k_\mu u^\mu = \frac{\omega_0}{\sqrt{-g_{00}}} \tag{6.28}$$

である．ここで，$\omega_0 := -ck_0$ である．光を放出した点を x_E，光を受けた点を x_O として，それぞれの点で観測される振動数 ω_E と ω_O の比は，$\omega_0 = c\omega/u^0$ が光線に沿って一定であることから，

$$1 + z := \frac{\omega_E}{\omega_O} = \sqrt{\frac{g_{00}(x_O)}{g_{00}(x_E)}} \tag{6.29}$$

で与えられる．上式で定義される z を**重力赤方偏移** (gravitational redshift) と呼ぶ．

§6.4　ブラックホール時空

前節の重力赤方偏移の議論をシュワルツシルト解にあてはめると，

$$-g_{00} = 1 - \frac{r_g}{r} \tag{6.30}$$

より，半径 r_E で静止した人が放出した光を充分遠方にいる観測者 $\mathcal{O}$ が受けたとき，重力赤方偏移は

$$1 + z = \frac{1}{\sqrt{1 - \frac{r_g}{r_E}}} \tag{6.31}$$

と求まる．この表式で $r_E \to r_g$ の極限をとると，重力赤方偏移が発散する．光の振動の周期を $\Delta\tau$ で表すと，

$$1 + z = \frac{\omega_E}{\omega_\mathcal{O}} = \frac{\Delta\tau_\mathcal{O}}{\Delta\tau_E} \tag{6.32}$$

である．このことからわかるように，$r_E \to r_g$ の極限をとると，r_E での有限の固有時間間隔が遠方の観測者にとっては無限の固有時間間隔に対応する．

　外向き動径方向の光の経路は，$d\theta = d\varphi = 0$ とおいたときの $ds = 0$ の条件から，

$$c\,dt = \frac{dr}{1 - \frac{r_g}{r}} \tag{6.33}$$

にしたがう．この方程式を積分すると

$$c(t - t_0) = r + r_g \ln \frac{r - r_g}{r_g} =: r^* \tag{6.34}$$

となる．ここで導入された新しい動径座標 r^* は**亀座標** (tortoise coordinate) と呼ばれる．この光の経路を図示したものが図 6.1 である．シュワルツシルト座標の時間座標 t を $-\infty$ にまでさかのぼったとしても，r は r_g には到達でき

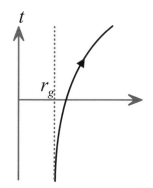

図 6.1　シュワルツシルト時空上での動径方向の光線

ない. すなわち, 強い重力の効果で $r < r_g$ の領域からは光さえも外に出てくることができないことが示唆される. この光さえも外に出られない領域について, シュワルツシルト座標を用いた考察が不十分であることを次節で説明するが, ここでは用語の定義として, 光さえも無限遠方に逃げ出すことができない時空領域を**ブラックホール** (black hole) と呼び, その領域の境界を**事象の地平線** (event horizon) と呼ぶ.

§6.5 クルスカル拡張

シュワルツシルト座標を用いた事象の地平線の議論の不完全な点は, この座標が $r = r_g$ で特異性をもつ点にある. $r = r_g$ においては, $g_{00} = 0$ となり, g_{rr} が発散する. このような場合に, 座標の選び方が悪いせいで見かけ上特異性が現れている**座標特異点** (coordinate singularity) であるかどうかを判定する必要がある. 座標の選び方が悪いだけであれば, 適切な座標変換で特異性を消去できる. 逆に, 座標変換で消去できない特異性を持つ時空点は**真の特異点** (true singularity) と呼ばれる. 真の特異点の中で明確なものは, 曲率テンソルから作られる不変量が発散する場合である. この場合は**曲率特異点** (curvature singularity) と呼ばれる. 曲率特異点でわかりやすい例は, **クレッチマン不変量** (Kretschmann invariant) $R^{\mu\nu\rho\sigma} R_{\mu\nu\rho\sigma}$ が発散する場合である. この量は座標変換に対して不変であるので, この量が発散するならば, 特異性の座標変換による消去は不可能である. シュワルツシルト解の場合にはクレッチマン不変量は $48 G_N^2 M^2 / r^6$ と計算される. したがって, 座標変換によって $r = 0$ の特異性は消えず, $r = 0$ は真の特異点である.

座標特異点を解消し, 特異性のない座標に移す座標変換を求めるために, 前節で求めた光的測地線を利用する. 測地線は座標に依存せずに決まる概念であるから, 時空自体に特異性がなければ測地線に沿った座標を導入することで見かけの特異性を消去できると期待される.

$$u := ct - r^* \tag{6.35}$$

を定義すると, 動径方向外向きの光的測地線は $u = $ 一定の曲線になる. 同様に, 動径方向内向きの光的測地線は

$$v = ct + r^* \tag{6.36}$$

が一定の曲線である．それぞれの光的測地線に対するアフィンパラメータ λ は，$k_0 = g_{00} c \, dt/d\lambda$ が一定であることから，

$$\int d\lambda \propto \int \left(1 - \frac{r_g}{r(t)}\right) c \, dt = \pm \int dr \tag{6.37}$$

と求まる．すなわち，$r \to r_g$ の極限で λ は発散しない．つまり，この極限で時間座標 t は無限大に発散するものの，光的測地線に沿った経路を座標に依存しない形でパラメトライズするアフィンパラメータ λ が有限に留まる．これは，さらにその先に測地線が延長される可能性を強く示唆する．

$r \to r_g$ の極限で

$$u \to \infty, \qquad v \to -\infty \tag{6.38}$$

となり，(u, v) を座標とする限り，シュワルツシルト座標における $r > r_g$ の領域の外を表現できない．そこで

$$\begin{cases} U = -\exp\left(-\dfrac{u}{2r_g}\right), \\ V = \exp\left(\dfrac{v}{2r_g}\right) \end{cases} \tag{6.39}$$

を定義し，(U, V, θ, φ) で線素を表すと

$$ds^2 = -\frac{4r_g^3}{r} \exp\left(-\frac{r}{r_g}\right) dU \, dV + r^2 \left(d\theta^2 + \sin^2\theta \, d\varphi^2\right) \tag{6.40}$$

となる．この表式に含まれる r は，U，および，V と

$$UV = -\exp\left(\frac{r^*}{r_g}\right) = -\left(\frac{r - r_g}{r_g}\right) \exp\left(\frac{r}{r_g}\right) \tag{6.41}$$

の関係で結びついている．ここで導入された新しい座標 (U, V, θ, φ) を**クルスカル座標** (Kruskal coordinates) と呼び，(6.40)式の形の線素を導出する操作を**クルスカル拡張** (Kruskal extension) と呼ぶ．更に，

$$T = \frac{1}{2}\left(V + U\right), \qquad R = \frac{1}{2}\left(V - U\right) \tag{6.42}$$

の座標変換をおこなうと，

$$ds^2 = \frac{4r_g^3}{r} \exp\left(-\frac{r}{r_g}\right)\left(-dT^2 + dR^2\right) + r^2(d\theta^2 + \sin^2\theta \, d\varphi^2) \tag{6.43}$$

となる. (6.40)式，あるいは，(6.43)式の表式からは，計量テンソルの成分は $r = r_g$ で特異性を持たないことがわかる. よって，シュワルツシルト座標での $r = r_g$ は，座標特異点であることが示された. また，真の特異点である $r = 0$ では，クルスカル座標における計量テンソルの成分も発散している.

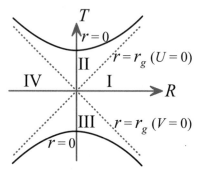

図 6.2　クルスカル座標で描いたシュワルツシルト時空の時空図

クルスカル座標でみると，

$$T^2 - R^2 = -\left(\frac{r - r_g}{r_g}\right)\exp\left(\frac{r}{r_g}\right) \tag{6.44}$$

の関係から，$r = 0$ の真の特異点は $T^2 - R^2 = 1$ の双曲線である. $r = 0$ の真の特異点を図 6.2 の中に実線で示した. 事象の地平線 $r = r_g$ は $UV = 0$，すなわち，$U = 0$，あるいは，$V = 0$ の光的な超曲面である. これを図 6.2 中の点線で示した. (θ, φ) 方向の運動がなければ，この図における斜め 45 度の方向が光的な方向を表し，時間的な方向と空間的な方向の境界を与える. 時空を $U = 0$，および，$V = 0$ の直線で区分することで 4 つの領域に分け，図中に番号を付した. 領域 I は r の範囲としては $r_g < r < \infty$ に対応し，シュワルツシルト座標の $r > r_g$ の領域である. U を一定に保ち，$t \to -\infty$，かつ，$r \to r_g$ の極限を取ると，$V = 0$ の超曲面に漸近するのみで領域 III には到達できない. 同様に，V を一定に保ち，$t \to \infty$，かつ，$r \to r_g$ の極限を取ると，$U = 0$ の超曲面に漸近するのみで領域 II には到達できない. しかしながら，このような振る舞いは座標の特異性に起因するものであり，実際に光的な粒子の運動が $V = 0$ や $U = 0$ の超曲面を超えることは物理的に妨げられない. つまり，領域 I から II へ，あるいは，領域 III から I へという運動は禁止されない. ここで，領域 II に着目しよう. r の範囲としては $0 < r < r_g$ に対応する. この領

域においては $r =$ 一定面は空間的になっており，t ではなく，むしろ，r が時間座標の役割を担う．このことはシュワルツシルト座標で g_{00} と g_{rr} の符号が $r = r_g$ を境に入れ替わることからも理解できる．領域 III においても，同様に r が時間座標として振る舞う．領域 II において，r が減る方向が未来向きであるので，未来向きに進む粒子が $r = r_g$ の面を横切ることはない．すなわち，ひとたび領域 II に入った粒子が領域 I に戻ってくることはない．この時空領域こそがまさにブラックホールの定義に合致する領域である．領域 III も r の取りうる値は $0 < r < r_g$ であり，領域 II と同じである．しかし，この領域 III における未来向きは r が増える方向である．したがって，未来向きに進む粒子が領域 III から $r = r_g$ を横切り領域 I に入ることが可能である．したがって，領域 III はブラックホールではない．逆に，粒子が領域 I から領域 III へ入ることは不可能である．そのように，いかなるものも侵入できない領域は**ホワイトホール** (white hole) と呼ばれる．

面白いことにクルスカル拡張の結果として，シュワルツシルト解には領域 IV が存在することが明らかになった．この領域は領域 I と同じ性質を持つ時空領域だが，両者を同一視することはできない．

§6.6　シュワルツシルト時空上の質点の運動

計量が $x^0 = ct$ に依らない定常な時空上では粒子の 4 元速度の共変 0-成分 u_0 が一定である．同様の理由で，シュワルツシルト時空上では計量が角度座標 φ にも依存しないので，$\xi^\mu_{(\varphi)} \partial_\mu = \partial_\varphi$ によって与えられる $\xi^\mu_{(\varphi)}$ もキリングベクトルとなり，u_φ が一定となる．

そこで，

$$-u_0 = \left(1 - \frac{r_g}{r}\right) c\dot{t} = cE, \tag{6.45}$$

$$u_\varphi = r^2 \sin^2\theta\, \dot{\varphi} = cL \tag{6.46}$$

とおく．ここで，$\dot{} = d/d\tau$ は固有時間による微分である．E や L は単位質量あたりのエネルギーと角運動量の z-成分を光速を用いて規格化した量を表す．すなわち，mc^2E，および，mcL がそれぞれ粒子の持つエネルギーと角運動量の z-成分である．球対称性から初期の粒子の位置，および，速度が $\theta = \pi/2$ の面内にあると仮定しても一般性は失われない．このとき，$z \to -z$ とする入れ替

えに対する対称性があるので、運動は $\theta = \pi/2$ の面内に留まる。すると、4元速度の規格化条件 $-u_\mu u^\mu = c^2$ は、

$$c^2 = \left(1 - \frac{r_g}{r}\right) c^2 \dot{t}^2 - \frac{\dot{r}^2}{1 - \frac{r_g}{r}} - r^2 \dot{\varphi}^2 = \frac{1}{1 - \frac{r_g}{r}} \left(c^2 E^2 - \dot{r}^2\right) - \frac{c^2 L^2}{r^2} \tag{6.47}$$

を導く。この方程式は、非相対論的な1次元ポテンシャル中の運動のエネルギー積分の式に類似の

$$c^{-2}\dot{r}^2 + V(r) = E^2 \tag{6.48}$$

の形に書き換えることができる。ここで、無次元化したポテンシャルは

$$V(r) = \left(1 - \frac{r_g}{r}\right) \left(1 + \frac{L^2}{r^2}\right) \tag{6.49}$$

と与えられる。ポテンシャルが極値を取るのは、

$$V'(r) = \frac{r_g}{r^4} \left(r^2 - \frac{2L^2}{r_g}r + 3L^2\right) = 0 \tag{6.50}$$

のときであるので、その解は、

$$r = r_\pm \equiv \frac{L^2}{r_g} \left(1 \pm \sqrt{1 - 3\frac{r_g^2}{L^2}}\right) \tag{6.51}$$

と与えられる。

$L^2 > 3r_g^2$ の場合、$r_\pm$ は2つの実数解となるので、図6.3に示したように、2つの極値を持つポテンシャルになる。図中に示した $E_\pm$ は $E_\pm^2 = V(r_\pm)$ により与えられる。$E = E_+$ のとき、$r = r_+$ の安定な円軌道が存在する。$E = E_-$ のときにも $r = r_-$ の円軌道が存在するが、こちらは不安定である。E を $E_+ < E < \min(1, E_-)$ に選べば、有限の動径座標の区間に制限された束縛軌道が存在する。ここで、$\min(1, E_-)$ は、1と E_- のいずれか小さい方の値を意味する。$E_- > 1$ の場合には無限遠方から来た粒子が散乱され、再び無限遠方に帰っていく軌道が可能である。$E_- > 1$ の条件が満たされるのは $L^2 > 4r_g^2$ の場合である。このことは、$L^2 = 4r_g^2$ を (6.51) 式に代入すれば $r_- = 2r_g$ と求

まり，これを (6.49)式に代入すれば，$E_- = V(r_-) = 1$ となることで確かめられる．また，

$$\frac{\partial r_\pm}{\partial L^2} = \frac{1}{r_g\sqrt{1 - 3\dfrac{r_g^2}{L^2}}}\left(\sqrt{1 - 3\frac{r_g^2}{L^2}} \pm \left(1 - \frac{3r_g^2}{2L^2}\right)\right) \tag{6.52}$$

であり，$0 < x < 1$ のとき，$\sqrt{1-x} < 1 - x/2$ であることから，L^2 を大きくしたとき r_+ は大きく，r_- は小さくなる．

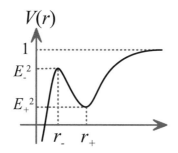

図 6.3　$L^2 > 3r_g^2$ の場合の有効ポテンシャルの図

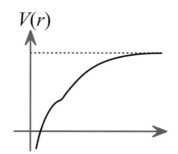

図 6.4　$L^2 < 3r_g^2$ の場合の有効ポテンシャルの図

　角運動量が小さい，$L^2 < 3r_g^2$ の場合には，$r_\pm$ は複素数となり，図 6.4 に示したようにポテンシャルの極値が存在しない．この場合，散乱軌道も束縛軌道も存在しない．

　r_+ が L^2 の単調増加関数であることから，安定な円軌道の中で最小の半径をもつものは $L^2 = 3r_g^2$ のときで，その半径は

$$r = r_c \equiv 3r_g \tag{6.53}$$

で与えられる．この円軌道は**最内縁安定円軌道** (innermost stable circular orbit) と呼ばれる．このとき，$r_+ = r_-$ であり，安定な円軌道と不安定な円軌道が縮退している．このときの粒子の束縛エネルギーは

$$mc^2(1 - E_+) = mc^2 \left(1 - \frac{2\sqrt{2}}{3} \right) \approx 0.0572mc^2 \tag{6.54}$$

で与えられる．

　ブラックホールへの現実的な質量降着を考える．降着する物質は最初ブラックホールから十分に離れた場所にあり，その運動の速度も光速に比べて無視できるほど小さい．そのような物質がブラックホールに降着する際には降着円盤を形成し，十分に円軌道に近い軌道をとりながら，徐々にエネルギーと角運動量を散逸により失い，最終的に降着円盤の内縁からブラックホールへと落下する．この降着円盤の内縁は降着物質の圧力勾配や輻射による力が無視できるなら，最内縁安定円軌道によって決まる．最内縁安定円軌道を通過した後に粒子のエネルギーを外部に引き抜くことは難しいと考えると，ブラックホールに降着する物質が外部に輻射として放出することができるエネルギーは，最内縁円軌道での束縛エネルギーで決まる．(6.54)式は降着する物質の静止エネルギーの 6% 程度を外部に放出可能であることを示している．

§6.7　近日点移動

　ニュートン重力において，太陽のまわりを運動する惑星の軌道は，他の惑星などの影響を無視する理想化された状況では，重心を片方の焦点とする楕円運動になることはよく知られている．このとき，太陽と惑星が最も接近する時刻である近日点における互いを結ぶ方向は変化しない．しかし，一般相対論では，単純な 2 体問題を考えても近日点の方向はもはや一定ではない．この現象を**近日点移動** (perihelion shift) と呼ぶ．以下では，シュワルツシルト時空上の粒子の運動から，この現象を理解しよう．

　対称性から，粒子の軌道を $\theta = \pi/2$ に制限しても一般性は失われない．$\theta = \pi/2$ とし，(6.46) 式と (6.48) 式から $d\tau$ を消去すると，

$$\frac{1}{r^4} \left(\frac{dr}{d\varphi} \right)^2 = \frac{1}{L^2} \left(E^2 - V(r) \right) \tag{6.55}$$

というrとφの間の関係を与える方程式が得られる. 動径座標として$u = 1/r$を用いて方程式を書き直すと,

$$\left(\frac{du}{d\varphi}\right)^2 = F_E(u) := \frac{1}{L^2}\left(E^2 - 1 + r_g u - L^2 u^2 + r_g L^2 u^3\right) \tag{6.56}$$

が得られる. ここでは, 軌道離心率が小さいと近似し, $u = u_+ = 1/r_+(L)$, および, $E = E_+(L)$ によって与えられる安定な円軌道からの微小摂動を考える. このとき,

$$F_{E_+}(u_+) = 0, \quad F'_{E_+}(u_+) = 0,$$

$$F''_{E_+}(u_+) = -2 + 6r_g u_+ = -2\sqrt{1 - 3\frac{r_g^2}{L^2}} \tag{6.57}$$

であるから, $F_E(u)$ を $E = E_+$, $u = u_+$ の周りで展開して

$$F_E(u) \approx \frac{E^2 - E_+^2}{L^2} - \sqrt{1 - 3\frac{r_g^2}{L^2}}(u - u_+)^2 \tag{6.58}$$

と近似する. ここで, $E^2 - E_+^2$ は摂動の2次の微小量であるとし, 摂動の3次以上の項をすべて無視した. (6.58)式を, (6.56)式に代入すると, 調和振動子のエネルギー積分の表式であり, 微小振動の解は$\Omega^2 = \sqrt{1 - 3\frac{r_g^2}{L^2}}$ として, $u - u_+ = A\sin(\Omega\varphi)$ と求まり, 振幅Aは$A^2 = (E^2 - E_+^2)/(\Omega L)^2$ により与えられる. (6.51)式から, $r_+ \gg r_g$ といった状況では, $L^2 \gg r_g^2$ が成立するので, $r_+ \approx 2L^2/r_g$ と近似できる. このとき,

$$\Omega \approx 1 - \frac{3r_g}{2r_+} \tag{6.59}$$

が得られる. 一つの近日点から, 次の近日点までの間にuは一回振動する. その間に角度座標φは

$$\frac{2\pi}{\Omega} \approx 2\pi + 3\pi\frac{r_g}{r_+} \tag{6.60}$$

だけ変化する. 第1項はニュートン重力でも存在する動径方向の振動の1周期の間に角度方向に1回転する成分を表しており, 第2項が一般相対論の効果による1周期あたりの近日点移動の大きさを表す.

□章末コラム　一般相対論の3つの検証実験

　アインシュタインは一般相対論の検証として，重力による光の赤方偏移，太陽の重力による光線の曲がり，水星の近日点移動の3つの検証実験を掲げた.

　一般相対論が提案される以前から，太陽から見た水星の近日点の方向が徐々に変化することは観測されていた．それらの大部分は木星などの他の惑星からの重力的摂動の影響で説明できるものだったが，計算値と観測値の間に有意な残差があることが知られていた．この残差が一般相対論により説明されることは本章で学んだ.

　太陽の重力による光線の曲がりの観測が初めて行われたのは1919年のエディントンらにより組織された遠征隊による日食時に太陽近傍を通過する星の像の観測であった．日食が観測できる地域まで望遠鏡を運び観測を行うという当時としては大がかりな観測であった．観測の結果はニュートン重力が予言する曲がり角の2倍の曲がり角を予言する一般相対論の予言を支持するものであったと報告された．その後，クェーサーと呼ばれる星のように点光源として観測される天体が発見された．この天体は質量降着が激しく起こり活動期にある銀河中心核の一形態であると現在では考えられている．この天体には強い電波を発するものも多く，遠く離れた複数のアンテナで受信した電波の位相差から到来方向を割り出す干渉計技術を用いて，天球上の位置を非常に精度よく決定できる．これにより非常に高い精度で一般相対論の予言が検証されることとなった.

　面白いことに，近日点移動の正体が一般相対論による補正であること，および，重力による光線の曲がりについて指摘した1915年11月18日の論文にはアインシュタイン方程式は出てこない．アインシュタイン方程式と現在呼ばれている方程式は，その一週間後に発表された論文に初めて登場する．真空の場合の議論で済んでいるので，正しいアインシュタイン方程式の右辺は必要なかったのである.

　重力による光の赤方偏移は，3つの検証の中では最も検証が遅れ，パウンド（R. Pound）とレブカ（G. Rebka）による1960年の実験を待たねばならない．一般相対論は美しい理論だが，繰り込み可能でないためそのままでは量子場の理論としての整合性がない．そのため，量子論と整合的な究極の重力理論が存在し，その理論の低エネルギー極限が一般相対論だと考えられる．その場合，強い曲率を持つ時空では高次の補正が出現するはずである．あるいは，低エネルギー極限においても一般相対論が拡張されている可能性も否定できない．そのような拡張重力理論を議論するほとんどすべての場合，時空の曲がりによって重力が記述されるという考え方は踏襲されている．そして，重力による光の赤方偏移は重力が時空の曲がりによって記述される理論であれば，普遍的に起こる現象である.

　3つの検証のいずれも最終形のアインシュタイン方程式を必要としない予言である点で，現代的な一般相対論の検証とは趣が異なる.

問題1　(6.1) 式の計量に対し，$T_\mu{}^\nu{}_{;\nu} = 0$ を $\mu = r$ に対して書き下す．$T_\mu{}^\nu$ が対角成分しか持たないとすると，この式が

$$e^{-(\nu+\lambda)/2}r^{-2}\left(\partial_r e^{(\nu+\lambda)/2}r^2 T_r{}^r\right) - \frac{1}{r}T_A{}^A - \frac{\lambda'}{2}T_r{}^r - \frac{\nu'}{2}T_t{}^t = 0$$

となることを示せ．この式に (6.8) 式，(6.9) 式を代入し，Einstein 方程式の T_A^A を含む成分を求めよ．

問題2　(6.25) 式が満たされることを示せ．

問題3　1976 年に打ち上げられたロケット Gravity Probe A にはメーザーを用いた 1420MHz の発信機が搭載され，地上との間での重力赤方偏移がおよそ 10^{-4} の精度で測定された．このロケットは最高で 10,000km に達したが，このとき地上で観測される光の重力赤方偏移による振動数のずれはどの程度になるか．地球の半径を 6,400km，質量を 6×10^{27}g として計算せよ．

問題4　(6.43)式で，$T = 0, \theta = \pi/2$ とおいた場合の 2 次元線素

$$ds^2 = \frac{4r_g^3}{r}\exp\left(-\frac{r}{r_g}\right)dR^2 + r^2 d\varphi^2$$

を，円筒座標 (ρ, φ, z) で表した 3 次元のユークリッド空間内の $z = \bar{z}(\rho)$ で指定される 2 次元超曲面として表すことを考える．関数 $\bar{z}(\rho)$ を求め，図示せよ．ここから，$R > 0$ と $R < 0$ の領域を特異性なしに同一視することはできないことがわかる．

問題5　クルスカル図 6.2 の中に $r = $ 一定の曲線，$t = $ 一定の曲線を示せ．

問題6　(6.40) 式，および，(6.41) 式を示せ．

問題7　$E_- = \sqrt{V(r_-)} = 1$ となるのは L^2 がいくらの場合か．

問題8　ニュートン重力では (6.56) 式はどのようになるか．その場合に近日点移動が起こらないことを示せ．

問題 9　水星の公転軌道半径 $r \approx 5.55 \times 10^{10}$m と太陽の重力半径 $2GM_\odot/c^2 \approx 2.95 \times 10^3$m から近日点移動が 100 年でどれだけおこるかを評価せよ.

問題 10*　バーコフの定理が成り立つことを確かめる.

(1)　4 次元球対称時空で球面の面積半径 r を動径座標に選び, $r = $ 一定面に垂直な方向に時刻 $t = $ 一定面を選んだとき, 線素が

$$ds^2 = -N^2(t,r)c^2 dt^2 + e^{\lambda(t,r)} dr^2 + r^2(d\theta^2 + \sin^2\theta \, d\varphi^2)$$

と表されることを説明せよ.

(2)　上記の計量で, 時刻一定面に対する外的曲率の角度方向成分 K_{IJ} は 0 になる. 真空の場合に運動量拘束条件を書き下し, 外的曲率 K_{ij} のすべての成分が 0 になることを示せ.

(3)　前問から空間計量 g_{ij} が時間に依存しないことがわかる. $K_{ij} = 0$ が保たれる条件 $\partial_t K_{ij} = 0$ からラプス関数 N が時間に依らない方程式にしたがうことを導け.

問題 11*　塵状物質の球対称重力崩壊を考える.

(1)　初期時刻面において, 物質の 4 元速度 u_μ がいたるところ面に垂直である場合に, 塵状物質の運動に沿った固有時間を用いて時間座標を決めると, 時刻一定面に対して 4 元速度が垂直であるという性質が保たれることを示せ.

(2)　前問の結果を受けて, 線素を

$$ds^2 = -c^2 dt^2 + \mathcal{N}^2(t,R) dR^2 + r^2(t,R)(d\theta^2 + \sin^2\theta \, d\varphi^2)$$

とおき, 塵状物質の 4 元速度 u^μ は $u^\mu \partial_\mu = \partial_t$ と与えられるとする. 塵状物質のエネルギー・運動量テンソルは $T_{\mu\nu} = \rho(x) u_\mu u_\nu$ と書くことができる. エネルギー・運動量テンソルの保存則から物質の世界線に沿って ρ がどのように変化するかを求めよ.

(3)　動径方向外向きの単位ベクトルを $\hat{r}^\mu$ として, 時刻一定面の外的曲率を $K_{ij} = \alpha \hat{r}_i \hat{r}_j + \beta \, {}^{(2)}\gamma_{ij}$ と書く. ここで, ${}^{(2)}\gamma_{ij}$ は $t = $ 一定, $R = $ 一定の 2 次元面の誘導計量を表す. このとき, α, および, β を求めよ. また, 運動量拘束条件から, α と β の関係を導き, 時間に関して 1 階積分を実行せよ.

(4)　ハミルトニアン拘束条件を書き下し, 前問の結果を用いて, 動径方向に 1 階積分することで

$$\frac{1}{2}\left(\frac{\partial r}{c\partial t}\right)^2 - \frac{M(R)}{r} = E(R)$$

を導け.

第7章 回転するブラックホール

回転するブラックホール解であるカー時空について，地平線の求め方，負のエネルギーを持った粒子状態が許されるエルゴ領域の存在などを学ぶ．ブラックホール熱力学についても簡単に議論する．

§7.1 カー時空

遠方ではミンコフスキー時空に近づくような回転するブラックホールを表す解として，**カー時空** (Kerr spacetime) がある．遠方でミンコフスキー時空に近づき，事象の地平線の外側に真の特異点が存在しない定常真空解としては，カー時空が唯一であることが知られている．ここでは，カー時空の線素を導出はせずに，単に解を与える．カー時空の線素は，

$$
ds^2 = -\left(1 - \frac{2Mr}{\Sigma}\right) c^2 \, dt^2 - \frac{4Mar\sin^2\theta}{\Sigma} c \, dt \, d\varphi + \frac{\Sigma}{\Delta} dr^2 + \Sigma d\theta^2
$$
$$
+ \left(r^2 + a^2 + \frac{2Ma^2r}{\Sigma}\sin^2\theta\right)\sin^2\theta \, d\varphi^2 \tag{7.1}
$$

で与えられる．ここで，

$$
\Sigma = r^2 + a^2\cos^2\theta, \qquad \Delta = r^2 - 2Mr + a^2 \tag{7.2}
$$

である．この座標は**ボイヤー・リンキスト座標** (Boyer–Lindquist coordinates) と呼ばれる．(7.1) 式に含まれる M はブラックホールの質量を表すパラメータだが，ここでは表式を簡単にするために長さの次元を持つ量，$G_N c^{-2} \times$(質量) を表す．a は回転の大きさを表し，**カーパラメータ** (Kerr parameter) と呼ばれ，やはり長さの次元をもつ．角運動量のパラメータ J も $G_N c^{-2} \times$(角運動量) を表すとすると，$a = J/Mc$ である．

適切な基底ベクトル $e_\mu^{(\alpha)}$ を，

$$
e_\mu^{(0)} dx^\mu = \sqrt{\frac{\Delta}{\Sigma}}\left(c\,dt - a\sin^2\theta \, d\varphi\right),
$$

$$e^{(1)}_\mu dx^\mu = \frac{\sin\theta}{\sqrt{\Sigma}}\left(-ac\,dt + (r^2 + a^2)d\varphi\right),$$

$$e^{(2)}_\mu dx^\mu = \sqrt{\frac{\Sigma}{\Delta}}dr\,, \qquad e^{(3)}_\mu dx^\mu = \sqrt{\Sigma}d\theta \tag{7.3}$$

と定義すると，カー計量はミンコフスキー計量 $\eta_{\alpha\beta}$ を用いて，

$$g_{\mu\nu} = \eta_{\alpha\beta}e^{(\alpha)}_\mu e^{(\beta)}_\nu = -e^{(0)}_\mu e^{(0)}_\nu + e^{(1)}_\mu e^{(1)}_\nu + e^{(2)}_\mu e^{(2)}_\nu + e^{(3)}_\mu e^{(3)}_\nu \tag{7.4}$$

と表せる．$e^{(\alpha)}_\mu$ の逆行列 $e^\mu_{(\alpha)}$ が得られれば，$e^\mu_{(\alpha)}e^{(\beta)}_\mu = \delta^\beta_\alpha$ を満たすので，計量テンソルの反変成分は

$$g^{\mu\nu} = \eta^{\alpha\beta}e^\mu_{(\alpha)}e^\nu_{(\beta)} \tag{7.5}$$

と与えられる．ここで，$\alpha \neq \beta$ のとき $e^\mu_{(\alpha)}e^{(\beta)}_\mu = 0$ を満たすように，$e^\mu_{(\alpha)}$ の方向を選び，$e^\mu_{(\alpha)}e^{(\alpha)}_\mu = 1$ を満たすように規格化すれば，

$$e^\mu_{(0)}\partial_\mu = \frac{1}{\sqrt{\Delta\Sigma}}\left(\frac{r^2 + a^2}{c}\partial_t + a\partial_\varphi\right),$$

$$e^\mu_{(1)}\partial_\mu = \frac{1}{\sin\theta\sqrt{\Sigma}}\left(\partial_\varphi + \frac{a\sin^2\theta}{c}\partial_t\right),$$

$$e^\mu_{(2)}\partial_\mu = \sqrt{\frac{\Delta}{\Sigma}}\partial_r\,, \qquad e^\mu_{(3)}\partial_\mu = \frac{1}{\sqrt{\Sigma}}\partial_\theta \tag{7.6}$$

が導かれる．

§7.2 Kerr 時空中での粒子の運動

カー時空の顕著な性質に測地線方程式が変数分離可能であることが挙げられる．μ を粒子の質量として，**ハミルトン-ヤコビ方程式** (Hamilton-Jacobi equation)

$$g^{\mu\nu}\frac{\partial W(x)}{\partial x^\mu}\frac{\partial W(x)}{\partial x^\nu} = -\mu^2 c^2 \tag{7.7}$$

の解が得られたならば，$\mu u_\mu = W_{,\mu}$ と置くことで u_μ が測地線方程式を満たす．このことは，(7.7) 式の両辺を x^ρ で偏微分すると，

$$0 = g^{\mu\nu}W_{;\mu\rho}W_{,\nu} = \mu W_{;\rho\mu}u^\mu = \mu^2 u_{\rho;\mu}u^\mu \tag{7.8}$$

となり，確かに u_ρ が測地線方程式を満たすことが示される．このことは，u_μ が座標の関数 $W_{,\mu}$ で与えられ，運動の 1 階積分ができたことを意味する．(7.7) の方程式は運動量 $p_\mu = \mu u_\mu$ の規格化条件，$g^{\mu\nu} p_\mu p_\nu = -\mu^2 c^2$，において p_μ を $W_{,\mu}$ に置き換えたものに他ならない．

(7.7) 式は t，及び，φ に依存しない．このような場合には，対応する共役な変数を E，及び，L_z として，母関数 $W(x)$ を

$$W = -Et + L_z\varphi + \tilde{W}(r,\theta) \tag{7.9}$$

と変数分離された形に仮定して解を見つけることができる．この表式を (7.7) 式に代入すると，

$$-\frac{1}{\Delta}P(r)^2 + \frac{1}{\sin^2\theta}\left[L_z - a\sin^2\theta\frac{E}{c}\right]^2 + \Delta\left(\frac{\partial\tilde{W}}{\partial r}\right)^2 + \left(\frac{\partial\tilde{W}}{\partial\theta}\right)^2$$
$$= -\mu^2 c^2 (r^2 + a^2\cos^2\theta) \tag{7.10}$$

を得る．ここで，

$$P(r) := (r^2 + a^2)\frac{E}{c} - aL_z \tag{7.11}$$

である．この表式を見ると，Δ が r のみに依存し，θ に依存しないことから，さらに $\tilde{W} = W_r(r) + W_\theta(\theta)$ のように変数分離が可能であることがわかる．このとき，分離定数を Q として，

$$P(r)^2 - \Delta(\mu^2 c^2 r^2 + Q) = \left(\Delta\frac{\partial W_r}{\partial r}\right)^2,$$
$$Q - \mu^2 c^2 a^2\cos^2\theta - \frac{1}{\sin^2\theta}\left[L_z - a\sin^2\theta\frac{E}{c}\right]^2 = \left(\frac{\partial W_\theta}{\partial\theta}\right)^2 \tag{7.12}$$

の 2 つの方程式が得られる．この定数 Q は**カーター定数** (Carter constant) と呼ばれる．以上より，$\mu u^\mu = g^{\mu\nu} W_{,\nu}$ であることに注意すると，**運動の恒量**である E, L_z, Q を用いて，4 元速度 $dx^\mu/d\tau$ は

$$\mu\Sigma\frac{dt}{d\tau} = \frac{(r^2 + a^2)}{\Delta}P(r) - a\left(\frac{aE}{c}\sin^2\theta - L_z\right), \tag{7.13a}$$

$$\mu\Sigma\frac{dr}{cd\tau} = \pm\sqrt{R(r)}, \tag{7.13b}$$

$$\mu\Sigma\frac{d\cos\theta}{cd\tau} = \pm\sqrt{\Theta(\theta)}, \tag{7.13c}$$

$$\mu\Sigma\frac{d\varphi}{cd\tau} = \frac{a}{\Delta}P(r) - \left(\frac{aE}{c} - \frac{L_z}{\sin^2\theta}\right) \tag{7.13d}$$

と表される. ここで,

$$R(r) = P(r)^2 - \Delta(\mu^2 c^2 r^2 + Q)\,,$$

$$\Theta(\theta) = \sin^2\theta\, Q - \left(L_z - a\sin^2\theta\frac{E}{c}\right)^2 - a^2\mu^2 c^2\cos^2\theta\sin^2\theta \tag{7.14}$$

である. 予告したように, 測地線方程式が 1 階積分された方程式が得られた.

ここで, Σ が r と θ の両方に依存するという点を除けば, (7.13b) 式, 及び, (7.13c) 式はそれぞれ r, 及び, θ のみに依存した方程式である. そこで, 固有時 τ を用いることを諦めて, 新しい軌道に沿ったパラメータ (Carter-Mino 時間) を $d\tilde{\tau} := d\tau/\Sigma$ により導入すると, r の方程式と θ の方程式は完全に独立に解くことができる方程式となる. (7.13a) 式, 及び, (7.13d) 式の右辺は r にのみ依存した部分と θ にのみ依存した部分に分けることができる. したがって, $t(\tilde{\tau}) = t_r(\tilde{\tau}) + t_\theta(\tilde{\tau})$, $\varphi(\tilde{\tau}) = \varphi_r(\tilde{\tau}) + \varphi_\theta(\tilde{\tau})$ のように和に分解することで, t_r, φ_r は θ 方向の振動とは独立に, t_θ, φ_θ は r 方向の振動とは独立に解くことが可能である.

ここでは時間的な測地線を議論したが, 光的な測地線の場合は, 適切に $\mu \to 0$ の極限を取ればよい. (7.13) 式で $\mu \to 0$ の極限を取ると, $dx^\mu/d\tau$ が発散するという意味のない方程式が得られるだけであるが, 時間座標をアフィンパラメータ λ に $\tau \to \mu\lambda$ と取り換えてから, $\mu \to 0$ の極限を取れば光的測地線の場合の方程式が得られる.

§7.3　カー時空の事象の地平線

測地線方程式 (7.13a), 及び, (7.13c) を見ると, $\Delta \to 0$ の極限で dt/dr が $\propto 1/\Delta$ のように発散することがわかる. このことから, 測地線に沿った運動が $\Delta = 0$ に到達するのは, $t = \pm\infty$ においてのみとなる. したがって,

$$r = r_\pm := M \pm \sqrt{M^2 - a^2} \tag{7.15}$$

が事象の地平線の候補となる. 実際, $r = $ 一定の面に垂直なベクトル $r_\mu := \partial r/\partial x^\mu$ のノルムを求めると

$$g^{\mu\nu}r_\mu r_\nu = g^{rr} = \frac{\Delta}{\Sigma} \tag{7.16}$$

となり，$r = r_\pm$ が光的超曲面になっているように見える．しかし，$r = r_\pm$ は，計量テンソルが縮退している座標特異点であるので，$r_\mu := \partial r/\partial x^\mu$ のノルムが単に 0 である空間的，あるいは，時間的なベクトルである可能性がある．

シュワルツシルト解でおこなったクルスカル拡張と同様に光的測地線を考える．簡単のために $\theta = $ 一定となる光的測地線に着目する．この条件が満たされるのは $\Theta(\theta) = 0$ が重解を持つ場合である．単に，$\Theta(\theta) = 0$ を満たす θ は θ 方向の振動の転回点に過ぎない．重解になる条件は (7.14)式で $\mu \to 0$ とした表式から，$Q = 0$ の場合であることがわかる．そのときの θ の値は，$\sin^2\theta = cL_z/aE$ で与えられる．この関係を (7.13) 式に代入すると

$$c\Sigma\frac{dt}{d\lambda} = \frac{r^2 + a^2}{\Delta}P(r)\,, \qquad \Sigma\frac{dr}{d\lambda} = -P(r)\,, \qquad \Sigma\frac{d\varphi}{d\lambda} = \frac{a}{\Delta}P(r) \tag{7.17}$$

を得る．ここで内向きの光的測地線を仮定した．これらの式から λ を消去することにより，軌道を決定する方程式が得られる．これらの方程式を積分することで，

$$v := ct + \int \frac{r^2 + a^2}{\Delta}dr\,, \quad \tilde\varphi = \varphi + \int \frac{a}{\Delta}dr \tag{7.18}$$

の2変数が $\theta = $ 一定となる光的測地線に沿って一定に保たれることがわかる．

上記のように，測地線によって決定された座標を用いれば，座標特異性が現れる心配はないと考え，$\{t, \varphi\}$ に代わる座標として $\{v, \tilde\varphi\}$ を用いて線素を表すと，

$$ds^2 = -\left[1 - \frac{2Mr}{\Sigma}\right]dv^2 + 2dr\,dv + \frac{1}{\Sigma}\left((r^2 + a^2)^2 - a^2\Delta\sin^2\theta\right)\sin^2\theta d\tilde\varphi^2$$
$$+\Sigma d\theta^2 - 2a\sin^2\theta d\tilde\varphi\,dr - \frac{4aMR}{\Sigma}\sin^2\theta dv\,d\tilde\varphi \tag{7.19}$$

となり，$r = r_\pm$ で特異性のない座標系となる．

r は座標と考えることもできるが，同時に単なるスカラー関数とみなせる．$r = $ 一定面に対する法線ベクトルを新しい座標で $r_\mu := \partial r/\partial x^\mu$ と定義したものは，元の座標で定義した法線ベクトルと同一のスカラー関数の勾配で与えられるベクトルであるので，同一のベクトルである．また，$g^{\mu\nu}r_\mu r_\nu$ はスカラーであるので，座標系に依存しない量である．したがって，新しく導入した

$r = r_\pm$ で特異性のない座標系で計算しても，先述の計算と同様に $r = r_\pm$ で 0 になる．今回は，特異性のない座標で計算してノルムが 0 になるので，間違いなく $r = r_\pm$ がヌル超曲面であると結論できる．$r_\pm$ のうちでより外側に位置する $r = r_+$ が事象の地平線を与える．

§7.4　エルゴ領域

カー時空の線素 (7.1) は，時間座標 t に陽に依存していない．したがって，$\xi^\mu_{(t)} := \partial x^\mu / \partial t$ がキリングベクトルを与える．このキリングベクトル $\xi^\mu_{(t)}$ に付随した運動の恒量が $\mu \xi_\mu u^\mu = -E$ である．無限遠方では線素がミンコフスキー時空の線素に一致することから E は，無限遠方の観測者が見た保存する粒子のエネルギーである．

事象の地平線の外で，この粒子の保存するエネルギーが負になり得る時空領域が存在するとき，その領域を**エルゴ領域**と呼ぶ．通常，$\xi^\mu_{(t)}$ は時間的なベクトルである．したがって，同じく時間的なベクトルである粒子の4元速度ベクトル u^μ との内積は，両者が共に未来方向を向いた光円錐内にある限り負である．このことは，$\xi^\mu_{(t)} = (1, 0, 0, 0)$ となる局所慣性系で考えてみれば，明らかであろう．しかし，$\xi^\mu_{(t)}$ が空間的なベクトルとなる場合には，任意の未来向き4元速度ベクトル u^μ との内積は正にも負にもなりえる．これも，先ほどと同様に $\xi^\mu_{(t)} = (0, 0, 0, 1)$ となる局所慣性系で考えれば明らかである．

キリングベクトルのノルム $g_{\mu\nu}\xi^\mu_{(t)}\xi^\nu_{(t)}$ はボイヤー・リンキスト座標における計量テンソルの成分 g_{tt} で与えられる．したがって，キリングベクトル $\xi^\mu_{(t)}$ が空間的である条件は，$g_{tt} > 0$ で与えられる．この条件は $\Sigma - 2Mr = \Delta - a^2 \sin^2\theta < 0$ と書き換えられるので，結局，エルゴ領域は

$$r_+ < r < M + \sqrt{M^2 - a^2 \cos^2\theta} \tag{7.20}$$

の範囲に広がっていることがわかる．

エネルギーが負の粒子が存在できるということは，粒子が負のエネルギーを持つ粒子と分裂することで，もう一方の正のエネルギーを持つ粒子は，元の粒子の持っていたエネルギーよりも大きなエネルギーを持ち得る．このような物理過程を**ペンローズ過程** (Penrose process) と呼ぶ．

時間座標に付随したキリングベクトルである $\xi^\mu_{(t)}$ が空間的になることはある

が，カー時空の事象の地平線の外側において，$t = $ 一定面は常に空間的であり，時間の未来向きが曖昧になることはない．このことを示すには，$t = $ 一定面に垂直なベクトル $t_\mu = \partial t / \partial x^\mu$ に着目すればよい．このベクトルのノルムは，

$$g^{\mu\nu} t_\mu t_\nu = g^{tt} = -\frac{1}{c^2 \Delta}\left(r^2 + a^2 + \frac{2a^2 Mr}{\Sigma}\sin^2\theta\right) \tag{7.21}$$

であり，$r > r_+$ のとき，すなわち，$\Delta > 0$ のとき，常に負である.

以上のことから，エルゴ領域においてブラックホールの回転と同じ方向に粒子は回転せざるを得ないことが以下のように示される．(7.1) 式で与えられる線素の中で $dt\, d\varphi$ に比例する項以外はエルゴ領域内ですべて正である．したがって，4 元速度が時間的，あるいは，光的であるには $d\varphi / dt > 0$ である必要がある．未来向きに運動する粒子は事象の地平線の外では常に $dt / d\tau > 0$ であるので，これより $d\varphi / d\tau > 0$ が結論される.

事象の地平線を与える $r = r_+$ 直上では (7.4) 式の中で $g_{\mu\nu} u^\mu u^\nu$ に対して唯一負の寄与を与える項である第一項が 0 になる．そのため，$dx^\mu / d\tau$ が時間的，あるいは，光的であるためには，他の項もすべて 0 になる必要がある．これより，

$$\frac{d\varphi}{dt} = \frac{ca}{r_+^2 + a^2} = \frac{ca}{2Mr_+} =: \Omega_H \tag{7.22}$$

が導かれる．すなわち，あらゆる物体の運動の回転速度が事象の地平線上では定められた値を取る以外にありえない．したがって，この回転角速度 Ω_H は**事象の地平線の回転角速度**とみなすことができる.

§7.5 ブラックホール熱力学

カー解は 2 つのキリングベクトル $\xi_{(t)}^\mu$, $\xi_{(\varphi)}^\mu$ を持つが，その線形結合もキリングベクトルになる．したがって，パラメータ Ω でラベルされたキリングベクトルの 1 パラメータ族

$$\xi^\mu = \xi_{(t)}^\mu + \Omega \xi_{(\varphi)}^\mu \tag{7.23}$$

を持つ．これらのキリングベクトルは

$$\frac{\partial t}{\partial x^\mu} \xi^\mu = 1 \tag{7.24}$$

となるように規格化されている．これらのキリングベクトルの中で事象の地平線上でヌルになるキリングベクトルが存在する．(7.6)式を見ると，

$$\Omega = \Omega_H \tag{7.25}$$

と選べば，地平線上で

$$\xi^\mu \to \frac{c\sqrt{\Delta\Sigma}}{r_+^2 + a^2} e_{(0)}^\mu \tag{7.26}$$

となり，$\xi^\mu \xi_\mu = 0$ であることが読み取れる．

$\xi^\mu \xi_\mu$ を計算すると，

$$
\begin{aligned}
\xi^\mu \xi_\mu &= -(\xi^\mu e_\mu^{(0)})^2 + (\xi^\mu e_\mu^{(1)})^2 \\
&= -\frac{\Delta}{\Sigma}(c - a\Omega_H \sin^2\theta)^2 + \frac{\sin^2\theta}{\Sigma}(ac - (r^2 + a^2)\Omega_H)^2
\end{aligned}
\tag{7.27}
$$

となる．事象の地平線周りで展開したとき第 1 項は $O(r - r_+)$ で負，第 2 項は $O\left((r - r_+)^2\right)$ であるので，ξ^μ は事象の地平線近傍では時間的である．一方で，事象の地平線から十分離れたところでは ξ^μ は $\xi_{(\varphi)}^\mu$ の項が支配的になるので空間的である．$-\xi^\mu \xi_\mu = 0$ が事象の地平線を与えるので，$(-\xi^\mu \xi_\mu)_{,\alpha}$ は事象の地平線に垂直なベクトルである．ヌル超曲面である事象の地平線に垂直なベクトルはヌル超曲面に沿う方向のヌルベクトルであるが，それは ξ^μ に他ならない．したがって，事象の地平線上では

$$(-\xi^\mu \xi_\mu)_{,\alpha} = \frac{2\kappa}{c}\xi_\alpha \tag{7.28}$$

が成り立つ．ここで導入した定数 κ は**表面重力** (surface gravity) と呼ばれる．

(7.27)式から，

$$\lim_{r \to r_+} (-\xi^\mu \xi_\mu)_{,\alpha} = \left. \frac{c^2(1 - ac^{-1}\Omega_H \sin^2\theta)^2}{\Sigma}\Delta_{,\alpha} \right|_{r=r_+} \tag{7.29}$$

と求まり，ξ_μ は事象の地平線上では r-成分のみを持つことになり，$\xi^\mu = \xi_{(t)}^\mu + \Omega_H \xi_{(\varphi)}^\mu$ であることと一見矛盾しているように見えるのは，計量テンソルが縮退しているせいである．

κ が表面重力と呼ばれるのは，$u^\mu = c\xi^\mu / \sqrt{-\xi^\nu \xi_\nu}$ の 4 元速度を保って運動をする物体にはたらく加速度に由来する．単位静止質量をもつ物体を考える

と，加速度 a^μ は通常単位固有時間あたりの運動量変化である．しかし，ここでは遠方の何者かが運動量を与えると仮想的に考え，単位座標時間あたりに必要とされる運動量変化 $\tilde{a}^\mu$ を求めると，

$$\tilde{a}^\mu = \frac{u^\nu u^\mu_{;\nu}}{u^t} = \frac{c\xi^\nu \xi^\mu_{;\nu}}{\sqrt{-\xi^\alpha \xi_\alpha}} + \frac{c\xi^\mu \xi^\nu \xi^\beta \xi_{\beta;\nu}}{(-\xi^\alpha \xi_\alpha)^{3/2}} = \frac{c(-\xi^\nu \xi_\nu)^{;\mu}}{2\sqrt{-\xi^\alpha \xi_\alpha}} \tag{7.30}$$

となる．ここで，最後の等号ではキリング方程式 $\xi_{\beta;\nu} + \xi_{\nu;\beta} = 0$ を用いた．この表式の $r \to r_+$ の極限をとると，(7.28)式を用いることができ

$$\lim_{r \to r_+} \tilde{a}^\mu = \lim_{r \to r_+} \kappa \frac{\xi^\mu}{\sqrt{-\xi^\alpha \xi_\alpha}} \tag{7.31}$$

となる．ここから，$r \to r_+$ の極限での $\tilde{a}^\mu$ の大きさが表面重力 κ と等しいことがわかる．この $\tilde{a}^\mu$ の大きさを (7.30)式に (7.27)式と (7.29)式を用いて具体的に見積もり，$r \to r_+$ の極限をとると，

$$\kappa = \lim_{r \to r_+} |\tilde{a}^\mu| = \lim_{r \to r_+} \frac{c^2 |\Delta_{,\mu}|(1 - ac^{-1}\Omega_H \sin^2\theta)^2}{2\Sigma\sqrt{(1 - ac^{-1}\Omega_H \sin^2\theta)^2 \Delta/\Sigma}} = \frac{c^2\sqrt{M^2 - a^2}}{2Mr_+} \tag{7.32}$$

となる (章末問題 4)．

　一方で，事象の地平線の面積 A を $t = $ 一定，$r = r_+$ の球面の面積として定義する．この球面の線素は

$$ds^2 = \Sigma d\theta^2 + \frac{(r_+^2 + a^2)^2}{\Sigma} \sin^2\theta d\varphi^2 \tag{7.33}$$

で与えられるので，面積 A は

$$A = 4\pi(r_+^2 + a^2) = 8\pi Mr_+ \tag{7.34}$$

と容易に求まる．独立な変数として，M^2 と $\hat{J} := J/c = Ma$ を選ぶと

$$\frac{A}{8\pi} = M^2 \left(1 + \sqrt{1 - \frac{\hat{j}^2}{M^4}}\right) \tag{7.35}$$

であるので，ここから，

$$\frac{dA}{8\pi} = \frac{\partial(A/8\pi)}{\partial M^2} dM^2 + \frac{\partial(A/8\pi)}{\partial \hat{J}} d\hat{J} = \frac{c^2}{2\kappa M} dM^2 - \frac{c\Omega_H}{\kappa} d\hat{J} \tag{7.36}$$

が計算できる. これは

$$d(Mc^2) = \frac{\kappa}{2\pi} d\left(\frac{A}{4}\right) + \Omega_H dJ \tag{7.37}$$

の形に書き換えるられる. $c^4 M/G_N$ をエネルギー, $c^{-1}\hbar\kappa/2\pi k_B$ を温度, $c^3 k_B A/4\hbar G_N$ をエントロピーとみなすと熱力学第一法則と類似の関係になっており, **ブラックホール熱力学第一法則** (the first law of black hole thermodynamics) と呼ばれる. $c^2 M/G_N$, および, $c^2 J/G_N$ がそれぞれブラックホールの質量と角運動量であったことに注意しておく.

(7.36)式において, $M \to \alpha M$, $J \to \alpha^2 J$ と置き換えるようなスケール変換を考える. このとき, $A \to \alpha^2 A$, $\kappa \to \kappa/\alpha$, $\Omega_H \to \Omega_H/\alpha$ と変換する. この変換に対しても (7.37)が成立することから, 積分形の式

$$Mc^2 = 2\Omega_H J + \frac{\kappa A}{4\pi} \tag{7.38}$$

が得られる. これは**スマーの公式** (Smarr's formula) と呼ばれる.

$c^4 M/G_N$ をエネルギーとみなす点はよいとしても, $c^{-1}\hbar\kappa/2\pi k_B$ を温度, $c^3 k_B A/4\hbar G_N$ をエントロピーとみなす対応関係は (7.37)式のみからは明らかではない. しかし11章で述べるように, ブラックホール時空中で量子場を考えると, ブラックホールが $c^{-1}\hbar\kappa/2\pi k_B$ の温度を持つ黒体として放射を起こすことがわかる. また, ここでは証明は与えないがブラックホールの面積 A は物質場が任意のヌルベクトル k^μ に対して $T_{\mu\nu}k^\mu k^\nu > 0$(光的エネルギー条件 (null energy condition)) を満たす限り増大するというエントロピーと類似の性質があることが示される. この事実は**ブラックホール熱力学第二法則** (the second law of black hole thermodynamics) と呼ばれる.

□章末コラム　超放射

　本文中でペンローズ過程というブラックホール回転エネルギーを引き抜く過程を説明したが，物質場の波を考えても回転エネルギーの引き抜きが可能である．物質場として簡単のためにスカラー場 ϕ を考えることにする．カー時空の対称性から $\phi = e^{-i\omega t + im\varphi}\hat{\phi}(r,\theta)$ のように変数分離した解を考えることが可能である．このとき，$0 < \omega < m\Omega_H$ を満たすイベントホライズンに向かう波は反射される波の方が入射波よりも振幅が大きくなる．これが**超放射** (superradiance) と呼ばれる現象である．ここで Ω_H は (7.22)式で定義されたブラックホールの回転速度である．波のパターンが回転する速度が ω/m であることから，$0 < \omega < m\Omega_H$ の条件は，パターンの回転速度がブラックホールの回転速度以下であれば，物質波がブラックホールから回転エネルギーを引き抜くことができることを表している (章末問題5)．

　この現象は物質場が質量 μ を持っている場合により面白い現象を引き起こす．質量を持った場の $\omega < \mu c^2/\hbar$ を満たす低振動数成分は重力的に束縛される．したがって，ブラックホールによって反射された波は再びブラックホールへ向かう入射波となり，増幅を受けた反射波を生成する．この過程を繰り返すことにより物質場の持つエネルギーは指数関数的に増大する．その結果，ブラックホール周辺に物質場の雲を形成すると考えられる．しかしながら，実際には質量 $\mu M/M_{\mathrm{pl}}^2 < O(1)$ の条件を満たさないと雲は形成されない．なぜなら，ω は $\mu c^2/\hbar$ より重力的な束縛エネルギーの分だけ小さな値を取り得るが，大きく下回ることはできないので，超放射の条件を満たすためには $\mu M/M_{\mathrm{pl}}^2 \approx O(1)$ を満たさなければならない．一方，この条件は太陽質量を代入すると μc^2 が 10^{-12}eV 程度となる質量を持つ粒子でなければ超放射による雲を形成しないことになる．ここではスカラー場を例に出したが，ボゾン場であればどのような場でも超放射を起こす．フェルミオン場の場合には排他原理がはたらくために増幅がおこらない．ボゾン場で，そのような質量を持つ場は素粒子の標準模型には含まれていない．しかしながら，超弦理論からはそのような軽い粒子で標準模型の場と弱くしか相互作用しないものが存在していてもおかしくないと考えられている．

問題1　ボイヤー・リンキスト座標で表したカー時空の計量テンソルの上付き成分 $g^{\mu\nu}$ を具体的に書き下せ.

問題2　ミンコフスキー時空の線素を

$$x = \sqrt{r^2 + a^2}\sin\theta\cos\varphi, \qquad y = \sqrt{r^2 + a^2}\sin\theta\sin\varphi, \qquad z = r\cos\theta$$

で定義される楕円体座標 $\{t, r, \theta, \varphi\}$ で表せ. これが, (7.1)において $a \to 0$ としたものと一致することを確かめよ.

問題3　カーター定数 Q を $K_{\mu\nu}u^\mu u^\nu$ の形に表したとき, $K_{\mu\nu} = r^2 g_{\mu\nu} + \Sigma(e_\mu^{(0)}e_\nu^{(0)} - e_\mu^{(2)}e_\nu^{(2)})$ と与えられることを確かめよ. この2階対称テンソルが, $K_{(\mu\nu;\rho)} = 0$ を満たすことを示せ. このような対称テンソルは**キリングテンソル** (Killing tensor) と呼ばれる.

問題4　(7.32)式の最後の等号を示せ.

問題5*　カー時空中の質量を持たないスカラー場を考える.
(1) $\phi = \exp(-i\omega t + im\varphi)R(r)\Theta(\theta)$ と与えられたとして, $R(r)$, および, $\Theta(\theta)$ の満たすべき方程式を書き下せ.
(2) $R(r)$ の漸近形が $r^* := \int dr(r^2 + a^2)/\Delta$ として

$$R(r) = \begin{cases} \dfrac{1}{r}\left[e^{-i\omega r/c} + \mathcal{R}e^{i\omega r/c}\right], & (r \to \infty), \\[2mm] \mathcal{T}e^{-ikr^*}, & (r^* \to -\infty) \end{cases}$$

と与えられるとき, k の符号に注意して $|\mathcal{T}|$ と $|\mathcal{R}|$ の間に成り立つ関係を求めよ.
(3) 上記の漸近形において, 波の伝播方向が r の減少する方向であるという条件の下で k を ω, m などを用いて表せ.

第8章　重力波

　重力波は与えられたなめらかな背景時空の周りに立つ計量テンソルの摂動である．重力波の生成・伝搬は電磁波とよく似ているが，一般相対論の非線形性に特有の難しさもある．

§8.1　重力波の伝播

　計量テンソルの摂動である**重力波** (gravitational waves) の伝播について調べよう．簡単のために，背景時空としてはミンコフスキー時空を考える．$h_{\mu\nu}$ を計量テンソルの摂動として，計量テンソルは

$$g_{\mu\nu} = \eta_{\mu\nu} + h_{\mu\nu} \tag{8.1}$$

で与えられる．4章で弱い重力場の近似としておこなったように，

$$\psi_\mu{}^\nu = h_\mu{}^\nu - \frac{1}{2}\delta_\mu{}^\nu h \tag{8.2}$$

を導入し，座標条件として，

$$\psi_\mu{}^\nu{}_{,\nu} = 0 \tag{8.3}$$

を課すと，真空のアインシュタイン方程式 $G_{\mu\nu} = 0$ は，$h_{\mu\nu}$ に関して線形の項のみを残す近似で，(4.8) 式より

$$\frac{1}{2}\Box\psi_{\mu\nu} = 0 \tag{8.4}$$

となる．ここで，$\Box = \eta^{\alpha\beta}\partial_\alpha\partial_\beta = \Delta - c^{-2}\partial_t^2$ で，**ダランベール演算子** (d'Alembertian) と呼ばれる．(8.4)式は，真空中の電磁波の伝播の方程式と酷似している．違いは，電磁波の場合にはベクトルポテンシャルに対する方程式であるのに対し，重力波の場合には計量の摂動という2階対称テンソルに対する方程式である点と，この方程式がアインシュタイン方程式を線形近似した際に得られる近似的な方程式である点である．

まずは簡単な場合として平面重力波を考える. すなわち, $\hat{\psi}_\mu{}^\nu$ を成分が定数のテンソルとして, 計量の摂動が

$$\psi_\mu{}^\nu = \hat{\psi}_\mu{}^\nu e^{ik_\mu x^\mu}. \tag{8.5}$$

の形で与えられると仮定して解を求める. この仮定のもとで, (8.3) 式は

$$\hat{\psi}_\mu{}^\nu k_\nu = 0. \tag{8.6}$$

となり, (8.4) 式は

$$k_\nu k^\nu = 0. \tag{8.7}$$

となる. (8.7) 式から, 重力波が光速で伝播することがわかる.

ここで, 座標条件 (8.3) は完全に座標を固定しないことに注意しておく. 摂動の議論において, 座標条件を固定することをしばしば**ゲージ固定** (gauge fixing) と呼ぶ. 完全に座標を固定しないゲージ固定を不完全なゲージ固定と表現する. この不完全さは, 具体的な座標変換

$$\bar{x}^\mu = x^\mu + \xi^\mu \tag{8.8}$$

を考えると理解できる. 元の $\{x^\mu\}$ の座標系での計量の摂動を $h_{\mu\nu}$, 変換後の $\{\bar{x}^\mu\}$ の座標系での計量の摂動を $\bar{h}_{\mu\nu}$ と表す. すると, 変換前後の変数は線形近似の範囲で互いに

$$\delta h_{\mu\nu} := \bar{h}_{\mu\nu} - h_{\mu\nu} = -\xi_{\mu,\nu} - \xi_{\nu,\mu} \tag{8.9}$$

の関係で結びつく. この関係を $\psi_{\mu\nu}$ と, その変換後の量である $\bar{\psi}_{\mu\nu}$ の間の関係に焼き直すと,

$$\delta\psi_{\mu\nu} \equiv \bar{\psi}_{\mu\nu} - \psi_{\mu\nu} = -\xi_{\mu,\nu} - \xi_{\nu,\mu} + \eta_{\mu\nu}\xi^\rho{}_{,\rho} \tag{8.10}$$

となる. $\psi_{\mu\nu}$ と, $\bar{\psi}_{\mu\nu}$ の双方が座標条件 (8.3) を満たしているならば, その差も同じ条件を満たすはずであることから,

$$0 = \left(\delta\psi_\mu{}^\nu\right)_{,\nu} = -\Box\xi_\mu \tag{8.11}$$

が導かれる. $\hat{\xi}_\mu$ を任意の定数ベクトルとして, 微小座標変換の生成子 (generator) ξ^μ を

$$\xi_\mu = i\hat{\xi}_\mu e^{ik_\rho x^\rho}, \tag{8.12}$$

と選べば，(8.11) 式を満たすので，変換後に得られる $\bar{\psi}_{\mu\nu}$ も (8.3) 式の座標条件を満たす．

$\hat{\xi}^\mu$ を適切に選ぶことで，一般に，

$$\bar{\psi} = \bar{\psi}^\mu{}_\mu = 0, \tag{8.13}$$

$$\bar{\psi}_{0i} = 0 \tag{8.14}$$

とできる．実際，(8.13) 式，(8.14) 式の条件は

$$\delta\psi = -2\hat{\xi}^\mu k_\mu e^{ik_\rho x^\rho}, \qquad \delta\psi_{0i} = (\hat{\xi}_0 k_i + \hat{\xi}_i k_0)e^{ik_\rho x^\rho} \tag{8.15}$$

より，やや不正確ではあるが，行列表記をすると

$$\begin{pmatrix} k_0 & k_j \\ k_i & -k_0 \times \mathbf{1} \end{pmatrix} \begin{pmatrix} \hat{\xi}^0 \\ \hat{\xi}^j \end{pmatrix} = \begin{pmatrix} -\dfrac{1}{2}\hat{\psi} \\ -\hat{\psi}_{0i} \end{pmatrix} \tag{8.16}$$

となるが，左辺の行列の行列式は $-k_0^4 - k_0^2 k^j k_j = -2k_0^4 \neq 0$ であるので，逆行列が存在し $\hat{\xi}^\mu$ は解を持つ．

ここで，各波数 k^μ を持つ平面波の物理的な自由度の数を数える．(8.6) 式，(8.13) 式，(8.14) 式は 10 個の計量の成分に対して 8 個の条件を与える．したがって，$10 - 8 = 2$ 成分が物理的な自由度に対応する．より具体的に見るために，x-方向に波が伝播する場合に限り，$\bar{h}_{\mu\nu}$ の表式を書き下すと，

$$\bar{h}_{\mu\nu} = \bar{\psi}_{\mu\nu} = \begin{pmatrix} 0 & 0 & 0 & 0 \\ 0 & 0 & 0 & 0 \\ 0 & 0 & h_+ & h_\times \\ 0 & 0 & h_\times & -h_+ \end{pmatrix} \tag{8.17}$$

となる．ここで，最初の等号が成立するのは $\bar{\psi} = 0$ となる座標系を選んだからである．5.5 節で議論した重力場の 4 つの自由度は自由に選べる初期条件の数であり，ここでの h_+，$h_\times$ および，その時間微分 $\dot{h}_+$，$\dot{h}_\times$ に対応する．

§8.2 重力波のエネルギー

電磁波が伝播すると，そこにはエネルギーの流れが介在する．重力波の場合にも同様にエネルギーの流れが存在すると期待されるが，その意味するところ

は多少曖昧さを持つ．まず，エネルギーの流れという概念を定義するには，保存するエネルギーの存在が必要である．保存するエネルギーが存在するからこそ，そのエネルギーをある領域から別の領域へ移す移動として，エネルギーの流れが定義できる．したがって，ここでの主眼は「保存するエネルギーが定義できるかどうか，できるとすればそれはどう定義されるのか」である．

この節での議論は一般性を保つよう，背景時空をミンコフスキー時空に限らず，一般の計量テンソル $g_{\mu\nu}$ で与えられるものとする．ただし，この摂動を受けていない計量テンソル $g_{\mu\nu}$ は $T_{\mu\nu} = 0$ の真空解であるとする．計量テンソルに対する摂動を $h_{\mu\nu}$ とし，摂動を受けた後の時空の計量テンソルを

$$\tilde{g}_{\mu\nu} = g_{\mu\nu} + h_{\mu\nu}. \tag{8.18}$$

と表す．

アインシュタイン方程式 $G_{\mu\nu} = \dfrac{8\pi G_N}{c^4} T_{\mu\nu}$ を摂動量に関して展開する．まず，$G_{\mu\nu}$ を $h_{\mu\nu}$ に関して

$$G_{\mu\nu} = \overset{[0]}{G}_{\mu\nu} + \overset{[1]}{G}_{\mu\nu}(h) + \overset{[2]}{G}_{\mu\nu}(h,h) + \cdots \tag{8.19}$$

と展開する．ここで，[0], [1], [2] は $h_{\mu\nu}$ に関する次数を表す．また，$\overset{[2]}{G}_{\mu\nu}(h,h)$ は h に関して 2 次であるので，引数を 2 つ書いている．摂動を受けた計量 $\tilde{g}_{\mu\nu}$ に関する共変微分を $\tilde{\nabla}$ で表し，$g_{\mu\nu}$ に関する共変微分を ∇，あるいは，セミコロン "；" で表し，区別する．ビアンキの恒等式 (2.50) を縮約して得られる関係式 $\tilde{\nabla}_\nu G_\mu{}^\nu = 0$ に関して，同様の $h_{\mu\nu}$ に関する展開をおこなうと，恒等式

$$0 = \tilde{\nabla}_\rho \left(\overset{[0]}{G}_{\mu\nu} + \overset{[1]}{G}_{\mu\nu}(h) + \cdots \right) (g^{\nu\rho} - h^{\nu\rho} + \cdots) = \overset{[1]}{G}_\mu{}^\nu{}_{;\nu} + \cdots \tag{8.20}$$

を得る．ここで添字の上げ下げは $\tilde{g}_{\mu\nu}$ ではなく $g_{\mu\nu}$ でおこなう約束とした．例えば，$h^{\mu\nu} = g^{\mu\rho} g^{\nu\sigma} h_{\rho\sigma}$ である．また，中辺の表式を得るために，$\tilde{g}^{\mu\nu} = g^{\mu\nu} - h^{\mu\nu} + h^{\mu\rho} h_\rho{}^\nu \cdots$ であることを用いた．実際に，$g^{\mu\nu} g_{\nu\sigma} = \delta^\mu_\sigma$ となることを確かめることは容易である．(8.20) 式の 2 つ目の等号では，背景時空が真空解であることから $\overset{[0]}{G}_{\mu\nu} = 0$ が成り立つことを用いた．

逐次的に解を求めることを考え，新たに微小パラメータ ϵ を導入し，$h_{\mu\nu}$ をさらに ϵ の次数に応じて

$$h_{\mu\nu} = \overset{(1)}{h}_{\mu\nu} + \overset{(2)}{h}_{\mu\nu} + \cdots \tag{8.21}$$

と展開する．ここで，(1), (2) は ϵ の次数を表す．実際の解の構成では，低い次数から順に決定していくことになる．$O(\epsilon^2)$ までのアインシュタイン方程式を書くと，

$$\overset{[1]}{G_{\mu\nu}}(\overset{(1)}{h}) + \overset{[1]}{G_{\mu\nu}}(\overset{(2)}{h}) + \overset{[2]}{G_{\mu\nu}}(\overset{(1)}{h}, \overset{(1)}{h}) + O(\epsilon^3) = \frac{8\pi G_N}{c^4} T_{\mu\nu} \tag{8.22}$$

が得られる．この表式に ∇^μ を作用させると，(8.20) 式のおかげで第 1 項と第 2 項が寄与しないことがわかり，

$$\left[T_\mu{}^\nu - \frac{c^4}{8\pi G_N} \overset{[2]}{G_\mu}{}^\nu(\overset{(1)}{h}, \overset{(1)}{h}) \right]_{;\nu} = O(\epsilon^3) \tag{8.23}$$

を得る．背景時空上のテンソルとして，保存則を満たすテンソルが得られたことになる．上式の $[\cdots]$ 内の量が，$g_{\mu\nu}$ で与えられる非摂動背景時空上で保存する有効エネルギー運動量テンソルとみなすことができる．この有効エネルギー運動量テンソルは通常の物質のエネルギー運動量テンソルに加えて，計量の摂動の 2 次の項からなる．後者を

$$\overset{(G)}{T_\mu}{}^\nu \approx -\frac{c^4}{8\pi G_N} \overset{[2]}{G_\mu}{}^\nu(\overset{(1)}{h}, \overset{(1)}{h}), \tag{8.24}$$

と定義し，重力摂動による有効エネルギー運動量テンソルとみなす．ここで考えた重力摂動は必ずしも波として伝播する重力波成分のみを指すわけではなく，与えられた背景時空からのすべての摂動を含むものだが，重力波を放出する物質分布から遠く離れた位置では，重力波の有効エネルギー運動量テンソルとみなすことができる．

　物質場のエネルギー運動量テンソルと重力場のエネルギー運動量テンソルをあわせた保存する有効エネルギー運動量テンソルは

$$\mathcal{T}_{\mu\nu} := T_{\mu\nu} + \overset{(G)}{T}_{\mu\nu} \tag{8.25}$$

で与えられ，$\mathcal{T}_{\mu\nu}{}^{;\nu} = 0$ を満たす．しかし，このような共変微分で書かれた保存則の存在だけでは，保存するエネルギーを定義する上で不十分である．もし，このような共変微分で書かれた保存則で十分であるならば，そもそも有効エネルギー運動量テンソルを導入しなくても，物質場のエネルギー運動量テン

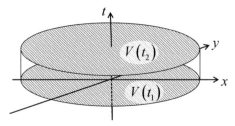

図 8.1 積分形の保存則を導くための積分領域

ソルが $\tilde{\nabla}_\mu T^{\mu\nu} = 0$ を満たしていたのである．保存するエネルギーが存在するかどうかは，微分形の保存則を積分形に書き換えることができるかどうかを考えてみればよい．もし，$J^\mu_{;\mu} = 0$ を満たす保存するカレント J^μ が存在するならば，この表式を図 8.1 に示したような領域で積分し，

$$\int d^4x \sqrt{-g}\,\nabla_\mu J^\mu = \int d^4x\,\partial_\mu \sqrt{-g} J^\mu \tag{8.26}$$

であることから，通常のガウスの定理を用いることができる．結果を，

$$Q(t) = -\frac{1}{c}\int_{V(t)} d^3x \sqrt{q}\,n_\mu\,J^\mu \tag{8.27}$$

を定義して表すと，

$$Q(t_2) - Q(t_1) = -\int_{t_1}^{t_2} dt \int_{\partial V(t)} dS_i\,J^i \tag{8.28}$$

となる．ここで，$V(t)$ 上の誘導計量の行列式を q，また，$V(t)$ に垂直な未来向き単位ベクトルを n^μ とした．$dS^i := d\xi^1 d\xi^2 \sqrt{g^{(2)}}\,\hat{r}_i$ は考えている体積要素の 2 次元境界面 $\partial V(t)$ 上の面積要素を表し，境界面上の座標を $\{\xi^A\}$，誘導計量を $g^{(2)}_{AB}$ とし，境界面の外向き単位法線ベクトルを $\hat{r}^i$ とした．この表式は，保存量 Q の時間変化が，考えている領域 V の境界での流れによって決まることを意味する．

$\tilde{\nabla}_\mu \mathcal{T}^{\mu\nu} = 0$ には ν の添字が残っているために，同様の議論が成立しない．$\mathcal{T}^{\mu\nu}$ とベクトル場 V_ν の縮約，$J^\mu := \mathcal{T}^{\mu\nu} V_\nu$ を定義したとき，

$$J^\mu_{;\mu} = V_\nu \mathcal{T}^{\mu\nu}_{;\mu} + V_{\nu;\mu} \mathcal{T}^{\mu\nu} = V_{\nu;\mu} \mathcal{T}^{\mu\nu} \tag{8.29}$$

および，$\mathcal{T}^{\mu\nu}$ が $\{\mu, \nu\}$ の添字の入れ替えに対して対称であることから，

$$V_{\nu;\mu} + V_{\mu;\nu} = 0 \tag{8.30}$$

であれば，J^μ の保存則 $J^\mu_{;\mu} = 0$ が満たされる．(8.30)式は，6.2 節で導入したキリング方程式に他ならない．したがって，背景時空が定常や，軸対称などの対称性を持ち，キリングベクトルが存在する場合には，V^μ としてキリングベクトルを選ぶことで，積分形の保存則が導かれる．

一般に背景重力場が定常な場合，計量テンソルが時間座標 t に依存しない座標系を選ぶことができる．このとき，定常性に付随したキリングベクトルは $\xi^\mu_{(t)} = \partial x^\mu / \partial t$ である．したがって，$J^\mu = \xi^\nu_{(t)} \mathcal{T}_\nu^{~\mu} = \mathcal{T}_t^{~\mu}$ は保存する．体積 $V(t)$ 内のエネルギーを

$$E(t) = -\frac{1}{c} \int_{V(t)} d^3x \, \sqrt{q} \, n_\mu \, \mathcal{T}_t^{~\mu} \tag{8.31}$$

と定義すると，

$$E(t_2) - E(t_1) = -\int_{t_1}^{t_2} dt \int_{\partial V(t)} dS_i \, \mathcal{T}_t^{~i} \tag{8.32}$$

の形の積分形のエネルギー保存則を得る．多少繰り返しになるが，(8.32)式は「"エネルギー"の時間変化が考えている体積の境界を通過する"エネルギー流を"積分することで評価できる」ことを表す．背景時空の計量が軸対称性を持つ場合には，上記の議論で $\xi^\mu_{(t)}$ を $\xi^\mu_{(\varphi)} = \dfrac{\partial x^\mu}{\partial \varphi}$ に置き換えれば，対称軸方向の角運動量保存則が得られる．

次に，一般相対論の面白い性質として，上で定義した体積積分として表されている系のエネルギーが，実は表面積分で表せることを見る．摂動の2次までの精度でアインシュタイン方程式は，

$$\frac{8\pi G_N}{c^4} \mathcal{T}_\mu^{~\nu} = \overset{[1]}{G}_\mu^{~\nu}(\overset{(1)}{h}) + \overset{[1]}{G}_\mu^{~\nu}(\overset{(2)}{h}) = \overset{[1]}{G}_\mu^{~\nu}(h) \tag{8.33}$$

と表される．ここでは，$\overset{[0]}{G}_\mu^{~\nu} = 0$ の条件を課しているので，$\overset{[1]}{G}_\mu^{~\nu}(h)$ が，$h_{\mu\nu}$ の1次まで混合成分 $\tilde{G}_\mu^{~\nu}$ を展開することで定義された量であるのか，共変成分 $\tilde{G}_{\mu\nu}$ を展開することで定義された量であるのかに依存しない．

以下に示すように，背景時空が $R_{\mu\nu} = 0$ を満たす真空解の場合，リーマンテンソルと同じ対称性をもつ4階テンソル

$$K^{\mu\alpha\nu\beta} := \frac{1}{2}\left(g^{\mu\beta}\psi^{\nu\alpha} + g^{\nu\alpha}\psi^{\mu\beta} - g^{\mu\nu}\psi^{\alpha\beta} - g^{\alpha\beta}\psi^{\mu\nu} \right), \tag{8.34}$$

と任意のキリングベクトル ξ^μ を用いて反対称テンソル

$$F^{\mu\alpha} := K^{\mu\alpha\nu\beta}{}_{;\beta}\xi_\nu - K^{\mu\beta\nu\alpha}\xi_{\nu;\beta}\,, \tag{8.35}$$

を定義すると,

$$\overset{(1)}{G}{}^{\mu\nu}\xi_\nu = F^{\mu\alpha}{}_{;\alpha} = \frac{1}{\sqrt{-g}}\partial_\alpha\sqrt{-g}F^{\mu\alpha}\,, \tag{8.36}$$

が成立する. ここで, $\overset{(1)}{G}{}^{\mu\nu}$ は $G^{\mu\nu}$ の線形摂動部分を表す. (8.36)式の二つ目の等号は 2 階の反対称テンソルに対して一般に成り立つ恒等式である. (8.36) 式を (8.31)式に適用しガウスの定理を用いると, エネルギー E は表面積分に書き換えることができ,

$$E = -\frac{c^3}{8\pi G_N}\int_{\partial V} dS_i\,\sqrt{-g}\left[\xi_\nu K^{0i\nu\beta}{}_{;\beta} - \xi_{\nu;j}K^{0j\nu i}\right]\,, \tag{8.37}$$

を得る.

　以下に, (8.36) 式の最初の等号の導出を説明する. まず, (3.18) 式でみたようにクリストッフェル記号の 1 次の摂動は, テンソルであり,

$$\overset{[1]}{\Gamma}{}^\alpha_{\mu\nu}(h) = \frac{1}{2}\left(h^\alpha{}_{\mu;\nu} + h^\alpha{}_{\nu;\mu} - h_{\mu\nu}{}^{;\alpha}\right) \tag{8.38}$$

と与えられる. ここから, $R_{\mu\nu}$ の 1 次の摂動も, 背景時空上のテンソルであるとみなせるので, 局所慣性系で考えた後に, 微分を共変微分に置き換える処方で,

$$\begin{aligned}\overset{(1)}{R}{}_{\mu\nu} &= \overset{(1)}{\Gamma}{}^\alpha_{\mu\nu;\alpha} - \overset{(1)}{\Gamma}{}^\alpha_{\mu\alpha;\nu} \\ &= \frac{1}{2}\left(\psi^\alpha{}_{\nu;\mu\alpha} + \psi^\alpha{}_{\mu;\nu\alpha} - \psi_{\mu\nu}{}^{;\alpha}{}_{;\alpha} - \frac{1}{2}g_{\mu\nu}h^{;\alpha}{}_{;\alpha}\right)\end{aligned} \tag{8.39}$$

と計算される. 最後にアインシュタインテンソルを求めると

$$\begin{aligned}\overset{(1)}{G}{}_{\mu\nu} &= \overset{(1)}{R}{}_{\mu\nu} - \frac{1}{2}h_{\mu\nu}\overset{(0)}{R} - \frac{1}{2}g_{\mu\nu}\overset{(1)}{R}{}_{\rho\sigma}\,g^{\rho\sigma} \\ &= \frac{1}{2}\left(\psi^\alpha{}_{\nu;\mu\alpha} + \psi^\alpha{}_{\mu;\nu\alpha} - \psi_{\mu\nu}{}^{;\alpha}{}_{;\alpha} - g_{\mu\nu}\psi^{\alpha\beta}{}_{;\alpha\beta}\right) \\ &= \frac{1}{2}\left[\delta_\mu{}^\beta\psi_\nu{}^\alpha + \delta_\nu{}^\beta\psi_\mu{}^\alpha - g_{\mu\nu}\psi^{\alpha\beta} - g^{\alpha\beta}\psi_{\mu\nu}\right]_{;\beta\alpha} \\ &= K_\mu{}^\alpha{}_\nu{}^\beta{}_{;\beta\alpha} + \frac{1}{2}R_{\mu\lambda\alpha\beta}K_\nu{}^{\lambda\alpha\beta}\end{aligned} \tag{8.40}$$

となる. 最後の等号で

$$(\delta_\nu{}^{[\alpha}\psi_\mu{}^{\beta]})_{;\beta\alpha} = \psi_\mu{}^\beta{}_{;[\beta\nu]} = -R_{\rho\nu}\psi_\mu{}^\rho - R^\rho{}_{\mu\nu\beta}\psi_\rho{}^\beta = R_{\mu\lambda\alpha\beta}K_\nu{}^{\lambda\alpha\beta} \quad (8.41)$$

を用いた. これより, ξ^μ がキリングベクトル場であることを用いて,

$$\begin{aligned}
\overset{(1)}{G}{}^{\mu\nu}\xi_\nu &= \left(K^{\mu\alpha\nu\beta}{}_{;\beta}\xi_\nu\right)_{;\alpha} - K^{\mu\alpha\nu\beta}{}_{;\beta}\xi_{\nu;\alpha} + \frac{1}{2}R^\nu{}_{\lambda\alpha\beta}K^{\mu\lambda\alpha\beta}\xi_\nu \\
&= F^{\mu\alpha}{}_{;\alpha}\,.
\end{aligned} \quad (8.42)$$

が示される. ここで, 中辺の第2項を

$$-K^{\mu\alpha\nu\beta}{}_{;\beta}\xi_{\nu;\alpha} = -\left(K^{\mu\alpha\nu\beta}\xi_{\nu;\alpha}\right)_{;\beta} + K^{\mu\alpha\nu\beta}\xi_{\nu;\alpha\beta} \quad (8.43)$$

のように書き換えた上で, キリングベクトル場が満たす恒等式

$$\xi_{\nu;\alpha\beta} = R^\lambda{}_{\beta\alpha\nu}\xi_\lambda \quad (8.44)$$

を用いた.

再び背景時空がミンコフスキー時空の場合を考える. このとき, 上でおこなった一般論で

$$g_{\mu\nu} \to \eta_{\mu\nu}\,, \qquad\qquad ; \to ,\,, \quad (8.45)$$

の置き換えがおこなえる. エネルギー流バランスの式 (8.32) は

$$E(t_2) - E(t_1) = -r^2 \int_{t_1}^{t_2} dt \int d(\cos\theta) \int d\varphi\, \mathcal{T}_{tr}\,, \quad (8.46)$$

となる. また, 背景時空がミンコフスキー時空の場合には, $\xi_\mu = -c\delta^0{}_\mu$, $\xi_{\nu;j} = \xi_{\nu,j} = 0$ であり,

$$K^{0i0\beta}{}_{,\beta} = \frac{1}{2}\left(\psi^{ij}{}_{,j} - \psi^{00}{}_{,i}\right) = \frac{1}{2}\left(h_i{}^j{}_{,j} - h_j{}^j{}_{,i}\right) \quad (8.47)$$

となるため, エネルギー E の表式 (8.31) は

$$E = \frac{c^4}{16\pi G_N}\int_{\partial V} dS_i\left(h^{ij}{}_{,j} - h_j{}^{j,i}\right) \quad (8.48)$$

と単純化される.

(8.46)式の右辺に現れる $\mathcal{T}_{tr}$ は，その値を評価する遠方の領域が真空であるなら，純粋に重力波によるエネルギー運動量テンソル $\overset{(G)}{T_{\mu\nu}}$ を評価することになる．真空中 $(T_{\mu\nu}=0)$ では，$\overset{[1]}{G_{\rho\sigma}}\,(\overset{(1)}{h})=0$ であるので，2次までの近似で

$$\overset{[2]}{G_{\mu\nu}}=\overset{[2]}{R_{\mu\nu}}-\frac{1}{2}\eta_{\mu\nu}\overset{[2]}{R_{\rho\sigma}}\eta^{\rho\sigma}, \tag{8.49}$$

である．ここで2次のリッチテンソルの表式は

$$\overset{[2]}{R_{\mu\nu}}=\overset{[2]}{\Gamma}{}^{\alpha}{}_{\mu\nu,\alpha}-\overset{[2]}{\Gamma}{}^{\alpha}{}_{\mu\alpha,\nu}+\overset{[1]}{\Gamma}{}^{\alpha}{}_{\beta\alpha}\overset{[1]}{\Gamma}{}^{\beta}{}_{\mu\nu}-\overset{[1]}{\Gamma}{}^{\alpha}{}_{\beta\nu}\overset{[1]}{\Gamma}{}^{\beta}{}_{\mu\alpha} \tag{8.50}$$

と与えられる (章末問題2)．(8.50)式は複雑な表式だが，重力波の波長に比べて充分に長いスケールで平均化すると簡略化される．この平均化を $\langle\cdots\rangle$ の記号で表す．このとき，第1項，第2項のような $(\cdots)_{,\nu}$ の形の項は体積積分したとき表面項で書けるので，平均化する体積とその表面積の比で抑制され，無視できる．一方で，第3項は

$$\overset{[1]}{\Gamma}{}^{\alpha}{}_{\beta\alpha}=\frac{1}{2}h_{;\beta} \tag{8.51}$$

であるので，$h_{\mu\nu}$ がトレースレスになる座標条件を課せば，無視できる．その結果，(8.50)式において最後の項のみを考慮すればよい．

更に，$(\ )_{,\nu}$ の形の項が無視できることから，微分についても，$\langle A_{,\mu}B\rangle = -\langle AB_{,\mu}\rangle$ のような入れ替えが許される．座標条件 $h_{\mu}{}^{\nu}{}_{,\nu}=0$ が課されているとき，運動方程式(8.4)を考慮すると，微分の添字が縮約される場合，常に0になる．結局，$\overset{[2]}{R_{\mu\nu}}$ において，$\{\mu,\nu\}$ の添字が微分の添字になる項だけが残り，

$$\langle\overset{[2]}{R_{\mu\nu}}\rangle=-\frac{1}{4}\left\langle h^{\alpha}{}_{\beta,\mu}h^{\beta}{}_{\alpha,\nu}\right\rangle \tag{8.52}$$

が得られる．さらに，

$$\langle\eta^{\mu\nu}\overset{[2]}{R_{\mu\nu}}\rangle=\frac{1}{4}\left\langle h^{\alpha}{}_{\beta}\,\Box\,h^{\beta}{}_{\alpha}\right\rangle=0. \tag{8.53}$$

である．以上をまとめると

$$\overset{(G)}{T_{\mu\nu}}=\frac{c^4}{32\pi G_N}\left\langle h^{\alpha}{}_{\beta,\mu}h^{\beta}{}_{\alpha,\nu}\right\rangle \tag{8.54}$$

が得られる．

§8.3 重力波の発生と4重極公式

重力波の発生機構も，電磁気学における電磁放射との類推で理解できる．電場の源となる電荷の振動によって電磁波が放射されるのと同様に，重力場の源となる物質の振動によって，重力波が生成される．摂動の2次までの近似でアインシュタイン方程式 (8.33) は (4.8) 式を用いると

$$\Box \psi_{\mu\nu} = -\frac{16\pi G_N}{c^4} \mathcal{T}_{\mu\nu} \tag{8.55}$$

となる．$\mathcal{T}_{\mu\nu}$ には計量テンソルの摂動の2次の項 $\overset{(G)}{T}_{\mu\nu}$ も含まれている．この項と，物質場のエネルギー運動量テンソル $T_{\mu\nu}$ の大きさを，重力的に束縛された系において比較すると，

$$\mathcal{T}_{00} \approx T_{00}, \qquad O\left(\overset{(G)}{T}_{ij}\right) \approx O\left(\mathcal{T}_{ij}\right), \tag{8.56}$$

という関係が得られる (章末問題 3)．

(8.55) 式を遅延グリーン関数 (章末問題 4) を用いて積分すると，

$$\psi_{\mu\nu}(t, \boldsymbol{x}) = \frac{4 G_N}{c^4} \int \frac{\mathcal{T}_{\mu\nu}(t - |\boldsymbol{x} - \boldsymbol{x}'|/c, \boldsymbol{x}')}{|\boldsymbol{x} - \boldsymbol{x}'|} d^3 x' \tag{8.57}$$

となる．この表式を $r := |\boldsymbol{x}|$ が大きいとして展開することを考える．

$$|\boldsymbol{x} - \boldsymbol{x}'| = r - \frac{\boldsymbol{x} \cdot \boldsymbol{x}'}{r} + \cdots \tag{8.58}$$

を代入し，遠方で $1/r$ よりも早く減衰する項は無視し，源である $\mathcal{T}_{\mu\nu}$ の時間変化はゆっくりであるとして，時刻 $t - r/c$ の周りでテーラー展開すると，

$$\psi_{\mu\nu}(t, \boldsymbol{x}) = \frac{4 G_N}{c^4 r} \int d^3 x' \left[1 + \frac{\boldsymbol{x} \cdot \boldsymbol{x}'}{cr}\partial_t + \cdots\right] \mathcal{T}_{\mu\nu}(t - r/c, \boldsymbol{x}') \tag{8.59}$$

となる．ここで，系の典型的なサイズ，角振動数，速度をそれぞれ L, ω, v とすると，括弧 [ ] 内の第2項以下は

$$\frac{\boldsymbol{x} \cdot \boldsymbol{x}'}{cr}\partial_t \approx \frac{L\omega}{c} \approx \frac{v}{c} \tag{8.60}$$

と評価でき，非相対論的なゆっくりした運動では無視できる．

v/c を微小量とし，その最低次の時間微分をとると，$\{0,0\}$，および，$\{0,i\}$ 成分は

$$\frac{\partial}{c\,\partial t}\psi_{00} = \frac{4G_N}{c^3 r}\frac{\partial}{\partial t}\int d^3x'\,\rho = \frac{4G_N}{c^3 r}\frac{\partial M}{\partial t} = 0,$$

$$\frac{\partial}{c\,\partial t}\psi_{0i} = -\frac{4G_N}{c^4 r}\int d^3x'\,\mathcal{T}^0_{i,0} = \frac{4G_N M}{c^4 r}\int d^3x'\,\mathcal{T}^j_{i,j} = 0 \quad (8.61)$$

となる．ここでの等号は v/c の最低次で成り立つという意味である．ψ_{00} の式において，M は系の全質量であり，最後の等号は質量の保存である．ψ_{0i} の式において，$\int d^3x'\,\mathcal{T}^0_i$ が系の運動量であると考えると，この時間微分が 0 になるということは運動量の保存に対応する．この式の 2 つ目の等号では保存則 $\mathcal{T}^\mu_{i,\mu} = 0$ を用いて変形した．最後の等号では表面項に置き換えて，遠方で十分にはやく $\mathcal{T}^j_i$ が減衰すると仮定している．この仮定は重力波のエネルギー運動量テンソルは電磁波と同様に，遠方でも $\propto 1/r^2$ でしか減衰しないので，定常に重力波を出し続けている物質分布を考える場合には正しくないように見える．しかしながら，実際に重力波はエネルギーを外側に向けて運んでいるので，無限の過去から永久に重力波を放出し続けることはできない．つまり，過去にさかのぼると放出されていた重力波のエネルギー流速は小さくなり，やがて 0 にならなければならない．一方，時刻一定面に沿って r を大きくした点を考えたとき，その点を通過する重力波のエネルギー流速は，遠い過去に放出された重力波によって決まる．したがって，$r \to \infty$ の極限で $\mathcal{T}^j_i$ は減衰している．

遠方で源が十分早く 0 に近づき，定常であるので，$\partial_j\partial^j\psi_{0i} = 0$，および，座標条件 $\partial^j\psi_{0j} = 0$ を満たす．遠方で減衰するこれらの方程式の解は c^{jk} を反対称な定数行列として，$c^{jk}\partial_k(1/r) + O(r^{-3})$ である (章末問題5)．

$\{i,j\}$ 成分に関しても同様の理由で表面項は無視できることを用いて，

$$\int d^3x'\,\mathcal{T}^{ij} = \frac{1}{2}\int d^3x'\left(\partial_k\partial_l\,x'^i\,x'^j\right)\mathcal{T}^{kl}(\boldsymbol{x}')$$

$$= \frac{1}{2}\frac{d^2}{dt^2}\int d^3x'\,x'^i\,x'^j\,\rho(\boldsymbol{x}') \quad (8.62)$$

と変形できる．ここで，$\mathcal{T}^{tt} \approx c^{-2}T^{00} = \rho$ であることを用いた．四重極モーメント

$$I^{ij} := \int d^3x'\,x'^i\,x'^j\,\rho(\boldsymbol{x}') \quad (8.63)$$

を定義すると，

$$\psi^{ij} \approx \frac{2G_N}{c^4 r} \ddot{I}^{ij}\left(t - \frac{r}{c}\right) \tag{8.64}$$

となる．ここで，“ ˙ ”はd/dtを意味する．

$\partial_t \psi_{00} = 0$や$\partial_t \psi_{0i} = 0$の結果と(8.64)式は調和座標条件

$$\psi_\mu{}^\nu{}_{,\nu} = c^{-1}\psi_\mu{}^0{}_{,t} + \psi_\mu{}^j{}_{,j} = 0 \tag{8.65}$$

とは，以下に示すように矛盾はない．まず，(8.64)式のオーダーを評価する．$I^{ij} = O(ML^2)$であることから，$\ddot{I}^{ij} = O(Mv^2)$となり，結局，$\psi_{00} \approx 4G_N M/c^2 r$を用いると

$$\psi^{ij} \approx \left(\frac{v^2}{c^2}\right)\psi_{00} \tag{8.66}$$

である．一方で，遠方での重力波成分が(8.65)式を満たす条件を考えると，ψ_{00}，および，ψ_{0i}に$O(\psi^{ij})$の成分が必要とされる．これらは，$O((v/c)^2)$の項であり，ψ_{00}，および，ψ_{0i}の場合，それぞれ(8.59)式の括弧$[\cdots]$内の第3項，および，第2項に相当し，(v/c)の展開の高次として無視した項に含まれる．

次に，重力波として遠方に運ばれるエネルギーを評価する．外向き動径方向の単位ベクトル$\hat{r}^i = x^i/r$をもちいて，充分遠方での重力波の波数ベクトルは$k^\mu = (k, k\hat{r}^i)$で与えられる．すると，調和座標条件$\psi_\mu{}^\nu{}_{,\nu}$より，

$$\psi_{0i} = -\hat{r}^j \psi_{ji} \qquad \psi_{00} = \hat{r}^i \hat{r}^j \psi_{ij} \tag{8.67}$$

のように，$\psi_{\mu\nu}$の$\{i, j\}$空間成分が与えられれば，他の成分がわかる．トレースについては

$$\psi = \left(\delta^{ij} - \hat{r}^i \hat{r}^j\right)\psi_{ij} =: P^{ij}\psi_{ij} \tag{8.68}$$

である．ここで，P_{ij}は$\hat{r}^i$に垂直な2次元面($r = $一定の面)への射影演算子で，

$$P^{ij}\hat{r}_i = 0, \qquad P^{ij}\delta_{ij} = 2,$$
$$P^{im}P^{j\ell}\delta_{ij} = P^{m\ell}, \qquad P^{im}P^{j\ell}\delta_{ij}\delta_{m\ell} = 2 \tag{8.69}$$

の性質をもつ．

このようにして時間成分を補うことで得られた $\psi_{\mu\nu}$ はトレースレスではない. (8.54)式を用いるため, $\xi^0 \neq 0$, $\xi^i = 0$ のゲージ変換をおこない, $\psi = 0$ となるように変換する. (8.10) 式より

$$0 = \bar{\psi} = \psi + 2\xi^0{}_{,0} \tag{8.70}$$

であることから,

$$\xi^0{}_{,0} = -\frac{1}{2}\psi. \tag{8.71}$$

を満たすように ξ^0 を決定すれば $\bar{\psi} = 0$ となる. このとき, 再び (8.10) 式を用い, 変換後の h_{ij} は

$$\bar{h}_{ij} = \bar{\psi}_{ij} = \psi_{ij} - \frac{1}{2}\delta_{ij}\psi \tag{8.72}$$

となる. 変換後も調和座標条件は満たされるので, (8.67)の補完式は $\bar{\psi}_{\mu\nu}$ についても成立する.

以上より, (8.54) 式より, 重力波の伝播による外向きのエネルギー流速を表す $-\overset{(G)}{T}{}_{tr} = -\overset{(G)}{T}{}_{ti}\hat{r}^i$ の平均値は

$$-\left\langle \overset{(G)}{T}{}_{ti}\hat{r}^i \right\rangle = -\frac{n^i c^4}{32\pi G_N}\left\langle \dot{\bar{h}}{}^{\alpha}{}_{\beta}\bar{h}^{\beta}{}_{\alpha,i} \right\rangle = \frac{c^3}{32\pi G_N}\left\langle \dot{\bar{h}}{}^{\alpha}{}_{\beta}\dot{\bar{h}}^{\beta}{}_{\alpha} \right\rangle \tag{8.73}$$

を評価すればよい. ここに現れる, $\dot{\bar{h}}{}^{\alpha}{}_{\beta}\dot{\bar{h}}^{\beta}{}_{\alpha}$ という表式は,

$$\begin{aligned}
\dot{\bar{h}}{}^{\alpha}{}_{\beta}\dot{\bar{h}}^{\beta}{}_{\alpha} &= \left(\dot{\bar{h}}_{00}\right)^2 - 2\sum\left(\dot{\bar{h}}_{0i}\right)^2 + \sum\left(\dot{\bar{h}}_{ij}\right)^2 \\
&= \left[\hat{r}^i\hat{r}^j\hat{r}^\ell\hat{r}^m - 2\hat{r}^j\hat{r}^\ell\delta^{im} + \delta^{i\ell}\delta^{jm}\right]\dot{\bar{h}}_{ij}\dot{\bar{h}}_{m\ell} \\
&= P^{im}P^{j\ell}\dot{\bar{h}}_{ij}\dot{\bar{h}}_{m\ell} \\
&= \left(P^{im}P^{j\ell} - \frac{1}{2}P^{ij}P^{m\ell}\right)\dot{\psi}_{ij}\dot{\psi}_{m\ell} \\
&= \left(P^{im}P^{j\ell} - \frac{1}{2}P^{ij}P^{m\ell}\right) \\
&\quad \times \left(\dot{\psi}_{ij} - \frac{1}{3}\delta_{ij}\sum_p \dot{\psi}_{pp}\right)\left(\dot{\psi}_{m\ell} - \frac{1}{3}\delta_{m\ell}\sum_q \dot{\psi}_{qq}\right)
\end{aligned} \tag{8.74}$$

と書き換えられる．ここで，2 つ目の等号では (8.67) 式が $\bar{\psi}$ についても成り立つことを用いた．4 つ目の等号では (8.72) を，最後の等号では

$$\delta_{ij}\left(P^{im}P^{j\ell} - \frac{1}{2}P^{ij}P^{m\ell}\right) = 0 \tag{8.75}$$

の関係を用いた．したがって，(8.73) 式に (8.64) 式を適用し，

$$-\overset{(G)}{T}{}_{tr} = \frac{G_N}{8\pi c^5 r^2}\left(P^{im}P^{j\ell} - \frac{1}{2}\hat{r}^i\hat{r}^j\hat{r}^\ell\hat{r}^m\right)\ddot{\mathcal{I}}_{ij}\ddot{\mathcal{I}}_{\ell m} \tag{8.76}$$

を得る．ここで，

$$\mathcal{I}_{im} = I_{im} - \frac{1}{3}\delta_{im}\sum_p I_{pp} \tag{8.77}$$

は，四重極モーメントのトレースレス成分である．このエネルギー流速をあらゆる伝播方向に関して積分する．(8.76) の表式で $\mathcal{I}_{ij}$ は伝播方向 $\hat{r}^i$ に依存していないので，$\left(P^{im}P^{j\ell} - \frac{1}{2}\hat{r}^i\hat{r}^j\hat{r}^\ell\hat{r}^m\right)$ の因子を抜き出し立体角について積分すると，

$$\begin{aligned}
&\int d\Omega \left(P^{im}P^{j\ell} - \frac{1}{2}\hat{r}^i\hat{r}^j\hat{r}^\ell\hat{r}^m\right) \\
&= \int d\Omega \left[\frac{1}{2}\hat{r}^i\hat{r}^j\hat{r}^\ell\hat{r}^m - \hat{r}^i\hat{r}^m\delta^{j\ell} - \hat{r}^j\hat{r}^\ell\delta^{im} + \delta^{im}\delta^{j\ell}\right] \\
&= 4\pi\left[\frac{1}{30}\left(\delta^{im}\delta^{j\ell} + \delta^{ij}\delta^{m\ell} + \delta^{i\ell}\delta^{jm}\right) - \frac{2}{3}\delta^{im}\delta^{j\ell} + \delta^{im}\delta^{j\ell}\right]
\end{aligned} \tag{8.78}$$

となる．ここで，

$$\int d\Omega\, \hat{r}^i\hat{r}^j = \frac{4\pi}{3}\delta^{ij},$$
$$\int d\Omega\, \hat{r}^i\hat{r}^j\hat{r}^\ell\hat{r}^m = \frac{4\pi}{15}\left(\delta^{im}\delta^{j\ell} + \delta^{ij}\delta^{m\ell} + \delta^{i\ell}\delta^{jm}\right) \tag{8.79}$$

の関係式を用いた (章末問題 6)．さらに，(8.78) 式において，添字 $\{i, j\}$ に関する対称なトレースレス成分しか (8.76) 式に寄与しないことから，

$$\int d\Omega \left(P^{im}P^{j\ell} - \frac{1}{2}\hat{r}^i\hat{r}^j\hat{r}^\ell\hat{r}^m\right) \rightarrow 4\pi \times \frac{2}{5}\delta^{im}\delta^{j\ell} \tag{8.80}$$

と置き換えられる．したがって，(8.46) 式，および，(8.76) 式より，

$$\dot{E} = -r^2 \int d\Omega \overset{(G)}{T}_{tr} = -\frac{G_N}{5c^5} \dddot{I}_{ij} \dddot{I}^{ij} \tag{8.81}$$

を得る．この公式は重力波によるエネルギー放出率の**四重極公式** (quadrupole formula) と呼ばれる．

上記の議論で，定常性に起因するキリングベクトル $\xi^{\mu}_{(t)}$ を軸対称性に起因するキリングベクトル $\xi^{\mu}_{(\varphi)}$ に置き換えることで，角運動量の放出率に関する同様の公式を得ることもできそうであるが，それはうまくいかない．その理由はキリングベクトル $\xi^{\mu}_{(\varphi)}$ のノルム $|\xi^{\mu}_{(\varphi)}| := \sqrt{\eta_{\mu\nu}\xi^{\mu}_{(\varphi)}\xi^{\nu}_{(\varphi)}}$ が r に比例して増大することにある．上記の有効エネルギー運動量テンソルの導出において有限体積で平均化することで表面項が無視できることを用いた．その際，計量にかかった微分が常に波数に対応すると仮定していたが，$r \sim r + \Delta r$ の間の厚みをもった球殻内の $\overset{(G)}{T}_{\mu\nu}\xi^{\nu}_{(\varphi)}$ の平均の際には部分積分で $\xi^{\nu}_{(\varphi)}$ に微分がかかる項が無視できない．そこで，別の手法で $\dot{L}$ を簡便に導出する方法を紹介する．

ミンコフスキー時空を背景時空として，$v \ll c$ を満たしゆっくりと運動する物質にはたらく重力場として重要になる計量の成分は (4.16)式，および，(4.17)式で見たように g_{00} である．$g_{00} = -1 - \dfrac{2\phi(x)}{c^2}$ と表したとき，$\phi(x)$ の満たす方程式は (4.11)式で見たように，ポアッソン方程式

$$\Delta\phi = 4\pi G_N \rho \tag{8.82}$$

で記述される．物質にはたらく加速度は (4.18)式のようにニュートン重力の方程式と同じである．しかしながら，ニュートン重力において物質のエネルギーや角運動量は保存することを我々は知っている．では，このゆっくりとした運動の近似でどうして物質のエネルギーや角運動量の時間変化を記述できるのか．ここで現れた (8.82)のポアッソン方程式はゆっくりとした時間変化の近似によって導かれたものであって，本来は時間微分を伴う $\Box\phi = 4\pi G_N \rho$ である．時間微分の項が無視できるのは重力波の波長に比べて十分に小さな領域を考える場合に限られる．見かけは同じでもこの点がニュートン重力において現れるポアッソン方程式と決定的に異なる．(8.82)式が空間の小さな領域でのみ成立する方程式であることから，解に課すべき境界条件は非自明になり，解に斉次解

$$\phi_\text{斉} = \sum_n \frac{1}{n!} C_{i_1,\cdots,i_n}(t) x^{i_1} \cdots x^{i_n} \tag{8.83}$$

を足す自由度が生じる．ここで，$C_{i_1,\cdots,i_n}(t)$ はすべての添字の交換に対して対称で，任意の2つの添字間の縮約が0となる3次元対称トレースレステンソルである．このトレースレス条件は $\Delta\phi = 0$ より得られる．$C_{i_1,\cdots,i_n}(t)$ が時間に依存していても，ゆっくりと時間変化する限り解になる．$C_{i_1,\cdots,i_n}(t)$ が具体的にどう与えられるかを先に求めたエネルギー放出率の四重極公式から推測する．

四重極公式はその名が示すように物質場の四重極モーメント I_{ij} の時間変化によって生成される重力波によるエネルギーの輸送を表す公式である．したがって，$\phi_\text{斉}$ として I_{ij} で決まる四重極場

$$\phi_Q = -\sum_n \frac{1}{2} C_{ij}(t) x^i x^j \tag{8.84}$$

を考える．この四重極場 ϕ_Q によって引き起こされる物質場のエネルギーの変化は

$$\dot{E} = -\int \rho \boldsymbol{v} \cdot \nabla\phi_Q \, d^3x = -C_{ij} \int x^i v^j \rho \, d^3x = -\frac{1}{2} C_{ij} \dot{I}^{ij} \tag{8.85}$$

と与えられる．この表式は (8.81) の四重極公式と一見一致しないが，重力波のエネルギーは局在させられないことを考えると，長時間積分の結果が一致すればよいので，

$$C_{ij} = \frac{2G_N}{5c^5} \frac{d^5 I_{ij}}{dt^5} \tag{8.86}$$

と選べばよい．ϕ_Q は重力波放出による**輻射反作用ポテンシャル** (radiation reaction potential) と呼ばれる．得られた ϕ_Q の表式を用いて角運動量の時間変化を求めると

$$\dot{L}_i = -\int (\boldsymbol{x} \times \nabla\phi_Q)_i \, \rho \, d^3x = -\int \epsilon_{ijk} C^k_\ell x^j x^\ell \rho \, d^3x$$
$$\approx -\frac{2G_N}{5c^5} \epsilon_{ijk} \dddot{I}^j_\ell \dddot{I}^{\ell k} \tag{8.87}$$

となる．ただし，最後の等号では長時間平均を仮定して部分積分を行った．これが角運動量輸送に関する**四重極公式**である．

§8.4　連星の軌道進化

質量 m_1, m_2 の連星系からの重力波放射を評価する．ここでは v/c の展開の最低次で議論するので，運動はニュートン重力で近似できるとする．ケプラー軌道は重心からの距離を d_1, d_2，離心率を e，軌道長半径を a として，

$$d = d_1 + d_2 = \frac{a(1-e^2)}{1+e\cos\psi},$$
$$d_1 = \frac{m_2}{M}d, \qquad d_2 = \frac{m_1}{M}d, \qquad M = m_1 + m_2 \tag{8.88}$$

で与えられ，ψ の時間発展は面積速度一定から，

$$\dot{\psi} = \frac{\sqrt{G_N M a(1-e^2)}}{d^2} \tag{8.89}$$

と求まる．また，軌道の周期 P_b は

$$\left(\frac{2\pi}{P_b}\right)^2 = \frac{G_N M}{a^3} \tag{8.90}$$

で与えられる．

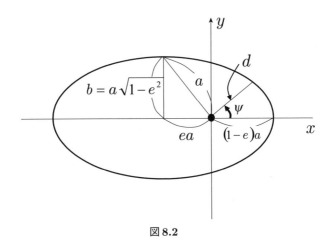

図 8.2

座標の 3 階微分までが必要になるので，(x, y) を相対座標とし，図 8.2 に黒丸で示した重心を原点に選び計算しておくと，

$$x = d\cos\psi, \qquad y = d\sin\psi, \qquad \dot{d} = -e\dot{x},$$

$$\dot{x} = -\sqrt{\frac{G_N M}{a(1-e^2)}} \frac{y}{d}, \qquad \dot{y} = \sqrt{\frac{G_N M}{a(1-e^2)}} \left(e + \frac{x}{d}\right),$$

$$\ddot{x} = -\frac{G_N M x}{d^3}, \qquad \ddot{y} = -\frac{G_N M y}{d^3},$$

$$\dddot{x} = \sqrt{\frac{G_N^3 M^3}{a(1-e^2)}} \frac{y}{d^4} \left(1 + 3e\frac{x}{d}\right), \quad \dddot{y} = \sqrt{\frac{G_N^3 M^3}{a(1-e^2)}} \frac{1}{d^4} \left(-e - \frac{x}{d} + 3e\frac{y^2}{d^2}\right)$$

$$(8.91)$$

となる．これを使って，4重極モーメントの2階微分，および，3階微分は

$$\ddot{I}_{xx} = -2\mu \frac{G_N M}{a(1-e^2)} \left(\cos 2\psi + e\cos^3 \psi\right),$$

$$\ddot{I}_{xy} = -2\mu \frac{G_N M}{a(1-e^2)} \left(\sin 2\psi + e(\cos^2 \psi + 1)\sin \psi\right),$$

$$\ddot{I}_{yy} = 2\mu \frac{G_N M}{a(1-e^2)} \left(\cos 2\psi + e\cos \psi(1 + \cos^2 \psi) + e^2\right),$$

$$\dddot{I}_{xx} = 2\mu \sqrt{\frac{G_N^3 M^3}{a^5(1-e^2)^5}} (1 + e\cos \psi)^2 \left(2\sin 2\psi + 3e\sin \psi \cos^2 \psi\right),$$

$$\dddot{I}_{xy} = 2\mu \sqrt{\frac{G_N^3 M^3}{a^5(1-e^2)^5}} (1 + e\cos \psi)^2 \left\{-2\cos 2\psi + e\cos \psi(1 - 3\cos^2 \psi)\right\},$$

$$\dddot{I}_{yy} = 2\mu \sqrt{\frac{G_N^3 M^3}{a^5(1-e^2)^5}} (1 + e\cos \psi)^2 \left\{-2\sin 2\psi - e\sin \psi(1 + 3\cos^2 \psi)\right\}$$

$$(8.92)$$

と計算される．ここで，$\mu = \dfrac{m_1 \cdot m_2}{M}$ である．したがって，

$$\dddot{I}_{ij} \dddot{I}_{ij} = 32\mu^2 \frac{(GM)^3}{a^5(1-e^2)^5} (1 + e\cos \psi)^4 \left((1 + e\cos \psi)^2 + \frac{e^2}{12}\sin^2 \psi\right)$$

$$(8.93)$$

を得る．時間平均を取るとき，$\dfrac{1}{P_b} \displaystyle\int_0^{P_b} dt \rightarrow \dfrac{1}{P_b} \int_0^{2\pi} \dfrac{d\psi}{\dot{\psi}}$ と ψ に関する積分に変換して積分を実行すると，

$$\frac{dE}{dt} = -\frac{32}{5} \frac{G_N^4 m_1^2 m_2^2 M}{c^5 a^5 (1-e^2)^{7/2}} \left(1 + \frac{73}{24}e^2 + \frac{37}{96}e^4\right) \qquad (8.94)$$

が得られる．

角運動量の時間変化についても同様の公式

$$\frac{dJ_z}{dt} = -\frac{32}{5}\frac{G^3 m_1^2 m_2^2 \sqrt{GM}}{a^{7/2}(1-e^2)^2 c^5}\left(1+\frac{7}{8}e^2\right)$$
(8.95)

が得られる. ニュートン重力において公転運動の基本的な関係式

$$a = -\frac{Gm_1 m_2}{2E}, \qquad J_z^2 = \frac{Gm_1^2 m_2^2}{M}a(1-e^2)$$
(8.96)

を用いると,

$$\frac{da}{dt} = -\frac{64}{5}\frac{G^3 m_1 m_2 M}{a^3(1-e^2)^{7/2}c^5}\left(1+\frac{73}{24}e^2+\frac{37}{96}e^4\right),$$

$$\frac{dP_b}{dt} = -\frac{192\pi}{5}\left(\frac{P_b}{2\pi}\right)^{-5/3}\frac{G^2 m_1 m_2}{(GM)^{1/3}(1-e^2)^{7/2}c^5}\left(1+\frac{73}{24}e^2+\frac{37}{96}e^4\right),$$

$$\frac{de}{dt} = -\frac{304}{15}e\frac{G^3 m_1 m_2 M}{a^4(1-e^2)^{5/2}c^5}\left(1+\frac{121}{304}e^2\right)$$
(8.97)

などの関係が得られる. e と a の時間変化の式から dt を消去したものは積分可能で, 初期値をそれぞれ a_0, e_0 として積分すると,

$$\frac{a}{a_0} = \frac{1-e_0^2}{1-e^2}\left(\frac{e}{e_0}\right)^{12/19}\left(\frac{1+\frac{121}{304}e^2}{1+\frac{121}{304}e_0^2}\right)^{870/2299}$$
(8.98)

が得られる. ここからわかることは, 離心率 e が時間発展と共に減少する傾向にあることである. $e \ll 1$ の極限をとれば, (8.98)の関係式は,

$$e \sim e_0\left(\frac{a}{a_0(1-e_0^2)}\right)^{19/12}\left(\frac{1+121e_0^2}{304}\right)^{145/242}$$
(8.99)

となり, 十分に時間が経った後に残っている離心率は, $\propto a^{19/12}$ で小さくなる.

合体までにかかる時間に関しては, 一般にはあからさまに積分できないが, $e = 0$ の場合には簡単に積分できて,

$$t_c(a_0) = \frac{5}{256}\frac{a_0^4}{G^3 m_1 m_2 M c^5} = 10^{10}\mathrm{yr}\left(\frac{a_0}{2\times 10^9 \mathrm{m}}\right)^4\left(\frac{m_1 m_2 M}{M_\odot^3}\right)^{-1}$$
(8.100)

となる. 軌道の時間発展も,

$$a(t) = a_0 \left(1 - \frac{t}{t_c(a_0)} \right)^{1/4} \tag{8.101}$$

と求まる.

次に, $e_0 \neq 0$ の場合だが, 合体の時刻を $a = 0$ になる時刻と考えるかわりに, 等価な $e = 0$ となる時刻と考え, (8.98) 式を (8.97) 式に代入し, $u = e/e_0$ とすると,

$$t_c(a_0, e_0) = t_c(a_0) \frac{48}{19} \frac{(1 - e_0^2)^4}{(1 + \frac{121}{304}e_0^2)^{\frac{3480}{2299}}} \int_0^1 u^{\frac{29}{19}} \frac{(1 + \frac{121}{304}e_0^2 u^2)^{\frac{1181}{2299}}}{(1 - e_0^2 u^2)^{3/2}} du \tag{8.102}$$

となる. e_0 が 1 に近い状況では $u \sim 1$ からの寄与が積分を支配し

$$t_c(a_0, e_0) \approx \frac{768}{425} t_c(a_0)(1 - e_0^2)^{7/2} \tag{8.103}$$

となる. $e_0 \sim 1$ の場合にはお互いの星が近づいたときに重力波放出による反作用が強くなる結果, 円軌道に近づくため, 初期には a が急激に小さくなる.

　重力波が初めて直接検出されたのは 2015 年のことである．米国の LIGO グループが 2 台の重力波干渉計を用いて約 30 倍の太陽質量からなるブラックホール同士の連星が合体する際に放出される重力波を観測した．重力波干渉計とは，レーザーを 2 本の腕に分けて，鏡により折り返されてきた光を干渉させることにより，重力波が通過した際に発生する微小な距離の変化を測定する装置である．2015 年の初検出以後，連星合体により生じる重力波の観測例はどんどんと増え続けている．

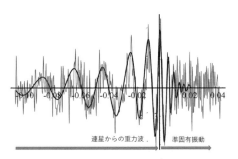

連星からの重力波　　準固有振動

図 8.3　初検出された重力波の波形 (GW150914)

　なぜ，太陽質量の 30 倍といったことがわかるのかは，重力波の軌道の時間発展が連星を構成する星の質量に依って異なり，その結果放出される重力波の波形も異なるからである．合体前の連星がブラックホールで構成されていると言われているが，それは星のサイズの有限性が合体に至るまで重力波形に影響してこないという観測事実に基づく．連星は重力波放出による反作用で軌道半径を徐々に縮めてやがて軌道が不安定になり合体する．通常の星の場合には，軌道が不安定になるよりも前に星と星の表面が衝突することになる．中性子星の場合にも表面が衝突することが波形に現れない可能性はあるものの，その質量には約 3 倍の太陽質量という理論的上限があり，実際，2 倍の太陽質量を大きく上回る中性子星は見つかっていない．したがって，太陽質量の 30 倍の質量を持つ重力波源はブラックホールに違いないと考えられる．

　合体後の天体は 60 倍の太陽質量ほどになるが，このブラックホールが形成された直後に予測されるブラックホール質量と角運動量で決まる減衰率と振動数をもつ重力波が観測されている．このようなブラックホールの質量と角運動量できまる減衰振動は**ブラックホール準固有振動** (black hole quasi-normal mode) と呼ばれる．このことから合体後に形成された天体はよりブラックホールであることが確からしい．

　重力波の観測は今後，地上の重力波干渉計のさらなる感度向上が進むだけではなく，人工衛星を用いた重力波観測やパルサーを用いた低周波重力波観測などの多様

な観測手段が広がると期待される．重力波観測は天体起源の重力波だけでなく，宇宙初期に作られた**原始重力波** (primordial gravitational waves) を検出し，初期宇宙の歴史を解明する手段としても期待されている．この目的では，マイクロ波宇宙背景放射の偏光を観測することで，間接的に原始重力波を捉えるという試みも進行している．重力波が存在することで生じるBモード偏光と呼ばれる偏光パターンを検出することが目標である．Bモードというのは磁場のように，偏光の向きと強度を表すベクトル場がスカラー関数の勾配 (gradient) で書けない成分のことである．

問題 1　キリングベクトルが恒等的に満たす関係式 (8.44) を示せ.

問題 2　一般に背景時空計量 $g_{\mu\nu}$ 上に, 摂動が $g_{\mu\nu} + h_{\mu\nu}$ と与えられたとき, リッチテンソルの 2 次の変分が

$$\overset{[2]}{R}_{\mu\nu} = \overset{[2]}{\Gamma}{}^{\alpha}{}_{\mu\nu;\alpha} - \overset{[2]}{\Gamma}{}^{\alpha}{}_{\mu\alpha;\nu} + \overset{[1]}{\Gamma}{}^{\alpha}{}_{\beta\alpha} \overset{[1]}{\Gamma}{}^{\beta}{}_{\mu\nu} - \overset{[1]}{\Gamma}{}^{\alpha}{}_{\beta\nu} \overset{[1]}{\Gamma}{}^{\beta}{}_{\mu\alpha} \tag{8.104}$$

と与えられることを示せ. ただし, ここでのセミコロンは $g_{\mu\nu}$ に関する共変微分を表す.

問題 3　(8.56) の関係式を示せ.

問題 4　$\Box G(x, x') = \delta^4(x^{\mu} - x'^{\mu})$ の遅延解が

$$G(x, x') = \frac{1}{4\pi c} \frac{\delta(t - t' - |\boldsymbol{x} - \boldsymbol{x}'|/c)}{|\boldsymbol{x} - \boldsymbol{x}'|}$$

で与えられることを示せ.

問題 5　定常な系で計量テンソルの 1 次摂動を考える.

(1)　h_{00} の遠方での振る舞いは, b^j 定数として, $h_{00} = r_g/r + b^j \partial_j(1/r) + O(r^{-3})$ と与えられる. この $O(r^{-2})$ の寄与が 0 となる座標変換の存在を示せ.

(2)　計量の摂動 h_{0i} の遠方での振る舞いは適切な座標系を用いることで, c_{ij} を反対称な定数行列として, $h_{0i} = \sum_j c_{ij} \partial_j(1/r) + O(r^{-3})$ と与えられることを示せ.

問題 6　(8.79) 式を示せ.

第9章 相対論的宇宙モデル

　一般相対論を用いて現在の宇宙の成り立ちを理解し，そのシナリオを宇宙初期に外挿することで宇宙初期を探ることが，現代宇宙論の主流である．一般相対論はこれまでの実験的検証を通過してきているが，宇宙論の成功もその一つに挙げることができる．なお，この章以降では，記法の簡略化のために，プランク定数を 2π で除したもの $\hbar$，ボルツマン定数 k_{B}，および，光速 c をそれぞれ 1 とする単位系を用いる．物理的な解釈の際に有用と思われる場合にはこれらの定数を明示することにする．

§9.1 一様等方宇宙モデル

　宇宙のモデルを構築するという問題は，その初期条件の与え方を我々は知らないので，与えられた設定で問題を解く問題とは異なる．観測と比較して我々の宇宙を調べるにしても，直接に時空の線素を測ることができるわけではない．したがって，何らかのモデルを出発点とする必要がある．そこで，宇宙の観測者である我々が特別な立場の観測者でないと仮定する考え方，**コペルニクス原理** (Copernican principle) を採用する．この考え方に立つと，宇宙はいたるところ同じようなものであるという空間的一様性が仮定される．加えて，特別な方向も存在しないという等方性を課した宇宙モデルを**一様等方宇宙モデル** (homogeneous and isotropic universe model) と呼ぶ．もちろん，現実の宇宙には星，銀河，銀河団といった様々な構造があり，一様等方ではないが，大きなスケールで平均化すれば，一様等方と仮定してもよいというのがこの仮説の出発点である．

　一様等方宇宙の時空の線素を一般に書き下す．一様等方空間の線素は補章に示したように，

$$\gamma_{ij}dx^i dx^j = \frac{dr^2}{1-Kr^2} + r^2\left(\sin^2\theta\, d\varphi^2 + d\theta^2\right) \tag{9.1}$$

と与えられ，$K=1$，$K=0$，$K=-1$ の場合がそれぞれ，球面，平坦な空間，双曲空間を表す（本章では外的曲率のトレースの意味で K を用いることはな

い）．正確な表現ではないが，それぞれを閉じた宇宙，平坦な宇宙，開いた宇宙と呼ぶこともある．時刻一定面が一様等方空間になるように時間座標を選ぶのが自然である．すると，一様等方宇宙の時空の線素は

$$ds^2 = -dt^2 + a^2(t)\gamma_{ij}dx^i dx^j \tag{9.2}$$

と与えられる．ここで，g_{0i} は 3 次元空間上のベクトルとみなせるので，もし $g_{0i} \neq 0$ であれば，特別な方向が存在することになり等方性と矛盾する．$a(t)$ はスケールファクター (scale factor) と呼ばれ，空間の長さスケールの時間変化を与える．$K = 1$ の球面の場合には，球面の半径の時間変化を与える．(9.2) 式の空間座標 $\{x^i\}$ は共動座標 (co-moving coordinates) と呼ばれる．実際の物理的な長さは共動座標での座標間隔にスケールファクターを乗じたものである．(9.2) 式の線素はフリードマン・ルメートル・ロバートソン・ウォーカー計量 (Friedmann-Lemaître-Robertson-Walker metric) と呼ばれる．長いので，FLRW 計量と略される．

ここで，共形時間 (conformal time)η を

$$dt = a\,d\eta \tag{9.3}$$

で定義する．η を用いて，線素は

$$ds^2 = a^2(\eta)\left[-d\eta^2 + \gamma_{ij}dx^i dx^j\right] \tag{9.4}$$

と書き換えられる．共形時間を用いると，動径方向の光の経路が $d\eta = \pm dr$ と与えられる．$K = 0$ の場合には全体にかかるスケールファクターの因子 $a^2(\eta)$ を除くと，(9.4) 式の線素は Minkowski 時空のものである．そのような時空を共形平坦 (conformally flat) な時空と呼び，$a^2(\eta)$ のように線素全体をスケールする因子を共形因子 (conformal factor) と呼ぶ．

(9.2) 式で与えられる線素に対して Einstein 方程式を書き下す．(9.2) 式の線素において，$t = $ 一定面で 3+1 分解をおこなうと，外的曲率は

$$K_i^{\ j} = H\delta_i^{\ j} \tag{9.5}$$

となる．ここで，宇宙の膨張率を表すハッブルパラメータ (Hubble parameter)

$$H := \frac{\dot{a}}{a} \qquad (9.6)$$

を導入した．ここで，"˙" は時間座標 t に関する微分を表す．この式と補章の (12.3) 式をハミルトニアン拘束条件 (5.39) に代入すると，

$$H^2 + \frac{K}{a^2} = \frac{8\pi G_N}{3}\epsilon \qquad (9.7)$$

を得る．ここで ϵ は一様な物質のエネルギー密度である．この方程式は宇宙の膨張率を決定する方程式であり，**フリードマン方程式** (Friedmann equation) と呼ばれる．この方程式さえ解けば，一様等方宇宙モデルにおける時空の線素が決定される．

§9.2 宇宙論モデルを構成する様々な物質場

与えられたエネルギー密度 $\epsilon(t)$ に対してフリードマン方程式を解くことで，一様等方宇宙モデルを決定できる．エネルギー密度の時間発展の方程式は，ある有限の体積 $\mathcal{V}$ 内のエネルギーを E，一様な圧力を P，加えられた熱量を dQ として，エネルギー保存則

$$dE = dQ - P\,d\mathcal{V} \qquad (9.8)$$

から導かれる．(9.8)式はエネルギーが系に加えられた熱量の分だけ増加し，外部にした仕事の分だけ減少することを表す．共動座標において固定された領域で定められる共動体積 $\mathcal{V}_c$ に (9.8)式を適用する．物理的な体積である $\mathcal{V} = a^3(t)\mathcal{V}_c$ を用いて，この体積内のエネルギーは $E = \epsilon\mathcal{V}$ と与えられる．一様等方な宇宙モデルでは，隣り合う体積からのエネルギーの流れはない．もし流れが存在すれば，0 でないベクトルが存在し，等方性に反する．したがって，この体積 $\mathcal{V}$ とエネルギーを交換する熱浴はそもそも存在せず，$dQ = 0$ と結論される．これらを (9.8)式に代入すると，

$$d\epsilon = -(\epsilon + P)\frac{d\mathcal{V}}{\mathcal{V}} = -3\frac{da}{a}(\epsilon + P) \qquad (9.9)$$

を得る．これより，エネルギー密度の時間発展の方程式

$$\dot{\epsilon} = -3H\left(\epsilon + P\right) \tag{9.10}$$

が得られる．右辺の $(\cdots)$ 内の第 1 項は単純に宇宙膨張によってエネルギー密度が薄まることを表し，第 2 項は膨張に際して，考えている体積 $\mathcal{V}$ が外部にした仕事によるエネルギーの減少を表す．

物質場を，エネルギー密度と圧力の関係から以下のように分類する．

塵状物質 (dust matter):

$$P = 0 \tag{9.11}$$

と圧力が無視できる物質場を塵状物質と呼ぶ．(9.11)式は $P \ll \epsilon$ の意味であり，厳密に圧力が 0 である必要はない．非相対論的な物質は圧力を持つが，エネルギー密度と比較して圧力は無視できるため，塵状物質に分類される．塵状物質に対して，(9.10)式を積分すると，

$$\epsilon \propto \frac{1}{a^3} \tag{9.12}$$

を得る．この式は単純に物理的な体積に反比例してエネルギー密度が減少することを表す．

輻射場 (radiation field): 光子のように質量を持たない粒子，あるいは，質量に比して十分に大きな運動エネルギーを持つ相対論的粒子の集団の圧力は

$$P = \frac{1}{3}\epsilon \tag{9.13}$$

と与えられる．(9.13)式は単位体積を持つ立方体に粒子を閉じ込めたとき，壁に与える単位時間当たりの力積から得られる．立方体のひとつの側面である $x = $ 一定の面に，ある粒子が衝突する頻度はその粒子の x 方向の速度を v_x として $v_x/2$ である．衝突は弾性散乱であるとすると，粒子のエネルギーを E として衝突のたびに運動量 $2Ev_x/c^2$ を壁に与える（ここでは，一時的に光速 c を明示する）．したがって，力積の時間平均は Ev_x^2/c^2 である．単位体積に含まれる多数の粒子の寄与を考えると，v_x^2/c^2 の因子は平均されて 1/3 を与える．一方，粒子のエネルギー E の単位体積にわたる和はエネルギー密度 ϵ である．以上より，(9.13)式を得る．

輻射場に対して，(9.10)式を積分すると，

$$\epsilon \propto \frac{1}{a^4} \tag{9.14}$$

となる．輻射場は圧力を持つことにより，膨張する体積$\mathcal{V}$は外向きに仕事をするため，塵状物質よりも速くエネルギー密度が減少する．粒子数は保存すると考えると，一つひとつの粒子が持つエネルギーがaに反比例して小さくなることを意味する．

真空のエネルギー (vacuum energy): 一般に物質場のラグランジュ関数は，

$$L_{\text{matt}} = \mathcal{K} - V \tag{9.15}$$

のように，運動項$\mathcal{K}$とポテンシャル項Vから構成される．真空では，多くの場合$\mathcal{K} = 0$であるが，ポテンシャル項に関しては$V \neq 0$でも構わない．真空において$V = 0$となる物質場の理論モデルと，$V \neq 0$となるモデルでは，ラグランジアンに定数が加わっているだけの違いである．重力が関与しない物理法則においてラグランジュ関数に定数を加えても同等だが，物質場のエネルギー運動量テンソルT^μ_νに対しては$-V\delta^\mu_\nu$の寄与を与える．このようにして現れるエネルギー密度$-T^0_0 = V$は真空が持つエネルギー密度とみなせる．

この寄与をアインシュタイン方程式の中でT^μ_νの他の部分から分けて書くと，$V = \dfrac{1}{8\pi G_N}\Lambda$として，

$$G_{\mu\nu} = 8\pi G_N T^\mu_\nu - \Lambda g_{\mu\nu} \tag{9.16}$$

となり，最後の項は**宇宙項** (cosmological constant) とも呼ばれる．宇宙項の圧力は

$$P = -\epsilon \tag{9.17}$$

である．すなわち，真空のエネルギー密度が正であるならば，圧力は負となり，圧力ではなく張力としてはたらく．この場合に，(9.10)式を積分すると，

$$\epsilon \propto a^0 \tag{9.18}$$

が得られ，確かにϵが定数となる．宇宙が膨張しているにも関わらずエネルギー密度が減少しないのは，膨張によってエネルギーが薄まる効果を打ち消すだけの負の仕事を外部に対してしているためである．

現在の時刻で評価した値を表すのに下付き添字0をつける約束とする．例えば，現在の時刻で評価した (9.7) 式は，

$$H_0^2 = -\frac{K}{a_0^2} + \frac{8\pi G_N}{3}\epsilon_0 \tag{9.19}$$

となる．現在の宇宙膨張率 $H_0 := H(t_0)$ のことを**ハッブル定数** (Hubble constant) と呼ぶ.

　空間曲率の寄与がないとして，現在の宇宙膨張率 H_0 を説明するために必要な宇宙の平均密度は

$$\epsilon_c = \frac{3H_0^2}{8\pi G_N}, \tag{9.20}$$

と与えられ，**臨界密度** (critical density) と呼ばれる．各成分に対するエネルギー密度を ϵ_i として，全エネルギー密度を

$$\epsilon = \epsilon_d + \epsilon_r + \epsilon_\Lambda \tag{9.21}$$

と分解する．ここで，下付き添字 d, r, Λ はそれぞれ，塵状物質，輻射場，真空のエネルギーを表す．臨界密度により規格化された密度

$$\Omega_i := \frac{\epsilon_{i0}}{\epsilon_c}, \qquad \Omega_K := -\frac{K}{a_0^2 H_0^2} \tag{9.22}$$

を**密度パラメータ** (density parameter) と呼ぶ．密度パラメータを用いて，フリードマン方程式 (9.7) を表すと，$a_0 = 1$ として，

$$\dot{a}^2 = H_0^2 \left(a^2 \Omega_\Lambda + \Omega_K + \frac{1}{a}\Omega_d + \frac{1}{a^2}\Omega_r \right) \tag{9.23}$$

となる．また，密度パラメータの定義から $\Omega_\Lambda + \Omega_K + \Omega_d + \Omega_r = 1$ が成り立つ.

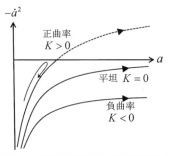

図 9.1　宇宙項がない場合の一様等方宇宙における膨張率に対する空間曲率依存性

　宇宙項が存在しない場合，すなわち，$\Omega_\Lambda = 0$ の場合を考える．(9.23)式からすぐに，平坦，あるいは，負曲率 $(K \leq 0)$ の場合には，宇宙は永遠に膨張を

続け，正曲率 $(K > 0)$ の場合には膨張から収縮に転じることがわかる．この場合の解は，

$$A = \frac{4\pi G_N \epsilon_{d0}}{3}, \qquad B^2 = \frac{8\pi G_N \epsilon_{r0}}{3} \tag{9.24}$$

として，媒介変数表示を用いて，$K > 0$ のとき，

$$a = \frac{1}{K}\left[A\left(1 - \cos\left(\sqrt{K}\eta\right)\right) + \sqrt{K}B\sin\left(\sqrt{K}\eta\right)\right],$$
$$t = \frac{1}{K}\left[A\left(\eta - \frac{1}{\sqrt{K}}\sin\left(\sqrt{K}\eta\right)\right) + B\left(1 - \cos\left(\sqrt{K}\eta\right)\right)\right], \tag{9.25}$$

$K = 0$ のとき，

$$a = \frac{A}{2}\eta^2 + B\eta, \qquad t = \frac{A}{6}\eta^3 + \frac{B}{2}\eta^2, \tag{9.26}$$

$K < 0$ のとき，

$$a = \frac{1}{(-K)}\left[A\left(\cosh\left(\sqrt{-K}\eta\right) - 1\right) + \sqrt{-K}B\sinh\left(\sqrt{K}\eta\right)\right],$$
$$t = \frac{1}{(-K)}\left[A\left(\frac{1}{\sqrt{-K}}\sinh\left(\sqrt{-K}\eta\right) - \eta\right)\right.$$
$$\left. + B\left(\cosh\left(\sqrt{-K}\eta\right) - 1\right)\right] \tag{9.27}$$

と解析的に与えられる．ここで η は，先に導入した共形時間である．すなわち，共形時間を用いればスケールファクターの時間依存性は媒介変数表示に頼らず表される (章末問題3)．

　次に，観測されている実際の宇宙は $K = 0$ に近いので，この場合をより詳しく見る．宇宙項がない場合，時間が経つと塵状物質優勢の宇宙になり，そのときのスケールファクターは

$$a \propto t^{2/3} \tag{9.28}$$

と振る舞う．一方，時間を過去にさかのぼると輻射優勢の宇宙になり，スケールファクターは

$$a \propto t^{1/2} \tag{9.29}$$

のように振る舞う．この初期の振る舞いは $K = \pm 1$ の場合にも共通する．

§9.3　ハッブル–ルメートルの法則

　これまで述べてきた一様等方宇宙モデルを観測と比較するには，観測可能な量を考える必要がある．我々が観測するものは遠方の天体が放出した光である．観測される光のエネルギースペクトルには，輝線や吸収線が含まれる．輝線や吸収線のエネルギーは原子や分子の性質によって定まるが，光源 (あるいは，吸収体) と我々の相対運動によっても変化するので，光源の視線方向の運動に関する情報が得られる．光源が遠ざかっていれば，ドップラーシフトにより光子のエネルギーが小さく観測される現象，赤方偏移が起こる．一方で，観測される明るさは光源本来の明るさが既知ならば，光源までの距離に関する情報をもたらす．これにより，距離と視線方向の速度の関係について調べることができる．

　一様等方宇宙において上記のような観測をおこなった場合，観測結果が等方的になると期待される．実際に，観測される宇宙は大きなスケールで平均化する限り，かなり等方的であり，一様等方宇宙モデルを観測的に支持している．もちろん，宇宙は球対称非一様で，我々が球対称性の中心付近にいる特別な存在である可能性も否定しきれないが，ここでは**コペルニクス原理**にもとづき，その可能性は追及しない．また，一様等方宇宙モデルを考える限り，光源となる天体は平均的には共動座標一定の世界線に沿って運動する．もしそうでなければ，特別な運動の方向が存在し，等方性の仮定に矛盾する．なお，このような共動座標一定の世界線に沿って運動する観測者を**共動観測者** (co-moving observers) と呼ぶ．以上のように考えると，期待される距離と赤方偏移の関係が，宇宙モデルのパラメータ Ω_i ごとに予測でき，観測と比較することで Ω_i を推定したり，モデルを検証することが可能になる．

　観測量を考える上で，観測される光の伝播を理解する必要がある．一様等方時空における光の経路を考える際，共形時間と極座標を用いた線素の表式

$$ds^2 = a^2(\eta)\left(-d\eta^2 + \frac{dr^2}{1 - Kr^2} + r^2\left(d\theta^2 + \sin^2\theta\,d\varphi^2\right)\right) \tag{9.30}$$

を用いるのが便利だ．$\eta = \eta_0$，$r = 0$ にいる観測者が観測する動径方向に伝播する光の経路は $d\theta = d\varphi = 0$ として，$ds = 0$ の条件から得られる方程式

$$d\eta = -\frac{dr}{\sqrt{1 - Kr^2}} \tag{9.31}$$

を解くことで決まる．その解は

$$\eta_0 - \eta = \chi := \int_0^r \frac{dr}{\sqrt{1 - Kr^2}} = \begin{cases} \dfrac{1}{\sqrt{K}}\mathrm{Arcsin}\left(\sqrt{K}r\right), & (K > 0) \\[2ex] r, & (K = 0) \\[2ex] \dfrac{1}{\sqrt{-K}}\mathrm{Arcsinh}\left(\sqrt{-K}r\right), & (K < 0) \end{cases}$$
$$= r + O(r^3). \tag{9.32}$$

となる．図9.2に示したように，光源の側での量には下付き添字1をつけることにする．共形時間で$\delta\eta_1$だけ離れた時刻に放出された2つの光子が届く時刻の差を共形時間で見て$\delta\eta_0$とすれば，図9.2を見ればわかるように，

$$\delta\eta_0 = \delta\eta_1 \tag{9.33}$$

が成立する．この時間差の関係式を共動観測者の固有時で測った時間差に対する関係式に書き直せば，

$$\frac{\delta t_0}{a(t_0)} = \frac{\delta t_1}{a(t_1)} \tag{9.34}$$

となる．重力赤方偏移の場合と同様に，時間間隔の比，すなわち，光の振動数fの比の逆数によって赤方偏移を

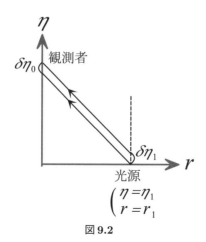

図 **9.2**

133

$$1 + z(t_1) = \frac{f_1}{f_0} = \frac{\delta t_0}{\delta t_1} = \frac{a(t_0)}{a(t_1)} \tag{9.35}$$

と定義する．これを**宇宙論的赤方偏移** (cosmological redshift) と呼ぶ．先に述べたように相対論的粒子の粒子数は保存するが，個々の粒子が持つエネルギーは宇宙論的赤方偏移の効果で $\propto a^{-1}$ で減少するため，エネルギー密度は $\propto a^{-4}$ と振る舞う．

$1 + z(t_1)$ の逆数をとり，$t_1 = t_0$ のまわりでテーラー展開すると，

$$\frac{1}{1 + z(t_1)} = \frac{a(t_1)}{a(t_0)} = 1 + H_0\,(t_1 - t_0) - \frac{1}{2} q_0 H_0^2\,(t_1 - t_0)^2 + \cdots \tag{9.36}$$

となる．ここで，2次の展開係数として**減速パラメータ** (deceleration parameter)

$$q_0 := -\left.\frac{\ddot{a}}{aH^2}\right|_{t=t_0} \tag{9.37}$$

を導入した．

　本来の明るさが既知の光源が存在すれば，そのみかけの明るさから距離を推定できる．そのようにして推定した距離 d_L を**光度距離** (luminosity distance) と呼ぶ．光源の本来の明るさは単位時間あたりに放出されるエネルギーである**光度** (luminosity)L によって与えられる．一方，みかけの明るさは，観測者の位置での視線方向に垂直な単位面積を単位時間当たりに通過するエネルギーを表す**エネルギー流束** (energy flux)F によって与えられる．ミンコフスキー時空上であれば，L，及び，F が与えられれば，光度距離 d_L は

$$d_L^2 := \frac{L}{4\pi F} \tag{9.38}$$

と推定できる．宇宙論的な状況においては，この式で光度距離を定義する．

　共動座標における $r = 0$ に光源がある場合，L と F の間の関係を求める．この目的で，エネルギー保存則を用いることはできない．なぜなら，物質場のエネルギー保存が成り立つのは定常な時空の場合に限られるからである．定常ではない膨張宇宙のモデルの場合も，放出された光を光子の集団ととらえ，伝播中の相互作用が無視できる理想的な状況を考えれば，光子数の保存が成立す

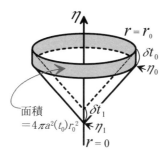

図 9.3 インフレーションを起こさない時空の共形図

る．光源における時間間隔 δt_1 の間に放出された光子数は，その間に放出されたエネルギー $L\delta t_1$ を光子の平均エネルギー E_1 で割ることで得られる．一方，観測者が受け取る単位面積あたりの光子数は，観測者の位置での光子の平均エネルギー E_0 を用いて，F/E_0 で与えられる．図 9.3 に示したように，光源を空間座標の原点に置くと，観測者の位置は $r = r_0 = \eta_0 - \eta_1 + O(r_0^3)$ で与えられる．時刻 η_0 で光子が到達している $r = r_0$ の球面の面積は $4\pi a^2(t_0)r_0^2$ である．以上より，光子数の保存を表す式は

$$\frac{F \times 4\pi a^2(t_0)r_0^2\delta t_0}{E_0} = \frac{L\delta t_1}{E_1} \tag{9.39}$$

となる．光子のエネルギーが振動数に比例することから，$E_1/E_0 = 1 + z(t_1)$ であることを用いると，

$$d_L^2 = \frac{a^2(t_0)r_0^2\delta t_0 E_1}{\delta t_1 E_0} = a^2(t_0)r_0^2(1 + z(t_1))^2 \tag{9.40}$$

が得られる．したがって，光度距離は，

$$d_L = a(t_0)r_0(1 + z(t_1)) \tag{9.41}$$

と与えられる．

光度距離 d_L を赤方偏移 $1 + z(t_1)$ で書き表すことを考える．赤方偏移 $1 + z(t_1)$ は (9.36) 式で $(t_0 - t_1)$ に関する展開の形で与えられているので，d_L も同様に $(t_0 - t_1)$ に関する展開の形に書き下すと，

$$a(t_0)r_0 \approx a(t_0)(\eta_0 - \eta_1) = \int_{t_1}^{t_0} dt\frac{a(t_0)}{a(t)}$$

$$= \int_{t_1}^{t_0} dt \, (1 - H_0(t - t_0) + \cdots)$$

$$= (t_0 - t_1) + \frac{H_0}{2}(t_0 - t_1)^2 + \cdots \qquad (9.42)$$

となる. (9.36) 式と (9.42) 式を組み合わせると,

$$H_0 d_L = z + \frac{1}{2}(1 - q_0)z^2 + \cdots. \qquad (9.43)$$

が得られる. 光源の本来の光度 L が既知であるならば, みかけの明るさから d_L が求まる. d_L と z の観測と, (9.43) 式から H_0 や q_0 が決まる. (9.43) 式は z の最低次では, 赤方偏移 z が光度距離 d_L に比例し, その比例係数が H_0 である. この関係はハッブル–ルメートルの法則 (Hubble-Lemaître law) と呼ばれる. H_0 の値は,

$$H_0 = 100h \, \text{km/s Mpc}, \qquad 1\text{Mpc} \approx 3 \times 10^{22}\text{m} \qquad (9.44)$$

のように規格化して, しばしば h によって表される. 観測的には, $h \sim 0.7$ であるとされる.

　光度距離と赤方偏移の関係から q_0 についても情報が得られるが, 観測的に強く制限される量は高次の展開係数との組み合わせになり, H_0 の次に強い制限がつく密度パラメータの組み合わせは, q_0 を密度パラメータで表したものと完全には一致しない. 宇宙背景放射の観測から $\Omega_K \approx 0$ であることが推定され, 光度距離と赤方偏移の関係の観測と合わせて

$$\Omega_\Lambda \approx 0.7, \qquad \Omega_d \approx 0.3 \qquad (9.45)$$

という値が得られている.

　ここで考えた宇宙モデルでは, 初期に $a = 0$ となり宇宙の全体積が 0 になる時刻が存在する. さらに, 宇宙初期には輻射場のエネルギー密度が卓越し, $\propto a^{-4}$ のように発散する. $a = 0$ となる時刻において曲率も発散し, それより前の時刻に時間をさかのぼってモデルを延長することができない真の特異点となっている. この時刻を宇宙の始まりの時刻であると考えたとき, 共動観測者の現在までの固有時間を宇宙年齢 (age of the universe) と呼ぶ. ここで考えた宇宙モデルにおいて宇宙年齢は, (9.23) 式を用いることで,

$$t_0 = \int_0^1 \frac{dt}{da}\, da = \frac{1}{H_0} \int_0^1 \frac{da}{\sqrt{a^2\Omega_\Lambda + \Omega_K + \dfrac{1}{a}\Omega_d + \dfrac{1}{a^2}\Omega_r}}\ . \qquad (9.46)$$

と得られ，密度パラメータの関数として与えられる．観測から $\Omega_K \approx 0, \Omega_r \approx 0$ であるので，解析的な表式を得るための単純化として $\Omega_K = 0, \Omega_r = 0$ と近似する．すると，

$$t_0 = \frac{1}{H_0} \int_0^1 \frac{da}{\sqrt{a^2\Omega_\Lambda + \dfrac{1}{a}\Omega_d}} = \frac{2}{3H_0\sqrt{\Omega_\Lambda}} \log \frac{\sqrt{\Omega_\Lambda} + 1}{\sqrt{1 - \Omega_\Lambda}} \qquad (9.47)$$

となる．この表式で，$\Omega_\Lambda \to 0$ の極限を取ると，$t_0 = 2/3H_0 = 65h^{-1}$ 億年となる．この宇宙年齢の値は，星の進化の理論にもとづき，星の明るさと温度の観測から見積もられた球状星団の年齢より短いという問題がある．(9.47)式からは，宇宙項を増やすと，宇宙年齢が増加することがわかる．(9.45)式に与えられた値を代入すると，$\Omega_\Lambda = 0, \Omega_d = 1$ の場合に比べ，1.45 倍程度宇宙年齢が長くなり，球状星団の年齢の矛盾は解消する．

§9.4　ビッグバン宇宙論概観

　一様等方宇宙モデルは宇宙初期に特異点を持つという問題はあるが，特異点近傍では我々の未知のエネルギー領域に到達している．そこでは何らかの新しい物理によって支配されているだろう．すると，宇宙の初期条件については何も議論できないと考えるかもしれないが，必ずしもそうではない．膨張宇宙において時間をさかのぼると温度や密度が高くなる．高温高密度状態になると統計力学的平衡状態が実現されることが自然に予想される．その場合，いくつかの保存量以外の情報は失われてしまうために初期条件の不定性はそれほど大きくない．このような高温高密度の統計力学的な平衡状態から急激な宇宙の冷却が始まった時刻をビッグバン (Big-bang) と呼ぶ．ビッグバンから宇宙が出発して何が起こるかを議論するのがビッグバン宇宙論 (Big-bang cosmology) である．

　ここでは，宇宙の温度が数 10MeV 以下の宇宙を考える．温度が数 10MeV 以上では，原子核はほぼ分解されて陽子と中性子に加えて，電子や光子，ニュートリノなどが相対論的な粒子として飛び交う状態が実現される．陽子と中性子

の質量差,

$$Q := m_n - m_p = 1.293 \text{MeV} \tag{9.48}$$

に比して十分に高い温度では, 陽子と中性子の数密度の比はほぼ1:1になる. このような状態から温度を下げていくとき, 温度の降下が十分にゆっくりであれば, 統計平衡状態が保たれる. このときの核種の存在比は, 以下のように単純な統計力学の議論で予測できる.

統計平衡にある非相対論的な粒子の数密度 n は, 粒子の内部状態の数を g, 質量を m, 化学ポテンシャルを μ として, 系の温度が T であるとき, ボルツマン分布を積分することで,

$$\begin{aligned} n &= \frac{g}{(2\pi)^3} \int d^3k \exp\left[-\frac{1}{T}\left(m + \frac{k^2}{2m} - \mu \right) \right] \\ &= g\left(\frac{mT}{2\pi} \right)^{3/2} \exp\left(\frac{\mu - m}{T} \right) \end{aligned} \tag{9.49}$$

で与えられる. ここで様々な原子核の間の反応平衡の条件を考える. 反応率の高い強い相互作用に着目すると, 反応式の左辺と右辺で陽子の数, 中性子の数はそれぞれ同じである. また, 反応の左辺と右辺に含まれる粒子の化学ポテンシャルの和は統計平衡が成り立っている場合には同じである. したがって, ラベル I を持つ原子核に含まれる陽子数を Z_I, 中性子数を $A_I - Z_I$ とすると, 陽子の化学ポテンシャルを μ_p, 中性子の化学ポテンシャルを μ_n としたとき, 原子核 I の化学ポテンシャルは,

$$\mu_I = Z_I \mu_p + (A_I - Z_I)\mu_n \tag{9.50}$$

で与えられる. これより,

$$\begin{aligned} \exp(\mu_I/T) &= \exp\left[\frac{1}{T}(Z_I\mu_p + (A_I - Z_I)\mu_n) \right] \\ &= n_p^{Z_I} n_n^{A_I - Z_I} \left(\frac{2\pi}{m_N T} \right)^{3A_I/2} 2^{-A_I} \\ &\quad \times \exp\left[\frac{1}{T}(Z_I m_p + (A_I - Z_I)m_n) \right] \end{aligned} \tag{9.51}$$

を得る. ここで, 陽子の質量 ($\sim 938\text{MeV}$) と中性子の質量 ($\sim 940\text{MeV}$) を同一視して m_N と表し, 指数関数の引数以外では質量差 Q について無視してい

る.(9.49) 式と (9.51) 式を合わせると,陽子と中性子を入れ替える弱い相互作用による反応を無視する範囲で,統計平衡にある原子核 I の数密度は,

$$n_I = g_I A_I^{3/2} n_p^{Z_I} n_n^{A_I - Z_I} \left(\frac{2\pi}{m_N T} \right)^{3(A_I - 1)/2} 2^{-A_I} \exp\left(B_I / T \right) \qquad (9.52)$$

で与えられる.ここで,$B_I := Z_I m_p + (A_I - Z_I) m_n - m_I$ は原子核 I の結合エネルギーであり,m_I は原子核 I の質量である.(9.52)式の数密度で与えられる状態を**核統計平衡** (nuclear statistical equilibrium) と呼び,このときの量を添字 NSE を付けて表すことにする.

様々な核種 I に対して,質量の割合 $X_I := m_I n_I / m_N n_N$ を用いて議論する.ここで,n_N は核子数密度を表す.(9.52)式には n_p や n_n が含まれているが,これらを $n_N / 2$ と近似する.さらに,光子数は近似的に,陽子や中性子の数であるバリオン数はほぼ厳密に保存する量であり,バリオン数密度 n_N と光子数密度 n_γ の比

$$\eta_B := \frac{n_N}{n_\gamma} \qquad (9.53)$$

は一定となる.この比 η を**バリオン-光子比** (baryon-to-photon ratio) と呼ぶ.一方,温度 T の平衡分布にあるときの光子数密度は,ボーズ・アインシュタイン分布を積分することで

$$n_\gamma = \frac{2}{(2\pi)^3} \int \frac{d^3 k}{e^{k/T} - 1} = \frac{2\zeta(3)}{\pi^2} T^3 \qquad (9.54)$$

と与えられる.ここで,$\zeta(n) := \sum_{i=1}^{\infty} i^{-n}$ はリーマンのゼータ関数であり,$\zeta(3) \fallingdotseq 1.202$ である.このようにして与えられた n_p,及び,n_n を代入することで,重水素 (D) やヘリウム 4(^{4}He) の核統計平衡での質量比は

$$(X_D)_{NSE} = 4.1 \left(\frac{T}{m_N} \right)^{3/2} \eta \exp\left(2.22 \text{MeV}/T \right),$$

$$(X_{^4He})_{NSE} = 7.1 \left(\frac{T}{m_N} \right)^{9/2} \eta^3 \exp\left(28.3 \text{MeV}/T \right) \qquad (9.55)$$

で与えられることがわかる.指数関数の引数に現れるエネルギー 2.22MeV,及び,28.3MeV はそれぞれの粒子の結合エネルギー B_D,及び,$B_{^4He}$ である.非

相対論の近似が成り立つ温度領域では，$(T/m_N) \ll 1$ であり，$\eta \gg 1$ でなければ，温度が結合エネルギーよりも下がり，原子核 I を形成することによるエネルギー的な利得が十分に大きくなってはじめて，$(X_D)_{NSE}$ や $(X_{^4He})_{NSE}$ が大きくなる．核統計平衡での割合 X_{NSE} が大きくなっても，これは長時間反応を起こした結果，平衡に達したときの割合であるので，必ずしも実際の反応が進む保証はない．しかし，逆に，X_{NSE} が小さいにも関わらず，反応が進み原子核が核融合によって生成されることはあり得ない．したがって，η がそれほど大きくない場合には，原子核の合成が始まるのは $T < B_I$ となる，温度が数 MeV以下に下がってからだということが，(9.55)式からわかる．以下に宇宙初期の元素合成のプロセスをごく簡単に説明する．

　まず，宇宙膨張のタイムスケールと陽子と中性子を入れ替える反応

$$p + e^- \leftrightarrow n + \nu, \qquad n + e^+ \leftrightarrow p + \bar{\nu} \tag{9.56}$$

を起こす弱い相互作用の反応のタイムスケールを比較する．自由度 g_* の輻射場のエネルギー密度

$$\epsilon = \frac{\pi^2}{30} g_* T^4 \tag{9.57}$$

を，フリードマン方程式 (9.7) に代入すると，ハッブルパラメータが

$$H = \sqrt{\frac{8\pi\epsilon}{3m_{pl}^2}} \approx \frac{\sqrt{g_*}T^2}{m_{pl}} \tag{9.58}$$

と評価できる．ここで，$m_{pl} := \sqrt{1/G_N} \approx 1.22 \times 10^{19} \text{GeV}$ であり，**プランク質量** (Planck mass) と呼ばれる．

　一方，弱い相互作用の散乱断面積を σ として，電子や電子ニュートリノの密度を n_l とすれば，弱い相互作用の反応率 Γ_{weak} は $n_l \sigma$ で評価できる．断面積 σ は散乱振幅の 2 乗に比例し，散乱振幅は弱い相互作用の低エネルギーでの結合定数 $G_F \approx 1.17 \times 10^{-5} \text{GeV}^{-2}$ に比例することから，$\sigma \propto G_F^2$ であることがわかる．" 時間間隔/$\hbar$ " は (エネルギー)$^{-1}$ の次元を持つので，Γ_{weak} はエネルギーの次元を持つ．電子の質量に比べて十分に温度が高く $T \gg m_e$ が成立する状況では，次元を合わせるのに使える量は温度 T しかなく，核子一個当たりの反応率は，

$$\Gamma_{weak} \approx G_F^2 T^5 \tag{9.59}$$

で与えられる．この逆数が弱い相互作用の反応のタイムスケールとみなせる．

そこで，宇宙膨張のタイムスケールと，弱い相互作用の反応のタイムスケールを比較すると

$$\frac{\Gamma_{\text{weak}}}{H} \approx \left(\frac{T}{g_*^{1/6}\text{MeV}}\right)^3 \tag{9.60}$$

となり，およそ1MeVにまで温度が下がった段階で宇宙膨張のタイムスケール内に弱い相互作用の反応が進まなくなることがわかる．つまり，弱い相互作用による反応の凍結が起こる．

以上を踏まえて，高温の状態から宇宙膨張により冷えていく過程を考えよう．$T \gg Q$ の初期には，陽子と中性子の平衡状態における比率はほぼ1:1である．このとき，陽子と中性子を入れ替える弱い相互作用の反応速度は十分に速いので，平衡状態が実現される．一方，他の原子核はほとんど合成されていないので，$X_n, X_p \approx 0.5$ と考えてよい．

やがて，ビッグバンから $t \approx 1$ 秒程度経過し，温度が下がり $T \approx 1\text{MeV}$ となると，弱い相互作用の凍結が起こる．凍結後の陽子と中性子の比の初期値は凍結が起こる $T \approx 1\text{MeV}$ での平衡値で与えられ，

$$\left(\frac{n}{p}\right)_{\text{freeze out}} = \exp\left(-Q/T\right) \approx \frac{1}{6} \tag{9.61}$$

と見積もられる．ただし，ここで，$\mu_n - \mu_p = \mu_e - \mu_\nu = 0$ を仮定した．

軽い原子核の中で最も安定なもの，すなわち，核子当たりの結合エネルギーが大きい核種はヘリウム4である．したがって，ほとんどの中性子は陽子と結びついてヘリウム4を形成して反応が終了する．残された陽子は水素原子となる．しかし，ヘリウム4を形成するには重水素を経由しなければならない．(9.55)式からわかるように重水素が合成され始めるのは，1MeVよりもさらに温度が下がってからである．このように重水素が合成されにくい理由は，重水素の結合エネルギーが2.22MeVと非常に小さく，結合することによるエネルギー的な利得が少ないからである．(9.55) 式から $(X_\text{D})_{\text{NSE}} \approx 1$ となるのは，適切なバリオン-光子比 $\eta_\text{B} \sim 10^{-9}$ を代入すると，$T = T_{NS} \approx 0.1\text{MeV}$ とわかる．この値は重水素の結合エネルギー2.22MeVに比べても，さらに小さい．重水素ができる時刻はビッグバンから約3分後に相当する．重水素の合成が遅延することで，最終的に宇宙初期の軽い元素の合成が完了する時刻が遅れる現象は**重水素ボトルネック** (deuteron bottle-neck) と呼ばれる．

この間に，半減期 $\tau_{1/2} \sim 10$ 分の中性子の β 崩壊 (neutron β-decay) が進み，

$$(n/p) = \frac{1}{6} \exp \left[-\frac{3\,\text{分}}{15\,\text{分}} \right] \approx \frac{1}{7},\tag{9.62}$$

となる結果，最終的に合成される ^4He の質量密度比としては

$$X_{^4\text{He}} = \frac{4n_{^4\text{He}}}{n_{\text{N}}} \approx \frac{4(n_n/2)}{n_n + n_p} = \frac{2(n/p)}{1 + (n/p)} \approx 0.24 \tag{9.63}$$

という値が得られる．η_{B} の値が大きいと，反応がより高い温度で進むため，ヘリウム4が合成される時期の中性子の割合が多くなる．その結果，$X_{^4\text{He}}$ の値は大きくなる．宇宙初期の元素組成を残しているガス雲の観測から得られたヘリウム4の水素に対する組成比の観測値から，大きな誤差はあるものの $\eta_{\text{B}} \sim 5 \times 10^{-10}$ が導かれる．元素の組成比は，その後の宇宙線による反応や，星の中での反応で変化するので，宇宙初期に生成された元素の組成比を観測的に決定することは容易ではないが，重水素やトリチウムの量は，矛盾なく説明できている．

　宇宙初期の元素合成シナリオの成功は，ビッグバンという考え方が正しいことを示す一つの証拠に挙げられる．しかし，ビッグバン宇宙論の予言はこれにとどまらない．宇宙初期から存在している光子は元素合成後に新たに生成された光子と区別できる．なぜなら，宇宙初期から存在した光子は高温の時期に互いにエネルギーの交換をした結果，平衡分布である化学ポテンシャル μ が 0 のボーズ・アインシュタイン分布，すなわち，黒体輻射のスペクトルを持つ．やがて密度が下がり，反応率が宇宙膨張のタイムスケールに比べて遅くなると自由粒子として振る舞う．この遷移を**光子の脱結合** (decoupling of photon) と呼ぶ．この遷移は自由に運動していた電子が原子核に束縛され，自由な荷電粒子が急激に減少することで引き起こされる．この時期はおおよそ温度にして 3000K であり，赤方偏移 $z \approx 1100$ に対応する．個々の光子のエネルギーは膨張宇宙の中で赤方偏移を受けて変化するが，エネルギースペクトルは温度が変わるだけで黒体輻射のスペクトルが保たれる (章末問題 7)．したがって，宇宙のあらゆる方向から等方的にやってくる黒体輻射の成分は，ビッグバンの観測的証拠になる．バリオンの密度 n_{N} から光子の密度 n_γ をバリオン-光子比 η_{B} を用いて，

$$n_\gamma = \eta_{\text{B}}^{-1} n_{\text{N}} \tag{9.64}$$

と見積もられる．バリオン数密度は，バリオン成分の密度パラメータ $\Omega_{\mathrm{B}} :=$ $\epsilon_{\mathrm{N}0}/\epsilon_c$ を用いて，

$$n_{\mathrm{N}0} = \frac{\epsilon_c}{m_{\mathrm{N}}}\Omega_{\mathrm{B}} = 1.13 \times 10^{-5}\Omega_{\mathrm{B}}h^2\mathrm{cm}^{-3} = 8.6 \times 10^{-47}\Omega_{\mathrm{B}}h^2\mathrm{GeV}^3 \tag{9.65}$$

と表される．(9.54) 式，(9.65) 式，(9.64) 式を合わせると，黒体輻射の現在の温度として，

$$T_0 \approx 10(\Omega_{\mathrm{B}}h^2)^{1/3}\mathrm{K} \tag{9.66}$$

を得る．この結果から，期待される黒体輻射の温度は 10K 以下であり，マイクロ波として観測される．実際，ペンジアス (A. Penzias) とウィルソン (W. Wilson) が 1964 年に初めて発見した等方的な黒体放射成分の温度は 10K よりも低く，現在では約 2.73K の温度を持つことがわかっている．この黒体輻射は**マイクロ波宇宙背景放射** (cosmic microwave background) と呼ばれる．逆に，この温度を上の表式に代入すると

$$\Omega_{\mathrm{B}}h^2 \approx 0.02 \left(\frac{T_0}{2.73\mathrm{K}}\right) \tag{9.67}$$

のように $\Omega_{\mathrm{B}}h^2$ の値に制限がつく．$h \sim 0.7$ を採用すれば，宇宙膨張に対するバリオンの寄与は約 4% に過ぎない．上に述べた，$\Omega_d \approx 0.3$ という観測値を説明するには，バリオン以外の未知の塵状物質が必要とされる．この未知の物質の候補は見つかっていないので，通常のバリオンや電子，光子などの通常の物質場とはほとんど相互作用しない見えない物質でなければならない．宇宙膨張を説明するために必要とされる未知の塵状物質を**ダークマター** (dark matter) と呼ぶ．

§9.5 インフレーション宇宙

ビッグバン宇宙論では，一様等方な時空モデルを仮定して議論をはじめた．ところが，現在我々が観測するマイクロ波宇宙背景放射が等方的に見えていることはとても不思議であることを以下にみる．時空図 9.4 は横軸が空間方向を表し，縦軸が時間方向を表す．空間座標として共動座標を用い，時間座標として共形時間を用いると，光の経路が斜め 45 度の直線となる．共形時間は，定

義により，

$$\eta = \eta_0 + \int_{t_0}^{t} \frac{dt}{a} = \eta_0 + \int_{a_0}^{a} \frac{d\log a}{aH} \tag{9.68}$$

で与えられる．$a \to 0$ となる初期特異点の近傍で $a \propto t^n$ と振る舞うとして，$0 < n < 1$ であるならば，$t \to 0$ の極限においても η は，図9.4に示したように，有限の値に留まる．宇宙初期は輻射場が優勢の宇宙になることを仮定するならば $n = 1/2$ であるので，有限の η で初期特異点に到達する．

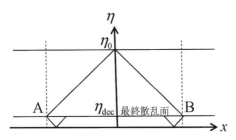

図9.4　インフレーションを起こしていない時空の共形図

さらに，宇宙膨張に対する空間曲率の寄与や真空のエネルギーの寄与は，過去にさかのぼると急速に小さくなるので，ここでは無視する．空間曲率が無視できる場合には空間座標を定数倍することでスケールファクターをスケーリングできるので，$a_0 = 1$ と規格化する．$a = 0$ を $\eta = 0$ に選び，

$$\eta = \int_{0}^{a} \frac{da}{a'^2 H(a')} \approx \frac{1}{H_0} \int_{0}^{a} \frac{da'}{\sqrt{\Omega_r + a'\Omega_d}} = \frac{2}{H_0\Omega_d}\left(\sqrt{\Omega_r + a\Omega_d} - \sqrt{\Omega_r}\right) \tag{9.69}$$

を得る．一方で，マイクロ波宇宙背景放射は，光子の脱結合の時期に対応する図9.4中に**最終散乱面** (last scattering surface) と記した時刻一定面のあたりで相互作用が切れた後，直進して我々の元に届いた光子である．この時刻を $\eta = \eta_{\rm dec}$ と記す．(9.69)式に $a = (1 + z_{\rm dec})^{-1}$ を代入すると，

$$\frac{\eta_{\rm dec}}{\eta_0} \approx \sqrt{\frac{1}{1 + z_{\rm dec}} + \frac{1}{1 + z_{\rm eq}}} - \sqrt{\frac{1}{1 + z_{\rm eq}}} \tag{9.70}$$

となる．ここで，塵状物質と輻射場の平均エネルギー密度が等しくなる時刻の宇宙論的赤方偏移を $z_{\rm eq}$ とし，$1 + z_{\rm eq} = \Omega_d/\Omega_r$ の関係を用いた．$z_{\rm eq} \sim 3600$(章末問題8) を代入すると，$\eta_{\rm dec}/\eta_0 \approx 2 \times 10^{-2}$ という小さな値になる．図9.4からわかるように，異なる観測方向に対応した最終散乱面上の点 (図ではA,Bと

記した) 同士は初期特異点から最終散乱面に至る間に，互いに情報を交換する時間がない．すなわち，因果的なつながりが存在しない．にもかかわらず，あらゆる方向から等方的にほぼ同じ温度の黒体輻射が観測される事実は不思議である．これは**一様性問題** (homogeneity problem) と呼ばれる．あるいは，因果的なつながりがないという側面から，**地平線問題** (horizon problem) とも呼ばれる．

また，一方で空間曲率の宇宙膨張への寄与のスケールファクター依存性は塵状物質や輻射場に比べると緩やかに減少するため，後の時刻ほど，その寄与の割合は大きくなる．にもかかわらず，現在の宇宙の空間曲率が小さい ($\Omega \ll 1$) という事実は，非常に不思議なことである．空間曲率の密度パラメータ Ω_K を時間の関数と見なし，

$$\tilde{\Omega}_K(t) := \frac{-K}{a^2 H^2} \tag{9.71}$$

と定義すると，

$$|\tilde{\Omega}_K(t)| = \frac{a_0^2 H_0^2}{a^2(t) H^2(t)} |\Omega_K| \approx \frac{a^2(t)}{a_0 a_{\text{eq}}} |\Omega_K| \approx 10^{-23} \left(\frac{1\text{GeV}}{T} \right) |\Omega_K| \tag{9.72}$$

である．ここで，2つ目の等号 ($\approx$) において，$a_0 \gg a_{\text{eq}} \gg a(t)$ の近似を用いた．この式から，現在の Ω_K の小ささを説明するには，宇宙の温度が例えば 1GeV のときには Ω_K の値が 10^{-23} よりも小さく，非常に高い精度で平坦な宇宙が実現されていなければならない．この初期条件の精密なチューニングの問題は**平坦性問題** (flatness problem) と呼ばれる．

(9.68)式において，$aH = \dot{a}$ が a の関数として増加するならば，積分の下限の寄与が発散し，初期特異点は $\eta \to -\infty$ になる．この場合の時空図は，図9.5のようになり，最終散乱面に到達するまでにいくらでも図中の A, B の間で過去に情報をやり取りする時間が存在し，一様性問題は解消される．その境目は $\dot{a}$ が増加するか減少するかで決まる．平坦性問題に関しても，(9.72)式を見ると，aH が増加関数であるならば，過去の $|\tilde{\Omega}_K(t)|$ の値が大きくても構わず，初期条件の精密なチューニングの問題を回避できる．$\dot{a}$ は宇宙膨張の速度を表すので，$\dot{a}$ が増加するとは宇宙が加速膨張することである．つまり，宇宙初期に加速膨張する時期が存在すれば，一様性問題や平坦性問題を解決できる．この宇宙初期の加速膨張期を**インフレーション** (inflation) と呼ぶ．

インフレーションを実現するには，すでに学んだように真空のエネルギーが

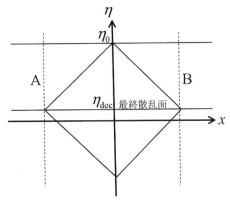

図9.5 インフレーションを起こしている時空の共形図．共形時間 η で無限の過去まで伸びている時空では，最終散乱面を横切る **A** と **B** が過去に情報をやりとりする時間が十分にある．

卓越すればよい．しかし，真空のエネルギーが存在し続けたのでは，我々の宇宙を説明できないため，いつかは無くならなければならない．これは (3.41) で作用関数が与えられるような，スカラー場を導入すれば容易に実現できる．このスカラー場を**インフラトン** (inflaton) と呼ぶ．ここでは，一様等方な時空モデルを考え，

$$\phi = \phi(t) \tag{9.73}$$

を仮定する．このとき，(3.43) 式で与えられるスカラー場のエネルギー運動量テンソルから，エネルギー密度と等方的な圧力はそれぞれ

$$\epsilon = \frac{1}{2}\dot{\phi}^2 + V(\phi), \qquad P = \frac{1}{2}\dot{\phi}^2 - V(\phi) \tag{9.74}$$

と与えられることが読み取れる．宇宙膨張が加速膨張であるか減速膨張であるかは，

$$\frac{\ddot{a}}{a} = -\frac{4\pi G_N}{3}\left(\epsilon + 3P\right) = \frac{8\pi G_N}{3}\left(-\dot{\phi}^2 + V(\phi)\right) \tag{9.75}$$

の正負によって決まる．スカラー場の運動項の寄与 $\dot{\phi}^2$ が卓越する場合には符号は負になり，減速膨張となる．一方，ポテンシャルエネルギー $V(\phi)$ の項が卓越する場合に，$V(\phi) > 0$ であるならば，加速膨張が実現される．

$V(\phi) \gg \dot{\phi}^2$ と仮定したとき，

$$\dot{H} = -4\pi G_N(\epsilon + P) = -4\pi G_N \dot{\phi}^2,$$

$$H^2 = \frac{8\pi G_N}{3}\epsilon \approx \frac{8\pi G_N}{3}V \tag{9.76}$$

となり，宇宙の膨張率であるハッブルパラメータ H の時間変化率を H を用いて無次元化した量は，

$$\left|\frac{\dot{H}}{H^2}\right| \approx \frac{3}{2}\frac{\dot{\phi}^2}{V(\phi)} \ll 1 \tag{9.77}$$

のように小さい．つまり，H は近似的に定数とみなせる．H を定数とする近似のもと，

$$a \propto e^{Ht} \tag{9.78}$$

となり，宇宙は指数関数的な膨張をする．この時空を**ド・ジッター時空** (de Sitter spacetime) と呼ぶ．この時空はミンコフスキー時空と同様に 10 個の独立なキリングベクトルを持つ時空で，最大対称空間の一つである (補章参照)．

さらに，運動方程式 (3.42) を空間的に一様な場に対して書き下すと，

$$\ddot{\phi} + 3H\dot{\phi} + V'(\phi) = 0 \tag{9.79}$$

が得られる．この方程式を，もう一度微分すると

$$\left[\frac{d^2}{dt^2} + 3H\frac{d}{dt} + (V''(\phi) + 3\dot{H})\right]\dot{\phi} = 0 \tag{9.80}$$

が得られる．ここで，$\dot{H}$ が無視できるとし，さらに，ポテンシャルが十分に平らで $m^2 := V''(\phi) \ll H^2$ が成立すると仮定すれば，$\dot{\phi}$ の解は c_1, c_2 を積分定数として，$\dot{\phi} \approx c_1 + c_2/a^3$ のように表され，定数値に速やかに漸近する．このとき，時間が経つと，$\left|\ddot{\phi}/3H\dot{\phi}\right| \approx |c_2/c_1a^3| \ll 1$ となる．このことから，(9.79) 式において第 1 項は第 2 項に比べて十分に小さく，第 2 項と第 3 項が釣り合うことがわかる．よって，

$$\dot{\phi} \approx -\frac{V'}{3H} \tag{9.81}$$

を得る．以上の近似は**スローロール近似** (slow roll approximation) と呼ばれる．(9.79) 式が摩擦がはたらく場合の 1 次元ポテンシャル中の粒子の運動方程

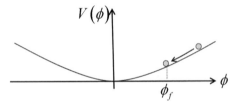

図9.6　べき型を仮定したインフラトンポテンシャル

式と同じ形であることに気づけば，(9.81)式の意味を直感的に理解できる．ここで考えた $V'' \ll H^2$ の条件は，ポテンシャルの勾配の変化が急でない条件である．このとき，摩擦を受けた粒子の運動は終端速度に到達することを (9.81) 式は表す．

スローロール近似の条件 $\dot{\phi}^2 \ll V(\phi)$ が破れる時期を見積もる．簡単な例として，ここでは図9.6に示したような，べき型のポテンシャル $V \propto \phi^{2q}$ を仮定する．スローロール近似による評価式 (9.81)を用いて，

$$\frac{\dot{\phi}^2}{V} \approx \left(-\frac{V'}{3H}\right)^2 \frac{1}{V} = \frac{V'^2}{24\pi G_N V^2} = \frac{q^2 m_{pl}^2}{6\pi\phi^2} \tag{9.82}$$

と見積もられることから，スローロール近似が破れる時刻で $\phi = \phi_f$ であるとして，

$$\phi_f \approx 0.3 q m_{pl} \tag{9.83}$$

となり，ϕ_f の値は $m_{pl} = G_N^{-1/2}$ よりは少し小さい．スローロール近似が破れた後は，ポテンシャルの極小値付近で ϕ は振動する．インフラトン ϕ が他の物質場と相互作用を持てば，他の物質場へと崩壊する．インフラトンと他の物質場の間に直接の相互作用が非常に弱いモデルでも，常に存在する重力的な相互作用を通じて粒子生成が起こる．このとき，インフラトンのポテンシャルエネルギーが解放されて，高温高密度の宇宙が誕生する．インフレーションを経験した宇宙におけるビッグバンはこの高温高密度の宇宙の誕生を指し，宇宙の**再加熱** (re-heating) と呼ぶ．インフレーション中は輻射場が存在しても，指数関数的膨張によってそのエネルギー密度は $\propto 1/a^4$ で薄められて無視できる．インフレーションの前がどのような状態であるかはインフレーション宇宙モデルの予言にとってあまり重要でないが，インフレーション以前に輻射優勢の熱い宇宙が存在したと想像するなら，このインフレーション終了後に起こる加熱現象は再加熱ということになる．

(9.81)式のスローロール近似を用いると，ポテンシャルの山をインフラトンが転がる際にどれだけ宇宙が膨張するかを簡単に評価できる．スケールファクターを

$$a \propto e^{\mathcal{N}} \tag{9.84}$$

のように表したとき，$\mathcal{N}$ を **e-フォールディング数** (e-folding number) と呼ぶ．再び簡単のために，べき型のポテンシャル $V \propto \phi^{2q}$ を仮定すると，時刻 t からインフレーションの終了時刻 t_f までの間の e-フォールディング数は，

$$\begin{aligned}
\mathcal{N}(\phi(t)) &= \int_t^{t_f} H dt = \int_{\phi(t)}^{\phi_f} \frac{H}{\dot{\phi}} d\phi \approx \int_{\phi_f}^{\phi(t)} \frac{8\pi G_N V}{V'} d\phi \\
&= \frac{4\pi G_N}{q} \int_{\phi_f}^{\phi(t)} \phi d\phi = \frac{2\pi G_N}{q} (\phi(t)^2 - \phi_f^2) \\
&\approx \frac{2\pi}{q} \left(\frac{\phi(t)}{m_{pl}} \right)^2
\end{aligned} \tag{9.85}$$

と評価できる．ここで，3番目の近似的な等号で，(9.76)式，及び，(9.81)の近似式を用いた．

一様性問題を解決するためにはインフレーションの始まった時刻 $t = t_i$ では $a_0 H_0 / a(t_i) H(t_i)$ が 1 より十分に大きい必要がある．平坦性問題の解決にもこの比が宇宙初期に向かって大きくなることが必要である．この比は

$$\begin{aligned}
\frac{a_0 H_0}{a(t_i) H(t_i)} &= \frac{a(t_f) H(t_f)}{a(t_i) H(t_i)} \frac{a_0 H_0}{a(t_f) H(t_f)} \\
&\approx e^{-60} e^{\mathcal{N}(\phi(t_i))} \left(\frac{10^{15} \text{GeV}}{T} \right)
\end{aligned} \tag{9.86}$$

のように評価することができる．2番目の等号ではインフレーション中では H はほぼ一定であるとして，$H(t_i) \approx H(t_f)$ と近似し，$a_0 H_0 / a(t_f) H(t_f)$ の評価では (9.72)式と同様の計算をおこなった．以上の結果，インフレーションが強い相互作用と電弱相互作用の大統一のスケール $\sim 10^{15}$GeV で起こったとすれば，

$$\mathcal{N}(\phi(t_i)) \gtrsim 60 \tag{9.87}$$

が要求され，インフラトンの初期値は

$$\phi \gtrsim 3\sqrt{q} m_{pl} \tag{9.88}$$

と制限される．

▣章末コラム　距離はしご

　宇宙モデルを観測的に決定するには，距離と赤方偏移を独立に測定する必要がある．輝線や吸収線を観測することで比較的容易に赤方偏移は決定できるのに対して，距離を測定することは容易ではない．天体の見かけの明るさから光度距離を求められるためには，天体の元の明るさである光度を知る必要がある．そのような元の明るさが推定できる天体は**標準光源** (standard candle) と呼ばれる．現在，標準光源としては**セファイド型変光星** (Cepheid variable) と **Ia 型超新星** (Type Ia supernova) が主として用いられている．セファイド型変光星は規則正しく光度が周期変動する星で，光度変化の周期と光度の間に関係があることが経験的に知られている．Ia 型超新星は水素の輝線が全く見られない超新星で，水素の外層を失った白色矮星が起源になっていると考えられている．このタイプの超新星の光度の時間変化の速さと光度の間に関係があり，光度の時間変化から元の光度が推定できる．超新星は非常に明るい天体現象であるので，赤方偏移 $z = O(1)$ まで観測できるが距離が決められるような近傍で起こることは稀である．一方で，セファイド型変光星が観測できる距離は比較的近傍に限られるが，逆に近傍のセファイド型変光星に対しては，地球の公転運動を利用した三角測量で距離を同定できる．したがって，まず，セファイド型変光星の光度と周期の関係の光度の原点を近傍のセファイド型変光星を用いて決定し，それを用いて遠方のセファイド型変光星の距離を推測する．さらに近傍で起こった Ia 型超新星を起こした母銀河の中にセファイド型変光星を見つけることで，Ia 型超新星の光度関係の原点を決定して遠方の距離を推定している．以前はもっと多くの手法を組み合わせて**距離はしご** (distance ladder) を繋いでいたが，近年の観測技術の進歩によって比較的少ない段数の距離はしごで遠方までの距離が測れるようになり，宇宙モデルの決定の精密化が進んでいる．

　近年，水メーザーによる活動銀河中心核まわりの円盤のサイズと運動を両方観測することから三角測量と同様に一段目の距離はしごとして用いることが可能になり，距離はしごの信頼度を上げることに貢献している．

　距離の決定精度の向上に伴い，現在の宇宙が加速膨張をしていることが明らかになってきた．通常の物質では加速膨張を説明することができないため，宇宙項が存在していると考えられる．しかし，宇宙項のエネルギー密度は $(10^{-4}\mathrm{eV})^4$ 程度であり，素粒子の標準理論のエネルギースケールに比べて非常に小さい．このような小さな宇宙項を自然に説明することが難しいという問題は**宇宙項問題** (cosmological constant problem) と呼ばれ，現代宇宙論の大きな課題とされている．

問題1　$T_0{}^{\mu}{}_{;\mu} = 0$ から (9.10) 式を導け. また, アインシュタイン方程式のその他の成分が, (9.7) 式, (9.10) 式のもとで, 自動的に満たされることを確かめよ.

問題2　$\Omega_\Lambda \neq 0$ の場合に, 宇宙膨張が収縮に転じるのはどのような場合か.

問題3　(9.23) 式を η を用いて解き (9.27) 式を導け.

問題4　(9.47) 式を示せ.

問題5　q_0 を Ω_i を用いて表せ.

問題6　(9.54)式の積分を実行せよ.

問題7　温度 T のボーズ・アインシュタイン分布をもった質量 0 の粒子の分布が一様等方宇宙の中でボーズ・アインシュタイン分布を保つことを示せ.

問題8　$z_{eq} \sim 3600$ であることを $\Omega_d \approx 0.3$, 及び, 現在の輻射場のエネルギー密度が (9.57)式において, 3 世代のニュートリノの寄与を考慮すると $g_* = 3.36$ と与えられることが期待されることを用いて示せ.

第10章 インフレーションによるゆらぎの生成

インフレーション宇宙モデルは，宇宙論的諸問題を解決するというだけでなく，宇宙初期に宇宙の大域的構造形成の種となる初期密度揺らぎを生成する機構も備えているという点が大きな魅力である．

§10.1 自由場の量子化

インフレーション宇宙論における初期ゆらぎの生成や，ブラックホール時空におけるホーキング放射といった話題は一般相対論に基づく宇宙像を描く上で欠くことのできない内容になっている．これらの内容を議論するには曲がった時空上での場の理論が必要となる．本節では，そのための最小限の導入をおこなう．

ここではポテンシャル $V(\phi)$ をもつ実スカラー場 ϕ を考える．ラグランジュ関数を

$$\mathcal{L} = \left(-\frac{1}{2} g^{\mu\nu} \phi_{,\mu} \phi_{,\nu} - V(\phi) \right) \tag{10.1}$$

として，作用関数は

$$S = \int \mathcal{L}(x) \sqrt{-g}\, d^4x \tag{10.2}$$

で与えられる．この作用関数の変分から導かれる運動方程式は

$$\Box \phi - V'(\phi) = 0 \tag{10.3}$$

である．ここで，$\Box := g^{\mu\nu} \nabla_\mu \nabla_\nu$ であり，∇_μ は共変微分を表す．任意の (10.3) 式を満たす古典的な背景場 $\bar{\phi}(x)$ が存在するとして

$$\phi(x) = \bar{\phi}(x) + \varphi(x) \tag{10.4}$$

のようにスカラー場 $\phi(x)$ を背景場 $\bar{\phi}(x)$ と量子的なゆらぎの場 $\varphi(x)$ の和に分解する．その後に，$\varphi(x)$ について展開すると，$\varphi(x)$ の1次の項は古典的な背

景場 $\bar{\phi}(x)$ が満たすべき運動方程式 (10.3) に比例するために 0 となり,2 次まで
の近似で

$$S^{(2)} = \int d^4x \frac{\sqrt{-g}}{2} \left(-g^{\mu\nu}\varphi_{,\mu}\varphi_{,\nu} - m^2(x)\varphi^2 \right) \tag{10.5}$$

を得る.ここで,$m^2(x) := V''(\bar{\phi}(x))$ を定義した.$m^2(x)$ が定数の場合には,
$m(x)$ を質量とする相互作用のない自由スカラー場の作用関数に一致する.

この作用関数 (10.5) の変分から得られる運動方程式は

$$\left(\Box - m^2 \right) \varphi = 0 \tag{10.6}$$

であり,**クライン-ゴルドン方程式** (Klein-Gordon equation) と呼ばれる.

この実係数の線形方程式の実数解を得るには,重ね合わせの原理が成り立つ
ことと,解の複素共役が再び解になることから,まず複素解を導いたのちに,
その実部を取ればよい.二つの独立な複素解を φ_1 と φ_2 としたとき,

$$j_\mu = -i \left\{ (\partial_\mu\varphi_1(x))\varphi_2^*(x) - \varphi_1(x)\partial_\mu\varphi_2^*(x) \right\} \tag{10.7}$$

で定義されるカレント j_μ が保存則 $\nabla_\nu j^\nu = 0$ を満たすことは容易に確かめら
れる.

この保存則を時刻 $t = t_1$ の面 Σ_1 と $t = t_2$ の面 Σ_2 で挟まれた 4 次元体積 V
で積分した表式から,(8.32) 式と同様に

$$0 = \int \nabla_\mu j^\mu \sqrt{-g}\, d^4x = \int_{t_2} j^0 \sqrt{-g}\, d^3x - \int_{t_1} j^0 \sqrt{-g}\, d^3x \tag{10.8}$$

を得る.最後の等号では,空間的な無限遠方の表面項は無視できると仮定し
た.この仮定は遠方で場が十分に速く減衰していると仮定するか,周期境界条
件を課すことで正当化される.

(10.8) 式からは,二つの複素解を φ_1 と φ_2 としたとき,時刻 t の面 Σ_t 上の積
分で与えられる

$$(\varphi_1, \varphi_2) := -\int_{\Sigma_t} j^\mu n_\mu \sqrt{q(x)}\, d^3x \tag{10.9}$$

が保存することがわかる.ここで,q_{ij} は時刻一定面上の誘導計量,n_μ は $t =$
一定面に対する単位法線ベクトルである.(10.8) 式と同じ積分を表しているこ

とは，ラプス関数を N として，$n_\mu = -\delta_\mu^0 N$ であることと，$N\sqrt{q} = \sqrt{-g}$ であることを用いれば容易にわかる．(10.9)式で与えられる保存量は，二つの複素解 φ_1 と φ_2 の間の**クライン-ゴルドン内積** (Klein-Gordon inner product) と呼ばれる．

クライン-ゴルドン方程式 (10.6) の一般解を形式的に書き下す．i でラベルされた $(\square - m^2)u_i = 0$ を満たす解の集合 $\{u_i\}$ を考える．u_i の複素共役 u_i^* も解であるが，u_i^* は集合 $\{u_i\}$ に含まれる解の線形結合で表せないものとする．さらに，i でラベルされた解は

$$(u_i, u_j) = \delta_{ij}, \qquad (u_i^*, u_j^*) = -\delta_{ij} \qquad (u_i, u_j^*) = 0 \qquad (10.10)$$

のようにクライン-ゴルドン内積で規格直交化されているとする．(10.10) の第1式から，クライン-ゴルドン内積の定義に従って第2式は自動的に成立する．第1式と第2式で右辺の符号が異なることから，上記の条件を満たす u_i と u_i^* の役割を入れ替えることはできない．最後に解の集合 $\{u_i\}$ と $\{u_i^*\}$ を合わせると解の完全系を成すことを要請する．解の完全系を成す条件を保証することは一般には難しいが，以下の具体例では変数分離が可能であるため，完全性は自明に満たされる．$\{u_i\}$ を**正振動数関数** (positive frequency functions)，$\{u_i^*\}$ を**負振動数関数** (negative frequency functions) と呼ぶ．

ひとたび，解の完全系が得られれば，一般解は

$$\varphi(x) = \sum_i \left[a_i u_i(x) + a_i^\dagger u_i^*(x) \right] \qquad (10.11)$$

のように，それらの線形結合を用いて表される．$\varphi(x)$ が量子場の演算子であるので，展開係数 a_i も演算子と考えなければならない．$\phi(x)$ は実スカラー場であるので，量子場の演算子としての $\varphi(x)$ はエルミート演算子であることが要請される．したがって，$u_i^*(x)$ の展開係数は $u_i(x)$ の展開係数のエルミート共役でなければならない．a_i と $a_i^\dagger$ はそれぞれ**消滅演算子** (annihilation operator)，**生成演算子** (creation operator) と呼ばれる．

場の同時刻交換関係を設定することで量子化をおこなう．場の演算子 $\varphi(x)$ に共役な運動量

$$\pi = \frac{\partial \mathcal{L}}{\partial \dot\varphi} \qquad (10.12)$$

を計算するには射影演算子 $q_{\mu\nu} := g_{\mu\nu} + n_\mu n_\nu$ を用いて，ラグランジュ関数の中の運動項を

$$-\frac{1}{2}g^{\mu\nu}\varphi_{,\mu}\varphi_{,\nu} = \frac{1}{2}(n^\mu\varphi_{,\mu})^2 - \frac{1}{2}q^{\mu\nu}\varphi_{,\mu}\varphi_{,\nu} \tag{10.13}$$

のように書き換えておくとわかりやすい．$q^{\mu\nu}n_\mu = 0$ であることから，$q^{0\mu} = 0$ であるので，(10.13)式の右辺第2項には時間微分の項が含まれていない．(5.45)式で求めたように $n^\mu\partial_\mu = N^{-1}(\partial_t - N^i\partial_i)$ であることから，

$$\pi = N^{-1}n^\mu\varphi_{,\mu} \tag{10.14}$$

であることがわかる．

　共役運動量がわかったので，同時刻の共役な演算子同士の交換関係を

$$[\varphi(t,\boldsymbol{x}),\pi(t,\boldsymbol{x}')] = \frac{i\delta^3(\boldsymbol{x}-\boldsymbol{x}')}{\sqrt{-g(x)}} \tag{10.15}$$

のように設定する．ここで，右辺に $\sqrt{-g(x)}$ が現れているが，スカラー量であるラグランジュ関数の微分によって共役運動量を定義したことに注意をすれば理解できる．(10.15)式は座標変換に対する変換性を気にせず，ラグランジュ関数に $\sqrt{-g}$ も含めて定義した場合の共役運動量との同時刻交換関係を単に $i\delta^3(\boldsymbol{x}-\boldsymbol{x}')$ と設定したのと等価である．

　上記の同時刻交換関係 (10.15) から，消滅演算子と生成演算子の間の交換関係が以下のように導かれる．まず，消滅演算子 a_i を場の演算子 φ と π を用いてあらわす．φ が (10.11)式のように書けていることと，(10.10)式の関係を用いることで，

$$a_i = (\varphi, u_i) = -i\int_\Sigma \sqrt{q}\,d^3x\,(n^\mu\varphi_{,\mu}u_i^* - \varphi\, n^\mu\partial_\mu u_i^*)$$

$$= -i\int_\Sigma d^3x\,(\sqrt{-g}\,\pi u_i^* - \sqrt{q}\,\varphi n^\mu\partial_\mu u_i^*) \tag{10.16}$$

のように表される．エルミート共役を取ると，

$$a_j^\dagger = i\int_\Sigma d^3x\,(\sqrt{-g}\,\pi u_j - \sqrt{q}\,\varphi n^\mu\partial_\mu u_j) \tag{10.17}$$

であるので，消滅演算子 a_i と生成演算子 $a_j^\dagger$ の間の交換関係は (10.15)式を用いて

$$\left[a_i, a_j^\dagger\right] = -i\int_\Sigma \sqrt{q}\,d^3x\,(u_j n^\mu\partial_\mu u_i^* - n^\mu(\partial_\mu u_j)u_i^*)$$

$$= (u_j, u_i) = \delta_{ij} \tag{10.18}$$

であることがわかる．同様の計算から

$$[a_i, a_j] = 0, \qquad \left[a_i^\dagger, a_j^\dagger\right] = 0 \tag{10.19}$$

も得られる．

　量子場 φ の状態を指定する条件として，消滅演算子を作用させて消える状態 $|0\rangle$ を**真空** (vacuum state) と呼ぶ．すなわち，任意のラベル j に対して

$$a_j|0\rangle = 0 \tag{10.20}$$

である．このような状態は特別な状態ではあるが，一意ではない．なぜなら，$\{a_j\}$ の選び方は正振動数関数 $\{u_i\}$ の選び方に依存しているからである．そのため，(10.20)式の形で定義される真空状態に限っても，多様性がある．真空に生成演算子を作用させた状態は，粒子が存在する状態と考えることができる．$|j^n\rangle \propto (a_j^\dagger)^n|0\rangle$ という状態は j でラベルされた粒子が n 個存在する状態とみなせ，粒子数を表す演算子 $N_j := a_j^\dagger a_j$ の期待値は

$$\frac{\langle j^n|N_j|j^n\rangle}{\langle j^n|j^n\rangle} = n \tag{10.21}$$

となる．

10.1.1　静的な背景時空の場合

　曲がった時空の場の理論を考えると，一般には真空の選び方も一意に定まらないが，静的な時空では自然な基底状態としての真空を選ぶことができる．これを見るために，

$$ds^2 = -d\eta^2 + q_{ij}dx^i dx^j \tag{10.22}$$

で与えられる静的な時空上のスカラー場を考える．作用関数は

$$S^{(2)} = \frac{1}{2}\int d\eta \int d^3x \sqrt{q}\left((\partial_\eta\varphi)^2 - q^{ij}\varphi_{,i}\varphi_{,j} - m^2\varphi^2\right) \tag{10.23}$$

と与えられる．ここで，空間の共変ラプラシアン演算子 $\Delta = q^{ij}D_iD_j$ の固有関数を，

$$\left[\Delta + k^2\right]Y_k(\boldsymbol{x}) = 0 \tag{10.24}$$

を満たす関数として導入する. ここで $-k^2$ がラプラシアン演算子の固有値である. $Y_k(\boldsymbol{x})$ は調和関数 (harmonic functions) と呼ばれる. 固有値が縮退している場合にはそれらを区別するためのラベルが必要だが, ここでは簡単のために縮退はないものとする. ミンコフスキー時空のように空間が無限に広がっている場合には, k は連続的な値を取るが, ここでは k が離散的な値をとる場合を考えることにし,

$$\int d^3x \sqrt{q} Y_k(\boldsymbol{x}) Y_{k'}(\boldsymbol{x}) = \delta_{kk'} \tag{10.25}$$

と規格直交化されているものとする (章末問題 2).

調和関数は 2 乗可積分な関数の完全系を成すので, 調和関数を用いて φ を

$$\varphi = \sum_k \varphi_k(\eta) Y_k(\boldsymbol{x}) \tag{10.26}$$

と展開する. 展開係数 $\varphi_k(\eta)$ は時間の関数となる. この表式を作用関数に代入すると, $\omega_k^2 = m^2 + k^2$ として,

$$S^{(2)} = \frac{1}{2} \sum_k \int d\eta \left((\partial_\eta \varphi_k)^2 - \omega_k^2 \varphi^2 \right) \tag{10.27}$$

を得る. この作用関数は k でラベルされた独立な調和振動子の集合の作用関数に他ならない. ひとつの調和振動子 φ_k に着目し, その運動方程式 $(\partial_\eta^2 + \omega_k^2)\varphi_k$ を満たす正振動数関数

$$u(\eta) = \sqrt{\frac{1}{2\omega_k}} e^{-i\omega_k \eta} \tag{10.28}$$

とその複素共役を用いて, φ_k を

$$\varphi_k = u(\eta) a + u^*(\eta) a^\dagger \tag{10.29}$$

と展開する.

ここで選んだ正振動数関数の選び方は, 調和振動子の自然な基底状態に対応している. このことを見るために, φ_k の共役運動量 $\pi_k = \dot{\varphi}_k$ を (10.29)式から

$$\pi_k = -i\omega_k (ua - u^* a^\dagger) \tag{10.30}$$

と求め, (10.29)式と組み合わせて $a^\dagger$ を消去することで,

$$a \propto \varphi_k + \frac{i}{\omega_k} \pi_k \tag{10.31}$$

を得る．したがって，φ_k を座標とする表示での波動関数 $\Psi_0(\varphi_k) := \langle\varphi_k|0\rangle$ を用いて，この正振動数関数の選び方によって定められる真空の条件 $a|0\rangle = 0$ を書き下すと，

$$\left(\varphi_k + \frac{1}{\omega_k}\frac{\partial}{\partial\varphi_k}\right)\Psi_0(\varphi_k) = 0 \tag{10.32}$$

となる．この方程式を解くと基底状態の波動関数

$$\Psi_0(\varphi_k) \propto \exp\left(-\frac{\omega_k}{2}\varphi_k^2\right) \tag{10.33}$$

が得られる．

10.1.2　ボゴリューボフ変換

前項で議論した静的な背景時空でない一般の時空においては特別な正振動数関数の選び方は必ずしも存在しない．正振動数関数の選び方は一意でないので，別の選び方をした正振動数関数の集合を $\{\bar{u}_j\}$ のように表す．このとき，$\{u_j\}$，および，$\{u_j^*\}$ が解の完全系をなすことから，

$$\bar{u}_j = \sum_i \left(\alpha_{ji}u_i + \beta_{ji}u_i^*\right) \tag{10.34}$$

と展開できる．ここで現れる展開係数 α_{ji}，および，β_{ji} を**ボゴリューボフ係数** (Bogoliubov coefficients) と呼ぶ．(10.10)式を用いると，

$$(\bar{u}_j, u_i) = \alpha_{ji}, \qquad (\bar{u}_j, u_i^*) = -\beta_{ji} \tag{10.35}$$

であることが容易にわかる．これらの関係式を用いると，(10.34)の逆変換は

$$u_i = \sum_j \left(\alpha_{ji}^*\bar{u}_j - \beta_{ji}\bar{u}_j^*\right) \tag{10.36}$$

と与えられる (章末問題 3).

新しい正振動数関数と負振動数関数も完全系を成すなら，これらを用いて場の演算子 φ を展開できる．その際の生成消滅演算子にも $\{\bar{u}_j\}$ と同様にバーをつけて表すと，

$$\varphi(x) = \sum_j \left[\bar{a}_j\bar{u}_j(x) + \bar{a}_j^\dagger\bar{u}_j^*(x)\right] \tag{10.37}$$

である．この表式から

$$a_i = (\varphi, u_i) = \sum_j \left[\bar{a}_j(\bar{u}_j, u_i) + \bar{a}_j^\dagger(\bar{u}_j^*, u_i) \right]$$

$$= \sum_j \left[\alpha_{ji}\bar{a}_j + \beta_{ji}^*\bar{a}_j^\dagger \right] \tag{10.38}$$

や，

$$\bar{a}_j = (\varphi, \bar{u}_j) = \sum_i \left[a_i(u_i, \bar{u}_j) + a_j^\dagger(u_i^*, \bar{u}_i) \right]$$

$$= \sum_i \left[\alpha_{ji}^* a_i - \beta_{ji}^* a_i^\dagger \right] \tag{10.39}$$

が得られる．

また，(10.38)式とそのエルミート共役を用いることで，交換関係からボゴリューボフ係数が常に満たすべき恒等式

$$\delta_{ij} = [a_i, a_j^\dagger] = \sum_k \left(\alpha_{ki}\alpha_{kj}^* - \beta_{ki}^*\beta_{kj} \right), \tag{10.40}$$

$$0 = [a_i, a_j] = \sum_k \left(\alpha_{ki}\beta_{kj}^* - \beta_{ki}^*\alpha_{kj} \right), \tag{10.41}$$

$$\delta_{ij} = [\bar{a}_i, \bar{a}_j^\dagger] = \sum_k \left(\alpha_{ik}^*\alpha_{jk} - \beta_{ik}^*\beta_{jk} \right), \tag{10.42}$$

$$0 = -[\bar{a}_i, \bar{a}_j] = \sum_k \left(\alpha_{ik}^*\beta_{jk}^* - \beta_{ik}^*\alpha_{jk}^* \right) \tag{10.43}$$

が得られる．

$\bar{a}_j|\bar{0}\rangle = 0$ という条件を満たす新たな真空状態を $|\bar{0}\rangle$ とする．元の真空 $|0\rangle$ から見た際の粒子数は，元の真空に対して定義された粒子 i の個数演算子 $N_i := a_i^\dagger a_i$ の期待値を新しい真空状態で求めればよく，

$$\langle\bar{0}|N_i|\bar{0}\rangle = \langle\bar{0}|(\sum_j \left[\alpha_{ji}^*\bar{a}_j^\dagger + \beta_{ji}\bar{a}_j \right]) \sum_k \left[\alpha_{ki}\bar{a}_k + \beta_{ki}^*\bar{a}_k^\dagger \right] |\bar{0}\rangle = \sum_k |\beta_{ki}|^2 \tag{10.44}$$

と与えられる．

ここで，ボゴリューボフ変換で移りあう異なる真空間の関係を与える．a_i を $|0\rangle$ に作用させると 0 になることから，

$$\sum_j (\alpha_{ji}\bar{a}_j + \beta_{ji}^*\bar{a}_j^\dagger)|0\rangle = 0 \tag{10.45}$$

であることがわかる. α_{ji} の逆行列を乗じることで,

$$\left(\bar{a}_i - \sum_j M_{ji}\bar{a}_j^\dagger\right)|0\rangle = 0. \tag{10.46}$$

を得る. ここで,

$$M_{ik} = M_{ki} = -\sum_j \left(\alpha^{-1}\right)_{ji}\beta_{kj}^* \tag{10.47}$$

である. (10.41)式から, M_{ik} が対称であることがわかる.

この M_{ik} を用いて, $|0\rangle$ は $|\bar{0}\rangle$ からの励起状態として

$$|0\rangle = C\exp\left[\frac{1}{2}\sum_{i,j} M_{ij}\bar{a}_i^\dagger\bar{a}_j^\dagger\right]|\bar{0}\rangle \tag{10.48}$$

と書き表せる. (10.46)式と (10.48)式から, 右辺の表式に $C^{-1}\sum_j(\alpha^{-1})_{kj}a_j$ を作用させた量を計算すると,

$$\left(\bar{a}_k - \sum_l M_{lk}\bar{a}_l^\dagger\right)\exp\left[\frac{1}{2}\sum_{i,j} M_{ij}\bar{a}_i^\dagger\bar{a}_j^\dagger\right]|\bar{0}\rangle$$

$$= \left(\bar{a}_k - \sum_l M_{lk}\bar{a}_l^\dagger\right)\left[1 + \frac{1}{2}\sum_{i,j} M_{ij}\bar{a}_i^\dagger\bar{a}_j^\dagger + \frac{1}{8}\left(\sum_{i,j} M_{ij}\bar{a}_i^\dagger\bar{a}_j^\dagger\right)^2 + \cdots\right]|\bar{0}\rangle$$

$$= \left[1 + \frac{1}{2}\sum_{i,j} M_{ij}\bar{a}_i^\dagger\bar{a}_j^\dagger + \frac{1}{8}\left(\sum_{i,j} M_{ij}\bar{a}_i^\dagger\bar{a}_j^\dagger\right)^2 + \cdots\right]\sum_l M_{lk}\bar{a}_l^\dagger|\bar{0}\rangle$$

$$- \left[1 + \frac{1}{2}\sum_{i,j} M_{ij}\bar{a}_i^\dagger\bar{a}_j^\dagger + \frac{1}{8}\left(\sum_{i,j} M_{ij}\bar{a}_i^\dagger\bar{a}_j^\dagger\right)^2 + \cdots\right]\sum_l M_{lk}\bar{a}_l^\dagger|\bar{0}\rangle$$

$$= 0 \tag{10.49}$$

となり, $|0\rangle$ が消滅演算子 a_j を作用して消える状態であることが確かめられる. また, (10.48)式の両辺に $\langle\bar{0}|$ を作用させることで,

$$\langle\bar{0}|0\rangle = C\langle\bar{0}|\exp\left[\frac{1}{2}\sum_{i,j} M_{ij}\bar{a}_i^\dagger\bar{a}_j^\dagger\right]|\bar{0}\rangle = C \tag{10.50}$$

であることもわかる.

§10.2　インフレーションモデルにおける量子場のゆらぎ

本節では，

$$ds^2 = a^2(\eta) \left[-d\eta^2 + d\boldsymbol{x}^2 \right] \tag{10.51}$$

で与えられる一様等方時空上でのインフラトン場の量子状態について考え，インフレーションシナリオにもとづく初期密度ゆらぎの生成機構を概観する．

簡単化のために一辺が共動座標の長さで L の箱を考え，周期境界条件を課す．インフラトン ϕ を

$$\phi = \bar{\phi}(t) + \varphi(t, \boldsymbol{x}) \tag{10.52}$$

のように，時間のみに依存した背景場 $\bar{\phi}(t)$ とそのまわりのゆらぎとしての量子場 $\varphi(x)$ に分解する．規格直交化された正振動数関数を求める際に，空間依存性は単純に平面波 $e^{i\boldsymbol{k}\cdot\boldsymbol{x}}$ で展開できるとし，

$$u_{\boldsymbol{k}} = \frac{1}{L^{3/2}a(\eta)} e^{i\boldsymbol{k}\cdot\boldsymbol{x}} \chi_{\boldsymbol{k}}(\eta) \tag{10.53}$$

とおく．ここで，スケールファクターをくくり出した場 $\chi = a\varphi$ を考えているが，これは運動方程式が

$$\omega_{\boldsymbol{k}}^2(\eta) = k^2 + a^2(\eta)m^2 - \frac{a''(\eta)}{a(\eta)} \tag{10.54}$$

を用いて，自己随伴型の方程式

$$\frac{d^2}{d\eta^2}\chi_{\boldsymbol{k}}(\eta) + \omega_{\boldsymbol{k}}^2 \chi_{\boldsymbol{k}}(\eta) = 0 \tag{10.55}$$

になり，考えやすいからである．

クライン-ゴルドン内積での規格直交化条件のうち，異なる波数 $\boldsymbol{k}$ でラベルされた関数間の直交性は自明に成立する．一方，規格化の条件を書き下すと

$$\frac{d\chi_{\boldsymbol{k}}}{d\eta}\chi_{\boldsymbol{k}}^* - \chi_{\boldsymbol{k}}\frac{d\chi_{\boldsymbol{k}}^*}{d\eta} = -i \tag{10.56}$$

となる．

10.2.1 ド・ジッター宇宙モデル

計算を具体的に進めるために，より単純な宇宙の膨張率が一定の**ド・ジッター時空** (de Sitter sapcetime) モデル

$$\frac{\dot{a}}{a} = H \; (\text{定数}) \tag{10.57}$$

を考えることにする (補章参照). ここで，共動座標が一定となる世界線に沿って運動する観測者の固有時間 $t = \int a \, d\eta$ での微分を " ˙ " で表す. このとき，スケールファクターは

$$a = e^{Ht} \tag{10.58}$$

となる. 共形時間座標 η と t の関係から

$$\eta = \int \frac{dt}{a} = -\frac{e^{-Ht}}{H} \tag{10.59}$$

となり，

$$a = -\frac{1}{H\eta} \tag{10.60}$$

であるとわかる. $t \to -\infty$ の極限は $\eta \to -\infty$ に対応しているが，$t \to +\infty$ の極限は（$\eta \to +\infty$ ではなく）$\eta \to 0$ であることに注意する必要がある. すなわち，ド・ジッター時空を共形時間を用いて表すと，過去には $\eta \to -\infty$ まで延長できるが，未来方向には有限である.

(10.54)式にあてはめると，

$$\omega_{\boldsymbol{k}}^2(\eta) = k^2 + \left(\frac{m^2}{H^2} - 2\right)\frac{1}{\eta^2} \tag{10.61}$$

となる. このとき，

$$\nu = \sqrt{\frac{9}{4} - \frac{m^2}{H^2}} \tag{10.62}$$

を定義すると，(10.55)式の一般解は第一種，および，第二種のハンケル関数を用いて

$$\chi_{\boldsymbol{k}} = \alpha_{\boldsymbol{k}} \frac{\sqrt{-\pi\eta}}{2} H_\nu^{(1)}(-k\eta) + \beta_{\boldsymbol{k}} \frac{\sqrt{-\pi\eta}}{2} H_\nu^{(2)}(-k\eta) \tag{10.63}$$

と与えることができる。ここで，$\alpha_{\boldsymbol{k}}$ と $\beta_{\boldsymbol{k}}$ は任意の定数係数である。

正振動数関数として適切な係数 $\alpha_{\boldsymbol{k}}$，$\beta_{\boldsymbol{k}}$ を決定するために，過去にさかのぼり，$\eta \to -\infty$ の極限をとると，$\omega_{\boldsymbol{k}}^2 \to k^2$ と定数になることに着目する。これは共形時間で見たときの振動数が一定になるということであって，物理的な振動数 $\omega_{\boldsymbol{k}}/a$ はスケールファクターに反比例して時間変化する。しかしながら，その振動数の時間変化は十分にゆっくりであるとみなすことができる。実際，振動数の変化率と振動数の比をとると，

$$\frac{d \log(\omega_{\boldsymbol{k}}/a)}{dt} \frac{1}{\omega_{\boldsymbol{k}}/a} = \frac{k^2}{\eta \omega_{\boldsymbol{k}}^3} \underset{\eta \to -\infty}{\to} \frac{1}{k\eta} \tag{10.64}$$

となり，$\eta \to -\infty$ の極限では，振動数に比べてその変化率は限りなく小さくなる。この極限で振動数が一定の振動子とみなせるため，自然な初期条件として $e^{-i\omega_{\boldsymbol{k}}\eta}$ に比例するものが選ばれる。

$$\frac{\sqrt{-\pi\eta}}{2} H_\nu^{(1)}(-k\eta) \underset{\eta \to -\infty}{\to} \frac{1}{\sqrt{2k}} e^{-ik\eta - i(2\nu+1)\pi/4} \tag{10.65}$$

であることから，$\alpha_{\boldsymbol{k}} = 1$，$\beta_{\boldsymbol{k}} = 0$ と選ぶことが自然な初期条件に対応し，かつ，(10.56)式の規格化条件を満たすことがわかる。

$m^2 < 9H^2/4$ の場合には，十分時間が経った極限である $\eta \to 0$ において，ハンケル関数の漸近形の表式を用いると，

$$\frac{\sqrt{-\pi\eta}}{2} H_\nu^{(1)}(-k\eta) \to -i \frac{\sqrt{-\pi\eta}(-k\eta/2)^{-\nu}}{2 \sin \nu\pi \Gamma(-\nu+1)} \tag{10.66}$$

を得る。$m \neq 0$ ならば，$\nu < 3/2$ なので，$\eta \to 0$ で $\varphi_{\boldsymbol{k}} = \chi_{\boldsymbol{k}}/a \to 0$ となることがわかる。$m = 0$ の場合には，$\eta \to 0$ で

$$\chi_{\boldsymbol{k}} \to \frac{iaH}{\sqrt{2}k^{3/2}} \tag{10.67}$$

となる。

最初から，$m = 0$ とおくならば，任意の位相因子の不定性を除いて，

$$\chi_{\boldsymbol{k}} = \frac{1}{\sqrt{2k}} \left(1 - \frac{i}{k\eta} \right) e^{-ik\eta} \tag{10.68}$$

と初等的に正振動数関数が求まり，ここから直接 (10.67)式を確かめることもできる。

ここで，ゆらぎのパワースペクトルを導入する．空間の一様性から φ^2 の期待値は空間座標 $\boldsymbol{x}$ に依存しない．その期待値は，

$$\langle \varphi^2 \rangle = \frac{1}{L^3} \sum_{\boldsymbol{k}} \langle |\varphi_{\boldsymbol{k}}|^2 \rangle = \frac{1}{(2\pi)^3} \int d^3k \langle |\varphi_{\boldsymbol{k}}|^2 \rangle =: \int \frac{dk}{k} \mathcal{P}_\varphi(k) \quad (10.69)$$

と計算される．二つ目の等号では $\sum_{\boldsymbol{k}} (\Delta k)^3 = \sum_{\boldsymbol{k}} (2\pi/L)^3$ が $L \to \infty$ の極限で $\int d^3k$ に置き換えられることを用いた．最後の等号は $\mathcal{P}_\varphi(k)$ の定義である．$\mathcal{P}_\varphi(k)$ はゆらぎ $\langle \varphi^2 \rangle$ に対する単位対数振動数区間あたりの寄与を表す．等方な場合には $\int d^3k = 4\pi \int k^2 dk$ であることから，

$$\mathcal{P}_\varphi(k) = \frac{k^3}{2\pi^2} \langle |\varphi_{\boldsymbol{k}}|^2 \rangle = \frac{H^2}{4\pi^2} \quad (10.70)$$

となる．2つ目の等号では，$\eta \to 0$ の極限を取っている．

　$m = 0$ の場合に得られた結果は単純な次元解析による考察からも予測可能である．$m = 0$ の場合に，今の設定で次元を持つ量は宇宙の膨張率 H のみである．また，ド・ジッター時空は定常であることからどのスケールでも同じことが起こる．$c = 1$, $\hbar = 1$ の単位系では，質量，$(長さ)^{-1}$，$(時間)^{-1}$ が同じ次元を持ち，作用関数は無次元となることから，φ は質量の次元をもつ．質量の次元を持った唯一の量が H であるので，単位対数振動数区間あたりの揺らぎの振幅は H 程度であると結論される．

§10.3　ゲージ不変摂動論

10.3.1　調和関数

　ここでは簡単のために，平坦な時空モデルを考えることにする．その場合には各波数 $\boldsymbol{k}$ に対して，調和関数を

$$Y_{\boldsymbol{k}} = \frac{e^{i\boldsymbol{k}\cdot\boldsymbol{x}}}{(2\pi)^{3/2}} \quad (10.71)$$

と定義する．$\hat{k}_i := k_i/k$ を導入し，この調和関数を微分することで作られるベクトル，および，トレースレステンソルとして，

$$Y_{\boldsymbol{k}i} := -i\hat{k}_i Y_{\boldsymbol{k}},$$

$$Y_{\boldsymbol{k}ij} := (-\hat{k}_i\hat{k}_j + \delta_{ij}/3)Y_{\boldsymbol{k}} \tag{10.72}$$

を定義する．これらの調和関数は

$$\int Y_{\boldsymbol{k}}Y^*_{\boldsymbol{k}'}\,d^3x = \delta^3(\boldsymbol{k}-\boldsymbol{k}')\,,$$

$$\int \delta^{ij}Y_{\boldsymbol{k}i}Y^*_{\boldsymbol{k}'j}\,d^3x = \delta^3(\boldsymbol{k}-\boldsymbol{k}')\,,$$

$$\int \delta^{ik}\delta^{jl}Y_{\boldsymbol{k}ij}Y^*_{\boldsymbol{k}'kl}\,d^3x = \frac{2}{3}\delta^3(\boldsymbol{k}-\boldsymbol{k}') \tag{10.73}$$

と規格直交化されている．以後，3次元のテンソルとして導入された量の添え字の上げ下げは，$\hat{k}^i = \gamma^{ij}\hat{k}_j$ のように，γ_{ij} を用いて行うこととする．

任意の3次元ベクトルは3成分あり，上記の調和関数 $Y_{\boldsymbol{k}i}$ だけでは不十分である．したがって，$\hat{k}^i Y^{(V)}_{\boldsymbol{k}i} = 0$ を満たす空間添字を持った2つのベクトル調和関数を導入する．具体的には $\hat{k}^i$ に直交する基底 e_i を2つ用意して，

$$Y^{(V)}_{\boldsymbol{k}i} = e_i Y_{\boldsymbol{k}} \tag{10.74}$$

を考えればよい．2階対称テンソルについては，トレース部分 $\delta_{ij}Y_{\boldsymbol{k}}$ と $Y_{\boldsymbol{k}ij}$ の2成分に加えて，$Y^{(V)}_{\boldsymbol{k}i}$ から作られるトレースレステンソル

$$Y^{(V)}_{\boldsymbol{k}ij} := \frac{-i}{2}\left(\hat{k}_i Y^{(V)}_{\boldsymbol{k}j} + \hat{k}_j Y^{(V)}_{\boldsymbol{k}i}\right) \tag{10.75}$$

が2成分存在する．したがって，各波数 $\boldsymbol{k}$ に対して $Y_{\boldsymbol{k}}$ や $Y^{(V)}_{\boldsymbol{k}i}$ から作れない成分は2成分である．これらは $e_{ij}\hat{k}^i = 0$，$e_{ij}\delta^{ij} = 0$，および，$e_{ij}e^{ij} = 1$ を満たす対称テンソル基底 e_{ij} を用いて

$$Y^{(T)}_{\boldsymbol{k}ij} = e_{ij} Y_{\boldsymbol{k}} \tag{10.76}$$

と与えればよい．

10.3.2　一般の線形摂動

まずは，FLRW 時空まわりの微小な摂動の1次までの近似で運動方程式を考える．摂動を受けた線素を

$$d\tilde{s}^2 = a^2(\eta)\Big[-(1+2A)d\eta^2 - 2B_i d\eta\,dx^i$$
$$+ [(1+2D)\gamma_{ij} + 2E_{ij}]\,dx^i dx^j\Big] \tag{10.77}$$

と表す. ここでは, "~" を伴う量は, 摂動を受けた量を表す約束とする. 摂動量である A, B_i, D, E_{ij} はそれぞれ, 調和関数を用いて

$$A = \sum A_{\boldsymbol{k}}^S Y_{\boldsymbol{k}}, \qquad D = \sum D_{\boldsymbol{k}}^S Y_{\boldsymbol{k}},$$
$$B_i = \sum B_{\boldsymbol{k}}^S Y_{\boldsymbol{k}i} + B_{\boldsymbol{k}}^V Y_{\boldsymbol{k}i}^{(V)},$$
$$E_{ij} = \sum E_{\boldsymbol{k}}^S Y_{\boldsymbol{k}ij} + E_{\boldsymbol{k}}^V Y_{\boldsymbol{k}ij}^{(V)} + E_{\boldsymbol{k}}^T Y_{\boldsymbol{k}ij}^{(T)} \tag{10.78}$$

と展開できる.

エネルギー運動量テンソル $\tilde{T}_{\mu\nu}$ に関しては, 完全流体として 4 元速度 $\tilde{u}^\mu$ と, エネルギー密度 $\tilde{\epsilon} := \tilde{u}^\mu \tilde{u}^\nu \tilde{T}_{\mu\nu}$, および, 圧力 $\tilde{P} := (T_\mu^\mu + \epsilon)/3$ で表すことのできる成分と, それ以外の成分 $\Sigma_{\mu\nu}$ に分けて考える. $\tilde{u}^\mu$ は規格化されているので, 3 成分しか持たないことから, 残りの成分である $\Sigma_{\mu\nu}$ は 5 成分を持つ.

$$\tilde{T}^{\mu\nu} = (\tilde{\epsilon} + \tilde{P})\tilde{u}^\mu \tilde{u}^\nu + \tilde{P}\tilde{g}^{\mu\nu} + \Sigma^{\mu\nu} \tag{10.79}$$

によって, $\Sigma_{\mu\nu}$ を定義し, 流体の 4 元速度 $\tilde{u}^\nu$ と共に運動する観測者からみたエネルギーフラックスである $-\tilde{T}_{\mu\nu}\tilde{u}^\nu$ が, $\tilde{u}_\mu$ に比例することを要請する. この要請は, $\Sigma_{\mu\nu}\tilde{u}^\nu = 0$ を意味する. 線形摂動の範囲では $\Sigma_{\mu\nu}$ が 1 次の微小量であることから, $\Sigma_{\mu\nu}u^\nu = 0$ と近似してよいので, $\Sigma_{\mu\nu}$ が空間成分しか持たない条件

$$\Sigma_{0\mu} = 0 \tag{10.80}$$

となる. 加えて, $\tilde{T}_\mu^\mu = -\tilde{\epsilon} + 3\tilde{P}$ から

$$\Sigma^\mu_{\ \mu} = 0 \tag{10.81}$$

が要請され, $\Sigma_{\mu\nu}$ は確かに 5 成分しかない.

背景時空上で値が存在するスカラー量 ϵ や P は, 背景の値からの摂動を受けて,

$$\tilde{\epsilon} = \epsilon + \delta\epsilon$$
$$\tilde{P} = P + \delta P \tag{10.82}$$

のようになる. 速度場 $\tilde{u}^i$ は背景では 0 なので, 摂動量のみで構成され,

$$\tilde{u}^i = a^{-1}v^i \tag{10.83}$$

のように与えられる．$\tilde{u}^0$ は独立でなく，4 元速度の規格化条件から

$$\tilde{u}^0 = a^{-1}(1 - A) \tag{10.84}$$

と定まる．下付き成分も添字を計量テンソルで下げるだけなので，

$$\tilde{u}_0 = -a(1 + A), \quad \tilde{u}_i = a(v_i - B_i) \tag{10.85}$$

となる．

エネルギー運動量テンソルの混合成分を書き下すと

$$T^0{}_0 = -(\epsilon + \delta\epsilon), \qquad T^0{}_i = (\epsilon + P)(v_i - B_i)$$

$$T^i{}_0 = -(\epsilon + P)v^i, \qquad T^i{}_j = (P + \delta P)\delta^i{}_j + \Sigma^i{}_j \tag{10.86}$$

となり，摂動変数は調和関数を用いて，それぞれ

$$\delta = \frac{\delta\epsilon}{\epsilon} = \sum \delta^S Y \qquad \delta P = \sum (\delta P)^S Y, \qquad v_i = \sum v^S Y_i + \sum v^V Y_i^{(V)},$$

$$\Pi_{ij} = \frac{\Sigma_{ij}}{P} = \sum \Pi^S Y_{ij} + \sum \Pi^V Y_{ij}^{(V)} + \sum \Pi^T Y_{ij}^{(T)} \tag{10.87}$$

と展開される．ここで $\boldsymbol{k}$ の添字は省略した．

10.3.3　ゲージ変換

ここでは，微小な座標変換

$$\bar{\eta} = \eta + T, \qquad T = \sum T^S Y,$$

$$\bar{x}^j = x^j + L^j, \qquad L^j = \sum L^S Y^j + \sum L^V Y^{(V)j} \tag{10.88}$$

で，前項で導入した摂動変数がどう変換するかを考える．変換後の量に対して
"ˉ" をつけて区別する．

計量テンソルに関しては，一般のテンソルの変換規則から出発し，

$$\bar{\bar{g}}_{\mu\nu}(\bar{\eta}, \bar{x}^j) = \frac{\partial x^\alpha}{\partial \bar{x}^\mu} \frac{\partial x^\beta}{\partial \bar{x}^\nu} \tilde{g}_{\alpha\beta}(\bar{\eta} - T, \bar{x}^j - L^j)$$

$$\approx \tilde{g}_{\mu\nu}(\bar{\eta}, \bar{x}^j) - g_{\alpha\nu}(\delta x)^\alpha_{,\mu} - g_{\alpha\mu}(\delta x)^\alpha_{,\nu} - g_{\mu\nu,\lambda}(\delta x)^\lambda \tag{10.89}$$

という変換則を得る．元の $\{x^\mu\}$ 座標での座標値と変換後の $\{\bar{x}^\mu\}$ 座標での座標値は異なる．ここでは，同じ座標値で与えられる，物理的には異なる 2 点に

おけるテンソル場の成分を比較し，その成分がどう変換するかに着目する．この見方は，計量テンソルの摂動も他のスカラー場や電磁場と同様に非摂動のFLRW 背景時空上の場としてとらえる考え方に対応する．

　線形摂動の範囲で両辺を見比べることで，スカラータイプの摂動に関しては，

$$\bar{A}^S = A^S - (\partial_\eta + \mathcal{H})T^S, \qquad \bar{B}^S = B^S + \partial_\eta L^S + kT^S,$$

$$\bar{D}^S = D^S - \frac{k}{3}L^S - \mathcal{H}T^S, \qquad \bar{E}^S = E^S + kL^S \tag{10.90}$$

と変換することがわかる．ここで，$\mathcal{H} := \dfrac{a'}{a} = aH$ である．ベクトルタイプの摂動に関しても同様に，

$$\bar{B}^V = B^V + \partial_\eta L^V, \qquad \bar{E}^V = E^V + kL^V \tag{10.91}$$

が得られる．テンソルタイプの摂動に関しては線形摂動の範囲においては変換を受けない．ここで，異なるタイプの変数が混ざり合うことがないことに気づく．これは，関係式の中で添字の数が変化するのは，微分が作用する場合，および，クロネッカーデルタをかける場合，縮約を取る場合に限られるが，そのいずれも調和関数のタイプを変更しないからである．この事情は運動方程式においても同じであり，スカラータイプ，ベクトルタイプ，テンソルタイプのそれぞれの摂動が混ざり合わず，独立に考えれば十分である．そのため，どのタイプの摂動を考えているかを明示する場合には，$(S),(V),(T)$ のラベルは省略する．

　エネルギー運動量テンソルを記述する変数の変換は，ϵ や P がスカラーとして変換すること，u^μ がベクトルとして変換することから，

$$\bar{\tilde{\epsilon}}(\bar{x}^\mu) = \tilde{\epsilon}(x^\mu), \qquad \bar{\tilde{P}}(\bar{x}^\mu) = \tilde{P}(x^\mu) \tag{10.92}$$

および，

$$\bar{u}^\mu(\bar{x}^\mu) = \frac{\partial \bar{x}^\mu}{\partial x^\nu}\tilde{u}^\nu(x^\mu) \tag{10.93}$$

の関係が成立する．$\Pi_{\mu\nu}$ もテンソルであるので，(10.89)に示した $\tilde{g}_{\mu\nu}$ と同様にテンソルとして変換するが，背景時空上で $\Pi_{\mu\nu} = 0$ であるので，線形近似の範囲では変換を受けないことがわかる．

　以上より，スカラータイプの変数に対しては

$$\bar{v} = v + \partial_\eta L, \qquad \bar{\delta} = \delta + 3(1+w)\mathcal{H}T,$$

$$\delta \bar{P} = \delta P - (\partial_\eta P)T, \qquad \bar{\Pi} = \Pi \qquad (10.94)$$

と変換することがわかる．ここで $w := P/\rho$ である．また，ベクトルタイプの変数に対しては

$$\bar{v} = v + \partial_\eta L, \qquad \bar{\Pi} = \Pi \qquad (10.95)$$

と変換し，テンソルタイプの変数はやはり変換を受けない．

10.3.4　時刻一定面 $\tilde{\Sigma}$ の空間曲率と，$\tilde{\Sigma}$ に対する単位法線ベクトルの振る舞い

　ここでは，時刻一定面 $\tilde{\Sigma}$ の与え方を定めた際に，物理的な意味の明らかな変数の組み合わせについて考える．時刻一定面の選び方としては，エネルギー密度が一定の面や，膨張率が一定の面，あるスカラー場が一様な面など様々な可能性がある．いずれの場合も，物理的な条件によって時刻一定面が指定される．そのように指定された時刻一定面上の曲率などの量は物理的意味をもつ．特に，空間3次元の空間座標変換に対してスカラーとして振る舞う量 $\tilde{s}(t, \boldsymbol{x})$ の摂動部分 $\delta s(t, \boldsymbol{x})$ は，空間座標変換の下で $-s_{,\lambda}\delta x^\lambda$ だけ変換するが，背景のスカラー量 s は一様性から空間座標に依存しないため，線形摂動の範囲では変換しない．ベクトルについては，一様等方性から背景の量が0となるために，やはり，空間座標変換で不変となる．3次元のテンソルとして振る舞う量に関しては，背景で0とは言えない．背景の一様等方性から0であることが保証される量については，空間座標の変換に対する不変性が保証される．

　まず，スカラー量として時刻一定面 $\tilde{\Sigma}$ 上のスカラー曲率 $R^{(3)}$ を考える．この量の1次の摂動を計算すると，

$$\delta R^{(3)} = \sum_{\boldsymbol{k}} \frac{4k^2}{a^2}\left(D^S + \frac{1}{3}E^S\right) Y \qquad (10.96)$$

と与えられることがわかる．ここに現れた変数の組み合わせ

$$\mathcal{R} := D^S + \frac{1}{3}E^S \qquad (10.97)$$

は，多少誤解を招く表現ではあるが，しばしば時刻一定面 $\tilde{\Sigma}$ の曲率ゆらぎと呼ばれる．この変数の組み合わせは (10.90) 式を見ればわかるように，L^S で生成される変換に対して不変な組み合わせになっている．

　次に，時刻一定面 $\tilde{\Sigma}$ に対する単位法線ベクトル $\tilde{n}^\mu$ を考える．$n_\mu /\!\!/ (\partial t/\partial x^\mu)$ であることと，規格化の条件から，具体的成分で書けば，

$$\tilde{n}_0 = -a(1+A), \qquad \tilde{n}_i = 0 \tag{10.98}$$

である. この単位法線ベクトルの共変微分を

$$\tilde{n}_{\mu;\nu} = -\tilde{a}_\mu \tilde{n}_\nu + \frac{1}{3}\tilde{\theta}\tilde{q}_{\mu\nu} + \tilde{\sigma}_{\mu\nu} + \tilde{\omega}_{\mu\nu} \tag{10.99}$$

と分解する. ここで, $\tilde{q}_{\mu\nu} := \tilde{g}_{\mu\nu} + \tilde{n}_\mu \tilde{n}_\nu$ は時刻一定面 $\tilde{\Sigma}$ への射影演算子である. $\tilde{n}^\mu \tilde{n}_{\mu;\nu} = (\tilde{n}^\mu \tilde{n}_\mu)_{;\nu}/2 = 0$ であることから, 法線方向の成分を持つのは ν-添字の成分に限られており, それを表すのが (10.99) 式の右辺第 1 項である.

$$\tilde{a}_\mu := \tilde{n}_{\mu;\nu}\tilde{n}^\nu \tag{10.100}$$

は $\tilde{n}^\mu$ ベクトルの**加速度** (acceleration) と解釈できる. その他の成分はすべて時刻一定面 $\tilde{\Sigma}$ 内に射影された成分であり, 9 成分ある. それらをトレース成分, トレースレス対称成分, 反対称成分に分けたものが, それぞれ, (10.99) 式の右辺第 2 項から第 4 項である. $\tilde{\theta}, \tilde{\sigma}_{\mu\nu}, \tilde{\omega}_{\mu\nu}$ は

$$\tilde{\theta} := \tilde{n}^\mu_{;\mu},$$
$$\tilde{\sigma}_{\mu\nu} := \left[\tilde{q}_\mu{}^\alpha \tilde{q}_\nu{}^\beta \tilde{n}_{\alpha;\beta}\right]^{\mathrm{STF}} := \frac{1}{2}\tilde{q}_\mu{}^\alpha \tilde{q}_\nu{}^\beta \left(\tilde{n}_{\alpha;\beta} + \tilde{n}_{\beta;\alpha}\right) - \tilde{q}_{\mu\nu}\tilde{\theta}/3,$$
$$\tilde{\omega}_{\mu\nu} := \frac{1}{2}\tilde{q}_\mu{}^\alpha \tilde{q}_\nu{}^\beta \left(\tilde{n}_{\alpha;\beta} - \tilde{n}_{\beta;\alpha}\right) \tag{10.101}$$

と定義され, それぞれ, **膨張率** (expansion rate), **シア** (shear), **回転** (vorticity) と呼ばれる. ここで, STF はすべての縮約されていない添字に対して対称化した後に, トレース部分を差し引きトレースレスにする操作を表す. 上式では, 一般の単位ベクトル場が与えられた際に, その 1 階共変微分の分解として回転を導入したが, 今の場合, $\tilde{n}^\mu$ を時刻一定面 $\tilde{\Sigma}$ に垂直なベクトルに選んだことから, 自動的に

$$\tilde{\omega}_{\mu\nu} = 0 \tag{10.102}$$

となることが示される (章末問題 4).

$\tilde{\theta}$ は背景の FLRW 時空では $3H = 3\mathcal{H}/a$ であり, $\tilde{\theta}$ の相対的な摂動を $\mathcal{K}_g$ で表し,

$$\tilde{\theta} = 3\frac{\mathcal{H}}{a}\left[1 + \mathcal{K}_g\right], \qquad \mathcal{K}_g = \sum \mathcal{K}_g^S Y \tag{10.103}$$

と書く．一方，a_j，および，σ_{ij} は

$$\tilde{a}_j = A_{|j}, \qquad \tilde{\sigma}_{ij} = a \left(\sum k\sigma_g^S Y_{ij} + k\sigma_g^V Y_{ij}^{(V)} + k\sigma_g^T Y_{ij}^{(T)} \right) \qquad (10.104)$$

と展開される．

　線形摂動の範囲で計算すると，

$$\mathcal{K}_g = -A + \frac{B^i{}_{|i}}{3\mathcal{H}} + \frac{1}{\mathcal{H}} D', \qquad \tilde{a}_j = A_{|j},$$
$$\tilde{\sigma}_{ij} = a \left[E'_{ij} + (B_{i|j})^{\mathrm{STF}} \right] \qquad (10.105)$$

を得る．ここで | は 3 次元計量 γ_{ij} に関する共変微分を表す．

　スカラータイプの摂動に対して書き下すと，

$$\mathcal{K}_g = -A + \frac{kB}{3\mathcal{H}} + \frac{1}{\mathcal{H}} D', \qquad (10.106)$$
$$k\sigma_g = E' - kB \qquad (10.107)$$

となる．(10.90)式を見れば，これらの表式が空間の座標変換に対して不変であることを確かめることは容易である．$k\sigma_g$ に関してはベクトルタイプ，テンソルタイプの摂動，$k\sigma_g^V$, $k\sigma_g^T$ も存在するが，$B^T = 0$ が存在しない点を除き，得られる表式は単に右辺をそれぞれの対応する V や T の添字のついた変数に置き換えたものである．

10.3.5　摂動方程式

　ここではアインシュタイン方程式 $G^\mu{}_\nu = 8\pi G_N T^\mu{}_\nu$，および，エネルギー運動量の保存則 $T^\mu{}_{\nu;\mu} = 0$ を摂動の 1 次まで展開した式をスカラータイプの摂動とテンソルタイプの摂動に着目して書き下す．ベクトルタイプの摂動は標準的なモデルでは減衰するので，以下では議論しない．ここで，密度 1 成分と速度 3 成分を与えることで状態が指定される 1 成分流体の場合には，時間発展は 4 成分あるエネルギー運動量の保存則によって完全に与えられることに注意しておく．

　アインシュタイン方程式の $\{0,0\}$ 成分，$\{0,i\}$ 成分，トレースレス成分，残りの成分に対応するスカラータイプの摂動方程式は，それぞれ，

$$\frac{2}{a^2} \left[3\mathcal{H}^2 A - 3\mathcal{H}\mathcal{R}' + \mathcal{H}k\sigma_g - k^2\mathcal{R} \right] = -8\pi G_N \epsilon \delta \qquad (10.108)$$

$$\frac{2k}{a^2}\left[\mathcal{H}A - \mathcal{R}'\right] = 8\pi G_N(\epsilon + P)(v - B) \tag{10.109}$$

$$\frac{1}{a^2}\left[(\partial_\eta + 2\mathcal{H})k\sigma_g - k^2(A + \mathcal{R})\right] = 8\pi G_N P\Pi, \tag{10.110}$$

$$\frac{2}{a^2}\left[(\mathcal{H}\partial_\eta + 2\mathcal{H}' + \mathcal{H}^2)A - (\partial_\eta^2 + 2\mathcal{H}\partial_\eta)\mathcal{R}\right]$$
$$= 8\pi G_N\left(\delta P - \frac{2}{3}P\Pi\right) \tag{10.111}$$

と与えられる. ここで, (10.111)式では左辺が簡単になるように多少変則ではあるが, $\{i, j\}$ 成分の方程式を $\mathrm{Eq}^i{}_j = \mathrm{Eq}^{(1)}\gamma^i{}_j + \mathrm{Eq}^{(2)}Y^i{}_j$ と分解した際の, $\left(\mathrm{Eq}^{(1)} - \frac{2}{3}\mathrm{Eq}^{(2)}\right)$ の組み合わせを選んだ. 最初の2式はハミルトニアン拘束条件と運動量拘束条件に対応しており, 計量テンソルの2階時間微分を含まない. $k\sigma_g$ は既に時間に関する1階微分で定義された変数であるので, 第3の式 (10.110)は第4の式 (10.111)と同様に時間に関する2階微分を含む.

スカラータイプの摂動に対して, エネルギー運動量の保存則の時間成分と空間成分をそれぞれ1次の摂動の範囲で書き下すと,

$$(\partial_\eta - 3\mathcal{H}w)\delta = -(1 + w)\left(kv + 3D'\right) - 3\mathcal{H}\frac{\delta P}{\epsilon} \tag{10.112}$$

$$\left(\partial_\eta + (1 - 3w)\mathcal{H} + \frac{w'}{1 + w}\right)(v - B)$$
$$= kA + \frac{k\,\delta P}{\epsilon + P} - \frac{2k}{3}\frac{w}{1 + w}\Pi \tag{10.113}$$

を得る. ここで,

$$w := \frac{P}{\epsilon} \tag{10.114}$$

である. 以上で, スカラータイプの摂動に対して合計6本の方程式を得た. それらにはビアンキの恒等式に対応した2つの恒等式が含まれるので, 拘束条件に加え, 残りの4本の方程式から任意に選んだ2本の方程式を満たすように解を求めれば, 他の2本の方程式は自動的に満たされる.

一方, テンソルタイプの方程式は

$$\frac{1}{a^2}\left[\partial_\eta^2 E^T + 2\mathcal{H}\partial_\eta E^T + k^2 E^T\right] = 8\pi G_N P\Pi^T \tag{10.115}$$

と与えられる. テンソルタイプの計量テンソルの摂動変数は E^T のみであり, 方程式も1本の時間に関する2階微分方程式のみである.

10.3.6　ゲージ不変変数

スカラータイプの摂動の方程式は多くの変数の連立微分方程式になっており，その構造を理解することは難しい．ここでは，ゲージ変換の自由度を用いて，見通しをよくする．ゲージ変換に対して，B や E は不変ではないので，適当なゲージ変換により

$$B_\mathrm{N} = E_\mathrm{N} = 0 \tag{10.116}$$

とできる．ここで下付き添字 N を付したのは，(10.116)式の座標条件がニュートンゲージ (Newtonian gauge) と呼ばれるからである．実際，元の座標系での摂動を $\bar{B}, \bar{E}$ と表し，$\bar{B}, \bar{E} \neq 0$ であるとして，(10.90)式から，$L = k^{-1}\bar{E}$，$T = k^{-1}(\bar{B} - L')$ と選べば，$B_\mathrm{N} = E_\mathrm{N} = 0$ とできる．また，この変換のパラメータ L と T が一意に定まることから，この座標条件を満たす座標の選び方に不定性は残らない．ゲージ条件を課した後に残るゲージの不定性を**残存ゲージ自由度** (residual gauge degree of freedom) と呼ぶ．ニュートンゲージは残存ゲージ自由度がないゲージ条件である．

定義により，$k\sigma_{g\mathrm{N}} = 0$，および，$\mathcal{R}_\mathrm{N} = D_\mathrm{N}$ が従う．ニュートンゲージにおけるスカラータイプの線素の摂動は

$$\Psi = A_\mathrm{N}, \qquad \Phi = -D_\mathrm{N} = -\mathcal{R}_\mathrm{N} \tag{10.117}$$

の 2 変数で表される．

ニュートンゲージで (10.112) 式，(10.113) 式を書き直すと，それぞれ，

$$\delta'_\mathrm{N} = -(1+w)(kv_\mathrm{N} - 3\Phi') + 3\mathcal{H}w\delta_\mathrm{N} - 3\mathcal{H}\frac{\delta P_\mathrm{N}}{\epsilon}, \tag{10.118}$$

$$v'_\mathrm{N} = -(1-3w)\mathcal{H}v_\mathrm{N} - \frac{w'}{1+w}v_\mathrm{N} + \frac{k\,\delta P_\mathrm{N}}{\epsilon + P}$$

$$-\frac{2k}{3}\frac{w}{1+w}\Pi + k\Psi \tag{10.119}$$

となる．この方程式でさらに変数の取り換えをおこなうことで，ニュートン重力における摂動の方程式に類似の形になる (章末問題 5)．

一方で，拘束条件である (10.108) 式と (10.109) 式からは

$$-\frac{k^2}{a^2}\Phi = 4\pi G_N \epsilon \left[\delta_\mathrm{N} + 3\mathcal{H}(1+w)k^{-1}v_\mathrm{N}\right], \tag{10.120}$$

を得る．左辺は $\Delta\Phi = g^{ij}\Phi_{,ij}$ をフーリエ成分で書いたものであり，右辺を密度揺らぎ $\epsilon\delta$ に $4\pi G_N$ を乗じたものとみなせば，Φ をニュートンポテンシャルとして，ニュートン重力におけるポアソン方程式と類似の式であることがわかる．一方，Ψ を決定するには，(10.110) 式から得られる

$$-\frac{k^2}{a^2}(\Psi - \Phi) = 8\pi G_N P\Pi \tag{10.121}$$

を用いるのが易しい．この式から，非等方圧力を表す Π が 0 の場合には，$\Psi = \Phi$ が成立する．この関係は弱い重力場の近似の際に得られた振る舞いと同じである．ここで，拘束条件ではなく，(10.110) 式を用いたので，得られた解が正しく拘束条件を満たしている保証がないと思うかもしれない．しかし，$k\sigma_g = 0$ のニュートンゲージでは，(10.110) 式も線素の時間に関する 2 階微分の項を含まず，もはや時間発展を決める方程式ではないので，(10.110) 式を用いても拘束条件を満たさない解が紛れ込む心配はない (練習問題 6)．

(10.94) 式と (10.90) 式を組み合わせると，

$$\hat{\delta}_N := \delta + 3(1 + w)\mathcal{H}k^{-1}\sigma_g \tag{10.122}$$

という量はゲージ変換に対して不変である．このような変数を**ゲージ不変変数** (gauge invariant variable) と呼ぶ．ここで定義した $\hat{\delta}_N$ は δ_N とは異なる形で定義された量であるが，実は同一の変数である．すなわち，

$$\delta_N = \hat{\delta}_N \tag{10.123}$$

である．この等号は，$\hat{\delta}_N$ が $k\sigma_g = 0$ となるニュートンゲージでは δ に他ならないことから，明らかである．$\hat{\delta}_N$ は陽にゲージ不変となるように構成した変数であるのに対し，δ_N はニュートンゲージという残存ゲージ自由度を持たないゲージで定義された変数である．ニュートンゲージのように完全にゲージ固定されたゲージで定義された変数には，その定義に曖昧さが残らず，結果として対応するゲージ不変変数が存在する．標語的には，

　　　"ゲージ不変変数" ≡ "完全なゲージ固定されたゲージでの変数"

と言える．

　同様にして，ニュートンゲージにおいて 0 になる量である $k\sigma_g$ や E と組み合わせることによって，

$$\hat{\Phi} = -\mathcal{R} + \mathcal{H}k^{-1}\sigma_g \,, \tag{10.124}$$

$$\hat{\Psi} = A - (\partial_\eta + \mathcal{H})k^{-1}\sigma_g \,, \tag{10.125}$$

$$\hat{v}_{\mathrm{N}} = v - k^{-1}E' \,, \tag{10.126}$$

$$\delta\hat{P}_{\mathrm{N}} = \delta P + P'k^{-1}\sigma_g \tag{10.127}$$

のように，ゲージ不変変数を作ることができる．これらの変数は，ニュートンゲージの変数と等価，すなわち

$$\Phi = \hat{\Phi}\,, \quad \Psi = \hat{\Psi}\,, \quad v_{\mathrm{N}} = \hat{v}_{\mathrm{N}}\,, \quad \delta P_{\mathrm{N}} = \delta\hat{P}_{\mathrm{N}} \tag{10.128}$$

である．

　一般相対論の方程式がゲージに依存しては，その主導原理である一般共変性に反する．もし，方程式にゲージ不変変数でない変数が残っているなら，その方程式をゲージ変換した際にゲージ不変変数でない変数は変換するが，方程式が満たされるにはゲージ不変変数も変換しなければならないという矛盾が生じる．したがって，一般相対論の方程式は全てゲージ不変変数だけで書けると結論できる．実際，(10.108) 式–(10.113) 式はすべて，上記のゲージ不変変数のみによって書き表すことができる (章末問題 7).

　残存ゲージ自由度を持つゲージ条件の例として，**同期ゲージ** (synchronous gauge) を挙げる．このゲージはゲージ条件

$$A = 0\,, \qquad B = 0 \tag{10.129}$$

によって定義される．(10.90) 式において，変換前も変換後も $A = 0$ の条件が保たれるとすると，

$$(\partial_\eta + \mathcal{H})T = 0 \tag{10.130}$$

の条件を得る．$B = 0$ に関しても同様のことをおこなえば，L を決定する方程式が得られる．(10.130)式は

$$T \propto \frac{1}{a} \tag{10.131}$$

の解を持つ. このようにゲージ条件を課した後に, なお許されるゲージ変換の自由度が残存ゲージ自由度である. 同期ゲージにおける解は, 残存ゲージ自由度の分だけ不定となる.

ニュートンゲージの場合には, 0 になる量は $k\sigma_g$ や E であったので, それらの変数と組み合わせることで, ゲージ不変変数を構成した. それと同じことを同期ゲージで試みる. その場合 0 になる量は A と B である. これらの変数を用いて, 例えば密度揺らぎ δ からゲージ不変変数を作ろうとすると,

$$\delta_{\mathrm{syn}} = \delta + 3(1+w)\mathcal{H}(\partial_\eta + \mathcal{H})^{-1}A \tag{10.132}$$

のように微分演算子 $(\partial_\eta + \mathcal{H})$ の逆演算子が必要となる. つまり, A を

$$(\partial_\eta + \mathcal{H})^{-1}A = a^{-1}\int^\eta aAd\eta \tag{10.133}$$

のように積分しなければならない. この積分の際に現れる積分定数の自由度が残存ゲージ自由度を表す.

残存ゲージ自由度を持つゲージで方程式を解くと, その解には物理的な解に加えて, 残存ゲージ自由度も含まれる. つまり, 残存ゲージ自由度の分だけより多くの独立解を含む方程式を解かなければならない. ただし, 残存ゲージ自由度に対応した解は, ゲージ変換によって得られるので, 方程式を解かずに得ることができる. したがって, 必ずしも残存ゲージ自由度が存在するゲージで解を求めることが計算を著しく難しくするものではない.

10.3.7 インフラトンのゆらぎの作用関数

標準的なインフレーションシナリオにおいて, インフラトンの量子ゆらぎが構造形成の種となる初期ゆらぎを作ったと考えられる. 運動方程式だけを議論していたのでは, 量子ゆらぎの振幅を決められない. 議論の出発点となる作用関数から出発し, 摂動に対して少なくとも 2 次まで展開した作用関数を導く必要がある. 摂動の 2 次まで展開された作用関数が得られれば, その変分から線形の運動方程式が得られる. 正準交換関係を設定して量子化することでゼロ点振動の振幅を決定することも可能になる. この項では, 物質場としてインフラトンであるスカラー場のみが存在するモデルで, スカラータイプの摂動のみに着目し, 必要とされる 2 次の作用関数を導く.

(5.41)式に与えたように線素を 3+1 分解し，

$$ds^2 = -\tilde{N}^2 d\eta^2 + \tilde{q}_{ij}(dx^i + \tilde{N}^i d\eta)(dx^j + \tilde{N}^j d\eta) \tag{10.134}$$

と与える．(5.59)式を用い，K を外的曲率のトレースとして (本章では背景時空の空間曲率は0とするので，その符号により閉じた宇宙モデル，開いた宇宙モデルを識別するための K は用いない)，

$$\int d^4x\sqrt{-g}\mathcal{L}_n K = \int d^4x\sqrt{-g}K_{,\nu}n^\nu$$
$$= -\int d^4x\sqrt{-g}Kn^\nu_{;\nu} = -\int d^4x\sqrt{-g}K^2 \tag{10.135}$$

となることに気づけば，このスカラー場の系の作用関数が

$$S = \int \sqrt{q}\Bigg\{ \frac{1}{16\pi G_N}\left[\frac{1}{\tilde{N}}\left(\mathcal{K}_{ij}\mathcal{K}^{ij} - \mathcal{K}^2\right) + \tilde{N}\,^{(3)}R\right]$$
$$+ \left[\frac{1}{2\tilde{N}}\left(\tilde{\phi}' - \tilde{N}^i\partial_i\tilde{\phi}\right)^2 - \frac{\tilde{N}}{2}q^{ij}\partial_i\tilde{\phi}\partial_j\tilde{\phi} - \tilde{N}V(\tilde{\phi})\right]\Bigg\}d^4x \tag{10.136}$$

と書けることがわかる．ここで，

$$\mathcal{K}_{ij} := \tilde{N}\tilde{K}_{ij} = \frac{1}{2}\left(\tilde{q}'_{ij} - \tilde{N}_{i|j} - \tilde{N}_{j|i}\right), \tag{10.137}$$
$$\mathcal{K} = \tilde{q}^{ij}\mathcal{K}_{ij} \tag{10.138}$$

と，外的曲率 $\tilde{K}_{ij}$ からラプス関数 $\tilde{N}$ の依存性を取り除いた量である $\mathcal{K}_{ij}$ を新たに導入した (章末問題8)．

ゲージ固定条件として，**平坦断面条件** (flat slicing condition)

$$\mathcal{R} = 0 \tag{10.139}$$

と，**縦波条件** (longitudinal conditions)

$$\sum_j \partial_j\tilde{q}_{ij} = 0 \tag{10.140}$$

を採用する．スカラータイプの摂動に限定した場合，この条件は空間計量テンソルに含まれる二つのスカラー摂動の変数 D^S，および，E^S がともに0となるゲージを選択することに対応する．すなわち，ここで

$$\tilde{q}_{ij} = a^2\delta_{ij} \tag{10.141}$$

となるゲージを選んだ．また，スカラータイプの摂動に限れば，シフトベクトルはスカラー関数の微分で

$$\tilde{N}_i := a^2 \partial_i \chi \tag{10.142}$$

と書けていなければならないので，独立な変数は 1 変数 χ のみである．

$$\mathcal{K}^i{}_j = \mathcal{H}\delta^i{}_j - \delta^{ih}\partial_k \partial_j \chi \tag{10.143}$$

であることと，平坦断面条件 ${}^{(3)}R = 0$ から，上記のようにゲージ固定した後の作用関数は

$$S = \frac{1}{2} \int a^3 \left\{ \frac{1}{8\pi G_N \tilde{N}} \left(-6\mathcal{H}^2 + 4\mathcal{H}\partial^2\chi + \sum_{i,j} \chi_{,ij}^2 - (\partial^2\chi)^2 \right) \right. $$
$$\left. + \tilde{N}^{-1} \left(\phi' + \varphi' - \sum_i \chi_{,i}\varphi_{,i} \right)^2 - \tilde{N}a^{-2} \sum_i \varphi_{,i}^2 - 2\tilde{N}V(\tilde{\phi}) \right\} d^4x \tag{10.144}$$

となる．ここで，$\partial^2 = \displaystyle\sum_i \partial_i^2$ である．さらに，$\left(\displaystyle\sum_{i,j} \chi_{,ij}^2 \right) - (\partial^2\chi)^2$ は既に 2 次の微小量である．したがって，部分積分の際に現れる $\tilde{N}$ の微分を含む高次の項は摂動の 2 次までの作用関数を求める上では無視することができる．その結果，これらの項は互いに打ち消しあう．

(10.144)式は $\tilde{N}$ や $\tilde{N}_i$ の時間微分を含んでいないので，これらの変数で変分をとることで拘束条件が導かれる．(10.144)式を $\tilde{N}$ で変分をとるとハミルトニアン拘束条件，

$$C_0 := \frac{1}{8\pi G_N} \left(-6\mathcal{H}^2 + 4\mathcal{H}\partial^2\chi \right) + \left(\phi' + \varphi' - \sum_i \chi_{,i}\varphi_{,i} \right)^2 $$
$$+ \tilde{N}^2 a^{-2} \sum_i \varphi_{,i}\varphi_{,i} + 2\tilde{N}^2 V(\tilde{\phi}) = 0 \tag{10.145}$$

を得る．一方，N_i で変分を取ると運動量拘束条件，

$$C_1 = \frac{\mathcal{H}}{4\pi G_N \tilde{N}} \partial_i \tilde{N} - \left(\phi' + \varphi' - \sum_j \chi_{,j}\varphi_{,j} \right) (\partial_i \varphi) = 0 \tag{10.146}$$

を得る．

上式で定義された C_0, C_1 を用いて，作用関数に含まれる $\tilde{N}$ や $\tilde{N}_i$ を置き換える．すると，C_I で変分をとった際に得られる方程式は $C_I = 0$ のとき 0 となることから，作用関数に C_I は 2 次以上の項として含まれることがわかる．このため，作用関数の変分をとって運動方程式を求めた後に $C_I = 0$ とおいて得られる方程式と，最初から作用関数に $C_I = 0$ を代入し，変数 C_I を消去した作用関数を変分して得た方程式は等価である．更に，作用関数に C_I は 2 次以上の項として含まれることから，ϵ を微小パラメータとして，

$$C_I = C_I^{(0)} + \epsilon C_I^{(1)} + \epsilon^2 C_I^{(2)} + \cdots \tag{10.147}$$

と展開した際に $C_I^{(0)} = 0$, $C_I^{(1)} = 0$ を代入し，$C_I^{(2)} = 0$ を代入せずに放置した際に生じる残差は $O(\epsilon^4)$ となる．つまり，ϵ の 3 次まで正しく作用関数 (=2 次の運動方程式) を得るためには，2 次の拘束条件 $C_I^{(2)}$ を求める必要がない．そこで，拘束条件を ϵ の 1 次まで，ラプス関数 $\tilde{N}$，および，シフトベクトル $\tilde{N}^i$，すなわち，χ を

$$\tilde{N} = a + N^{(1)} + O(\epsilon^2)\,,$$
$$\chi = \epsilon \chi^{(1)} + O(\epsilon^2) \tag{10.148}$$

と展開し拘束条件である (10.145)式，および，(10.146)式に代入する．φ をさらに展開はせずに，単に $O(\epsilon)$ の微小量であるとみなす．そうして，(10.145)式，および，(10.146)式から ϵ の 1 次の項を集めると

$$a^2 V' \varphi + 2a^2 V \frac{N^{(1)}}{a} + \frac{1}{4\pi G_N} \mathcal{H} \partial^2 \chi^{(1)} + \phi' \varphi' = 0\,,$$
$$\partial_i \left(\frac{1}{4\pi G_N} \mathcal{H} \frac{N^{(1)}}{a} - \phi' \varphi \right) = 0 \tag{10.149}$$

を得る．

　作用関数を形式的に摂動の次数で展開すると $O(\epsilon^0)$ の項は定義により摂動量に依存しない．ϵ^1 の項は，その係数が背景時空の満たすべき方程式を与えるので，背景時空が

$$\frac{3}{8\pi G_N} \mathcal{H}^2 = \frac{1}{2} \phi'^2 + a^2 V(\phi)\,,$$
$$\phi'' + 2\mathcal{H}\phi' + a^2 V' = 0\,,$$

$$\partial_\eta(\mathcal{H}/a) = -\frac{4\pi G_N}{a}\phi'^2 \tag{10.150}$$

などを満たす解になっていれば，0になる．$O(\epsilon^2)$ の項を集めてくると，

$$S^{(2)} = \frac{1}{2}\int a^2\Bigg\{\frac{1}{8\pi G_N}\left(-4\mathcal{H}\frac{N^{(1)}}{a}\partial^2\chi^{(1)} - 6\mathcal{H}^2\left(\frac{N^{(1)}}{a}\right)^2\right)$$

$$+\varphi'^2 + 2\phi'\varphi\partial^2\chi^{(1)} - 2\frac{N^{(1)}}{a}\phi'\varphi' + \left(\frac{N^{(1)}}{a}\right)^2\phi'^2$$

$$-(\partial\varphi)^2 - a^2 V''\varphi^2 - 2a^2 V'\varphi\frac{N^{(1)}}{a}\Bigg\}d^4x \tag{10.151}$$

となる．ここに (10.149) 式を解いて得られた $N^{(1)}$，および，$\chi^{(1)}$ を代入すると，

$$S^{(2)} = \frac{1}{2}\int a^2\left\{\varphi'^2 - \sum_i \varphi_{,i}^2 - a^2 V''\varphi^2 - \frac{2}{a^2}\partial_\eta\left(\frac{a^3}{\mathcal{H}}\partial_\eta\left(\frac{\mathcal{H}}{a}\right)\right)\varphi^2\right\}d^4x$$

$$\tag{10.152}$$

となり，この作用関数は与えられた FLRW 時空上でのスカラー場のゆらぎ φ に対する重力の摂動を考慮しない場合の 2 次の作用関数 (10.5) と酷似している．違いは最後の項である．$dt = ad\eta$ で定義される時間座標 t を用いて，$H := d\log a/dt$ を使って書き換えると，$\partial_\eta(a^3\partial_\eta(\mathcal{H}/a)/\mathcal{H}) = a\partial_t(a^3(\partial_t H)/H)$ であることからわかるように，スローロール条件が満たされる状況でこの項は小さな補正を与えるに過ぎない．したがって，10.2 節での議論をそのまま繰り返すことで，スローロールインフレーションにおいては，重力場の摂動を考慮した場合にも $\mathcal{R} = 0$ となるゲージにおけるスカラー場の揺らぎの評価として (10.70) 式がよい近似となる．

10.3.8　超ホライズンスケールでの曲率ゆらぎ $\mathcal{R}_c$ の保存

　ゆらぎの波長がホライズンスケールよりも十分に長くなると，一般に空間微分を無視できると期待される．特に，小さな長さスケールのゆらぎが大きなスケールの時間発展に影響を与えない場合には，小さな体積に分割しそれぞれを一様な宇宙として記述し，それらを貼り合わせたものとして長波長のゆらぎの発展を記述することができるであろう．ここでは，簡単のために局所的に非等方性が無視できる状況に限定しよう．すなわち，ベクトル場のような方向を

持った量が存在しない状況を考える. スカラー場が勾配を持てば, 特別な方向
を持つ. 特に, 複数のスカラー場が存在すれば, 一つの場の値が一定になる時
刻一定面を選んだ際に, 他の場の勾配はゲージ変換で消去できない. しかし,
このような勾配も長波長極限においては無視できるであろう. また, 計量テン
ソルに非等方成分が存在する場合は, 空間微分により生じる方向依存性ではな
いので, 長波長極限をとっても消えない. しかし, この場合は局所的にみると
座標変換によって非等方性は消去がいつでも可能である. さらに, 計量テンソ
ルの時間微分である外的曲率にも非等方性が存在してよいが, (5.24)式から導
かれる関係式 (章末問題)

$$K^{\mu\nu} = -\frac{1}{2}\pounds_n q^{\mu\nu},\tag{10.153}$$

および, (5.58)式を用いて, 長波長極限における $\tilde{K}^i_{\ j}$ に対する発展方程式を書
き下すと

$$\pounds_{\tilde{n}}\tilde{K}^i_{\ j} \approx -\tilde{K}\tilde{K}^i_{\ j} + 8\pi G_N \tilde{q}^{i\mu}\tilde{q}_j^{\ \nu}\left(\tilde{T}_{\mu\nu} - \frac{1}{2}\tilde{g}_{\mu\nu}\tilde{T}\right)\tag{10.154}$$

を得る. ここで, 空間微分が掛かる項は無視した. この式のトレースレス成分
をとると $\hat{K}^i_{\ j} := \tilde{K}^i_{\ j} - \delta^i_{\ j}\tilde{K}/3$ に対する発展方程式として,

$$\pounds_{\tilde{n}}\hat{K}^i_{\ j} + \tilde{K}\hat{K}^i_{\ j} \approx 8\pi G_N\left(\tilde{q}^{i\mu}\tilde{q}_j^{\ \nu} - \frac{1}{3}\delta^i_{\ j}\tilde{q}^{\mu\nu}\right)\tilde{T}_{\mu\nu}\tag{10.155}$$

を得る. 上式の右辺は非等方圧力を表すが, 物質場の局所的等方性が保証さ
れる状況では, 長波長近似では0とみなせる. すると, $\hat{K}^i_{\ j}$ の発展方程式は
$d(a^3\hat{K}^i_{\ j})/d\eta = 0$ となり, $\hat{K}^i_{\ j} \propto a^{-3}$ と減衰する. このことから, 長波長極限
では外的曲率の非等方部分も含め, 局所的な非等方性はすべて無視できること
になる.

このとき, ゲージ条件としてシフトベクトルが0となるゲージを選び時間発
展させると, 各空間点での時間発展は一様等方宇宙の時間発展と等価である.
このように考えると, 一様等方宇宙をつなぎ合わせたものとして長波長ゆら
ぎの時間発展を表すことができる. 初期における時刻一定面での計量テンソ
ルが $a_i^2 h_{ij}(\eta_i, \boldsymbol{x})$ と与えられたとする. 計量テンソル以外の物質場の初期値を
$\{\psi_i^I(\boldsymbol{x})\}$ と表す. 宇宙の膨張率 $\tilde{K}/3$ の初期条件はハミルトニアン拘束条件に
よって $\{\psi_i^I(\boldsymbol{x})\}$ から決定される. e-フォールディング数 $\mathcal{N}$ を時間座標として

各点 $\boldsymbol{x}$ 毎に一様等方時空として時間発展させたものを貼り合わせて得られる時空の線素は

$$ds^2 = -\frac{d\mathcal{N}^2}{H^2(\mathcal{N}, \boldsymbol{x})} + a_{\mathrm{i}}^2 e^{2\mathcal{N}} h_{ij}(\mathcal{N}, \boldsymbol{x}) dx^i dx^j \tag{10.156}$$

となる．ある終時刻を $\mathcal{N} = \mathcal{N}_{\mathrm{end}}$ によって定めるならば，一様等方時空を解くことで写像 $\{\psi_{\mathrm{i}}^I\} \to \{\psi_{\mathrm{end}}^I[\psi_{\mathrm{i}}^I]\}$ を定めれば，終時刻における物質場の配位は $\psi^I(\boldsymbol{x}) = \psi_{\mathrm{end}}^I[\psi_{\mathrm{i}}^I(\boldsymbol{x})]$ によって与えられる．例えば，エネルギー密度一定の条件で終時刻を選ぶならば，終時刻での $\mathcal{N}$，$\mathcal{N}_{\mathrm{end}}(\boldsymbol{x})$ は一定ではない．このとき，$\mathcal{N}_{\mathrm{end}}(\boldsymbol{x})$ の空間平均を $\overline{\mathcal{N}_{\mathrm{end}}}$ として，$\delta\mathcal{N}(\boldsymbol{x}) := \mathcal{N}_{\mathrm{end}}(\boldsymbol{x}) - \overline{\mathcal{N}_{\mathrm{end}}}$ を定義すると，$\hat{\mathcal{N}} = \mathcal{N} - \delta\mathcal{N}(\boldsymbol{x})$ という新しい時間座標 $\hat{\mathcal{N}}$ は終時刻面上で一定となる．長波長極限であるので，$\delta\mathcal{N}(\boldsymbol{x})$ の空間微分は無視できるので，新しい時間座標を用いて線素は

$$ds^2 \approx -\frac{d\hat{\mathcal{N}}^2}{H^2(\boldsymbol{x})} + a_{\mathrm{i}}^2 e^{2(\hat{\mathcal{N}} + \delta N(\boldsymbol{x}))} h_{ij} dx^i dx^j \tag{10.157}$$

となる．結果として，3次元空間の計量テンソルは $e^{2(\hat{\mathcal{N}} + \delta N(\boldsymbol{x}))}$ 倍だけスケールされる．線形摂動では

$$\mathcal{R}_{\mathrm{end}}(\boldsymbol{x}) = \mathcal{R}_{\mathrm{i}}(\boldsymbol{x}) + \delta N(\boldsymbol{x}) \tag{10.158}$$

となることから，各点における終時刻面に到達するまでにかかる e-フォールディング数の差 $\delta N(\boldsymbol{x})$ の分だけ，曲率ゆらぎ $\mathcal{R}$ が生成されると言える．このように長波長のゆらぎの時間発展を背景時空の時間発展の問題として考える手法は $\delta\mathcal{N}$-フォーマリズム ($\delta\mathcal{N}$-formalism) と呼ばれる．

　物質場の初期値を $\{\psi_{\mathrm{i}}^I(\boldsymbol{x})\}$ と表したが，この変数として実質的にひとつの場 ϕ しか存在しない場合，初期時刻面の選び方として $\phi =$ 一定に選ぶと，その後の時間発展はどの空間点でも同じになる．結果，$\delta\mathcal{N} = 0$ となり，曲率ゆらぎは保存する．インフラトン以外の場が存在しない場合でも，初期条件を与えるためにはスカラー場 ϕ の値だけでなく，その時間微分 $d\phi/d\mathcal{N}$ も必要である．しかし，スローロール近似が成り立つ条件下では，$d\phi/d\mathcal{N} \approx -V'(\phi)/8\pi G_N V(\phi)$ で与えられる解が時間発展のアトラクターとなり，よい近似で $d\phi/d\mathcal{N}$ は ϕ に従属して一意に決まる．また，宇宙を構成する物質が1成分の流体として記述できる場合も，一様等方宇宙の初期条件として指定する必要がある変数はエネ

ルギー密度のみであるので，物質場の変数が実質的にひとつしか存在しないといえる．このように，実質的に時間発展の経路が唯一に定まる宇宙モデルでは，長波長極限で物質場が一様となる時刻一定面上の曲率ゆらぎが保存する．

インフラトン以外の場が存在しない場合の 2 次の作用関数 (10.152) を前項で求めた．その際には，平坦断面条件を課してスカラー場のゆらぎ φ を議論していたので，ここでは前項で用いた φ を，あらためて φ_{f} と表すことにする．一方で，**共動ゲージ条件** (comoving gauge conditions)

$$T^0{}_i = 0 \tag{10.159}$$

を課した場合の曲率揺らぎ $\mathcal{R}$ を $\mathcal{R}_{\mathrm{c}}$ と表す．この条件は，物質場の変数が実質的にひとつしか存在しないときは，物質場が一様となる時刻一定面を選ぶことになる．たとえば，物質場が単一のスカラー場のみで構成される系では，共動ゲージ条件 (10.159) は $\varphi = 0$ に他ならない．平坦断面条件のもとでの時間変数を η_{f} とし，共動ゲージ条件のもとでの時間変数を η_{c} と書くことにする．2 つの時間座標の間の関係を $\eta_{\mathrm{c}} = \eta_{\mathrm{f}} + T$ と与えれば，変数 φ，および，$\mathcal{R}$ は

$$\varphi_{\mathrm{c}} = \varphi_{\mathrm{f}} - \phi' T, \qquad \mathcal{R}_{\mathrm{c}} = \mathcal{R}_{\mathrm{f}} - \mathcal{H} T \tag{10.160}$$

と変換する．定義により，$\varphi_{\mathrm{c}} = 0$，および，$\mathcal{R}_{\mathrm{f}} = 0$ であることから，

$$\mathcal{R}_{\mathrm{c}} = -\frac{\mathcal{H}}{\phi'} \varphi_{\mathrm{f}} \tag{10.161}$$

の関係を得る．

変数 $\mathcal{R}_{\mathrm{c}}$ を用いて作用関数 (10.152) を書き直すと

$$S^{(2)} = \frac{1}{2} \int \left(\frac{a\phi'}{\mathcal{H}}\right)^2 \left\{ \mathcal{R}_{\mathrm{c}}'^2 - (\partial \mathcal{R}_{\mathrm{c}})^2 \right\} d^4 x \tag{10.162}$$

を得る．この作用関数は $\mathcal{R}_{\mathrm{c}} \to \mathcal{R}_{\mathrm{c}} +$ 定数 の変換に対する不変性を持つので，$\mathcal{R}_{\mathrm{c}} = \mathcal{R}_{\mathrm{c}}(\boldsymbol{x})$ が長波長極限で運動方程式の解となる．実際，運動方程式は

$$\left(\frac{a\phi'}{\mathcal{H}}\right)^{-2} \partial_\eta \left[\left(\frac{a\phi'}{\mathcal{H}}\right)^2 \partial_\eta \mathcal{R}_{\mathrm{c}}\right] - \partial^2 \mathcal{R}_{\mathrm{c}} = 0 \tag{10.163}$$

となり，長波長極限で第 2 項を無視すると定数解が存在する．もうひとつの独立な解の時間依存性は $\propto \int^\eta d\eta' \left(\mathcal{H}(\eta')/a(\eta')\phi'(\eta')\right)^2$ と与えられ，$\phi'(\eta)$ が急速に減少する関数でない限り，この第 2 の独立解は十分に時間が経った後に第 1 の解に吸収できる定数部分を除き無視できる．

10.3.9 重要な変数間の関係

まず，$w = P/\epsilon$ 一定の場合の宇宙膨張則を，共形時間 η を使って与える．(9.76)式を用いると，

$$-\left(\frac{1}{\mathcal{H}}\right)' = \frac{\dot{H}}{H^2} + 1 = -\frac{1}{2}(1 + 3w) \tag{10.164}$$

であることが読み取れる．この式を積分すると

$$\frac{d\log a}{d\eta} = \mathcal{H} = \frac{2}{1 + 3w}\frac{1}{\eta} \tag{10.165}$$

を得る．$a_0 = 1$ に規格化されているとすると，

$$H_0 = \mathcal{H}_0 = \frac{2}{1 + 3w}\frac{1}{\eta_0} \tag{10.166}$$

のように，現在の共形時間の値 η_0 とハッブル定数の値 H_0 に関係がつく．(10.165)式を1階積分すると，スケールファクターが

$$a = (\eta/\eta_0)^{\frac{2}{1+3w}} \tag{10.167}$$

と求まる．

既に見たように，平坦断面条件のもとでのインフラトン場のゆらぎ φ_f はスローロール近似が成り立つ場合には，良い近似で(10.70)式で与えられるパワースペクトルが適用できる．すなわち，

$$\mathcal{P}_{\varphi_f}(k) \approx \frac{H^2}{4\pi^2} \tag{10.168}$$

である．また，単一のインフラトン場しか存在しない場合に代表されるように，時間発展の経路が場所に依らずに一意に定まる単純なモデルでは，ゆらぎの波長がホライズンスケールよりも十分に長くなると，共動ゲージ (単一のインフラトン場しか存在しない場合には $\varphi = 0$) における曲率ゆらぎ $\mathcal{R}_\mathrm{c}$ は保存する．ひとたび，時間発展の経路が一意に定まれば，その後に自由度が複数になったとしても，時間発展の経路は一意に定まったままであると期待される．その場合，曲率ゆらぎの保存はインフレーション後も継続する．共動ゲージ条件のもとでの曲率揺らぎ $\mathcal{R}_\mathrm{c}$ と φ_f との関係は(10.161)式で与えられる．したがって，ホライズンスケールと波長が同程度となる時期 (**ホライズン横断時**

(horizon crossing time) に，φ_f を $\mathcal{R}_c$ に読み替えて，その後，$\mathcal{R}_c$ が保存すると考えると，ゆらぎの波長がホライズンスケールを上回っている間の $\mathcal{R}_c$ に対するパワースペクトルは，

$$\mathcal{P}_{\mathcal{R}_c}(k) \approx \left.\frac{H^4}{4\pi^2\dot{\phi}^2}\right|_{k=\mathcal{H}} \tag{10.169}$$

と与えられることがわかる．スローロール近似が成り立つ状況では右辺の k 依存性は小さいので，厳密に $k = \mathcal{H}$ となる時刻で評価しなくてもよい．しかしながら，φ_f の振幅がゆっくりではあるが時間発展するため，右辺の表式を評価する時刻をホライズン横断時からかけ離れた時刻に選ぶと誤差が生じる．

　次に，共動ゲージ条件のもとでの曲率ゆらぎ $\mathcal{R}_c$ をニュートンポテンシャル Φ のゆらぎに翻訳する．(10.124)式から，$\mathcal{R}_c$ と Φ を結びつけるには，共動ゲージ条件のもとでの $k\sigma_g$ がわかればよい．共動ゲージ条件のもとで (10.109) 式は，$\mathcal{H}A_c = \mathcal{R}_c'$ である．長波長の極限で $\mathcal{R}_c$ が定数になる場合，$A_c = 0$ としてよい．加えて，非等方圧力が無視できる $(\Pi = 0)$ 場合，(10.110)式を用いて，$(\partial_\eta + 2\mathcal{H})k\sigma_{gc} = k^2\mathcal{R}_c$ を得る．この式を $\mathcal{R}_c$，および，w が一定として積分すると，

$$k\sigma_{gc} = \frac{2k^2}{(3w+5)\mathcal{H}}\mathcal{R}_c \tag{10.170}$$

となる．この表式を (10.124)式に代入すると

$$\Phi = -\frac{3(1+w)}{5+3w}\mathcal{R}_c \tag{10.171}$$

を得る．

10.3.10　重力波

　これまで，主にスカラータイプの摂動に着目して議論してきたが，$Y_{ij}^{(T)}$ によって展開されるテンソルタイプの摂動，すなわち，重力波の自由度についてここで議論する．テンソル調和関数 $Y_{ij}^{(T)}$ には 8.1 節で説明したように，各波数 k に対して $+$，および，$\times$ の 2 つの偏極成分が存在する．それらを識別するラベルとして σ を導入した上で，空間依存性を除いた偏極テンソルを e_{ij}^σ と表す．e_{ij}^σ を用いて空間の計量テンソルを展開すると

$$h_{ij} = \sum_{\sigma=+,\times}\int d^3k\, e_{ij}^\sigma(\boldsymbol{k})h_\sigma(\eta) \tag{10.172}$$

と表される．これを重力の作用関数に代入すると，(8.38)式，および，(8.104)式を用い，作用関数の2次摂動部分が

$$\overset{[2]}{S_g} = \frac{1}{16\pi G_N} \int d^4x \sqrt{-g} \left(g^{\mu\nu} \overset{[2]}{R_{\mu\nu}} - h^{\mu\nu} \overset{[1]}{R_{\mu\nu}} \right)$$

$$= \sum_\sigma \int \frac{d^3k}{64\pi G_N} \int d\eta \, a^2 \left((\partial_\eta h_\sigma)^2 - k^2 h_\sigma^2 \right) \tag{10.173}$$

と計算できる．この計算に際し，$h_{\mu\nu}$ に微分が掛からない質量項のような項は最終的な表式に残らないことを考慮すると計算が容易になる．これは，$k \to 0$ の極限で純粋にゲージ変換で生成される $h_\sigma = $ 一定の摂動に対して，作用関数が変化しないという要請から従う．(10.173)式のように得られた2次の作用関数は，ゼロ質量の相互作用のないスカラー場の作用関数と同じ表式で与えられる．そこで，

$$\psi_{+,\times} := \frac{h_{+,\times}}{\sqrt{32\pi G_N}} \tag{10.174}$$

を定義すると，ゼロ質量自由スカラー場の場合の議論が全く同様に成立する．このことから，$\psi_{+,\times}$ に対するパワースペクトルは

$$\mathcal{P}_{\psi_{+,\times}} = \left(\frac{H}{2\pi} \right)^2 \tag{10.175}$$

と与えられる．これを重力波のパワースペクトルに焼き直すと，

$$\mathcal{P}_{\text{GW}} \equiv \frac{k^3}{2\pi^2} \sum_{\sigma=+,\times} \langle h_\sigma^{ij} h_{ij}^\sigma \rangle = 64\pi G_N \frac{H^2}{4\pi^2} \bigg|_{k=\mathcal{H}} \tag{10.176}$$

となる．この表式から，インフレーション起源の重力波摂動の振幅を観測できれば，観測しているゆらぎの長さスケールがホライズンスケールと同程度であった時期の宇宙膨張率 H が測定できると考えられる．

10.3.11　スローロールパラメータとスペクトル指数

パワースペクトルを

$$\mathcal{P}_{\mathcal{R}_c} \propto k^{n_S-1}, \qquad \mathcal{P}_{\text{GW}} \propto k^{n_T}. \tag{10.177}$$

のように，波数 k のべき乗に比例するとして近似した際，n_S や n_T を**スペクトル指数** (spectral index) と呼ぶ．曲率揺らぎに対する指数が $n_S - 1$ と -1 だけ

ずれて定義されている理由は，密度揺らぎの相関関数 $\langle \delta_k^2 \rangle$ に対する指数とし
て最初に導入されたからである．

(10.169)式から曲率揺らぎのスペクトル指数 n_S は，

$$
n_S - 1 = \frac{d}{d\ln k} \ln \mathcal{P}_{\mathcal{R}_c} = \left(\frac{d\ln aH}{dt} \right)^{-1} \frac{d}{dt} \ln \frac{H^4}{\dot{\phi}^2}
$$

$$
\approx \frac{1}{H} \left(4\frac{\dot{H}}{H} - 2\frac{\ddot{\phi}}{\dot{\phi}} \right) \tag{10.178}
$$

と求められる．ここで，2つ目の等号では k と t が $k = \mathcal{H} = a(t)H(t)$ の関係で
結びつくことを用い，微分のチェーンルールを適用した．最後の近似的な等号
においては，$d(\ln aH)/dt$ の計算に現れる H の時間微分を無視した．

(10.178)式に現れた量を，インフラトンのポテンシャルの微係数の大きさ
を表す**スローロールパラメータ** (slow roll parameters) で書き直す．まず，ス
ローロール近似でのフリードマン方程式

$$
H^2 \approx \frac{8\pi G_N}{3} V \tag{10.179}
$$

を1階微分すると，

$$
2H\dot{H} \approx \frac{8\pi G_N}{3} V'\dot{\phi} \tag{10.180}
$$

を得る．さらに，スローロール近似での関係式，$\dot{\phi} = -V'/3H$ を用いると，
$\dot{H}/H^2$ は

$$
\frac{\dot{H}}{H^2} \approx -\frac{1}{16\pi G_N} \left(\frac{V'}{V} \right)^2 =: -\varepsilon_1 \tag{10.181}
$$

と，スローロール近似の範囲でポテンシャルを用いて表すことができる．ここ
で導入した ε_1 がポテンシャルの傾きを示す最初のスローロールパラメータで
ある．

$\ddot{\phi}/H\dot{\phi}$ に関しても

$$
\ddot{\phi} \approx \frac{d}{dt}\dot{\phi} \approx \frac{d}{dt}\frac{-V'}{3H} = -\frac{V''}{3H}\dot{\phi} + \frac{V'\dot{H}}{3H^2} \tag{10.182}
$$

より，

$$
\frac{\ddot{\phi}}{H\dot{\phi}} \approx -\frac{V''}{8\pi GV} - \frac{\dot{H}}{H^2} \approx -\varepsilon_2 + \varepsilon_1 \tag{10.183}
$$

と書ける. ここで, ポテンシャルの2階微分を表すスローロールパラメータ

$$\varepsilon_2 := \frac{V''}{8\pi G_N V} \tag{10.184}$$

を導入した. 以上より,

$$n_S - 1 = 2\varepsilon_2 - 6\varepsilon_1 \tag{10.185}$$

が得られる. 重力波摂動に関しても, (10.176)式から同様に

$$n_T \approx \frac{1}{H}\frac{d}{dt}\ln H^2 = 2\frac{\dot{H}}{H^2} \approx -2\varepsilon_1 \tag{10.186}$$

が得られる.

スローロールインフレーションにおいては, ε_1 や ε_2 のスローロールパラメータは小さな値をとるので, 単純なインフレーションモデルでは $n_S - 1 \approx 0$, $n_T \approx 0$ のスペクトル指数が予想される. $n_S - 1 = 0$, $n_T = 0$ の場合は, 各々, 曲率揺らぎ, および, 重力波摂動のパワースペクトルが波数 k に依存しないことを意味するので, **スケール不変** (scale invariant) なゆらぎと呼ばれる. また, $\varepsilon_1 > 0$ であることから, 標準的なインフレーションモデルにおいて, インフレーション期に生成される重力波ゆらぎのスペクトル指数 n_T は負であり, 短波長になるほどゆらぎの振幅が小さくなる. これは短波長のゆらぎほど生成される時期が遅くなり, 膨張率 H が小さくなることによる.

曲率揺らぎのパワースペクトルと重力波摂動のパワースペクトルの比,

$$r = \frac{\mathcal{P}_{\mathrm{GW}}}{\mathcal{P}_{\mathcal{R}_c}} = 16\varepsilon_1 \tag{10.187}$$

は**テンソル-スカラー比** (tensor-to-scalar ratio) と呼ばれ, スローロールパラメータ ε_1 で決まる. n_T も ε_1 のみで決まるので, 両者の間に関係式

$$r = -8n_T \tag{10.188}$$

が成立する. この関係式は**整合性条件** (consistency relation) と呼ばれる.

□章末コラム　スローロールインフレーション以前

　インフレーションは宇宙の初期条件の問題である一様性問題や平坦性問題を解決するばかりでなく，構造形成の種となる初期密度ゆらぎの生成まで説明する．しかし，そうなると加速度的に膨張するインフレーション宇宙が始まるさらに前はどうなっていたのかということが気になってくる．スローロールインフレーション中はスカラー場はポテンシャルの高い側から低い側へと時間変化する．したがって，時間をさかのぼるとよりポテンシャルの高い側にスカラー場はいたことになる．

　スローロール近似を用いると，1 e-フォールディングの間にスカラー場の変化量は $\Delta\phi = O(V'/H^2)$ と見積もられる．この量は $V \propto \phi^{2p}$ のように $|\phi|$ が大きくなるにつれて傾きが急峻になるべき型のポテンシャルを考えても，$|\phi|$ が大きくなるにつれて逆に小さくなる．その理由は分母の $H^2 \approx 8\pi G_N V/3$ の増え方の方が大きいからである．一方，各長さスケールでのスカラー場のゆらぎの大きさは $O(H)$ であるので，ハッブルホライズンスケールで平均したスカラー場の値に着目すると，1 e-フォールディングにつき $O(H)$ 程度の量子揺らぎによる揺動を受けることになる．この揺動の振幅は逆に $|\phi|$ が大きくなるにつれて増加する．その結果，インフレーション初期にさかのぼり，$|\phi|$ が大きな値をとる時期を考えると量子揺らぎに依る揺動が卓越する時期が現れる．そこではスカラー場の運動は確率論的な酔歩運動になっていると考えられる．そのため，ある空間領域ではたまたまスローロールインフレーションを起こす小さい $|\phi|$ の値を持つ領域に入り，やがて，インフレーションを終える．しかし，その場合でも周囲の領域については大きな $|\phi|$ の値が保たれてインフレーションが継続するという状況が実現される．

　そのような酔歩運動に支配されているスローロールインフレーション以前の宇宙では，場所によって膨張率が異なり，インフレーションを続けている領域の中にインフレーションが終了した島状の領域が現れている．このような状況を想像してもらえばわかるように，インフレーション宇宙の全体像は一様等方宇宙でとても近似できる代物ではない．しかしながら，そのような宇宙が観測と矛盾するという訳ではない．決定論的な運動が量子揺らぎに依る揺動を凌駕しているスローロールインフレーションの領域に入ってから，インフレーションが終了するまでに十分な e-フォールディング数があれば，我々が観測できる範囲の宇宙全体を一様等方化するには十分なのである．

第10章　章末問題

問題1　$N\sqrt{q} = \sqrt{-g}$ であることを示せ.

問題2　異なる固有値を持つ調和関数は (10.25)式の意味で直交することを示せ.

問題3　(10.36)式が成り立つことを示せ.

問題4　(10.102)式が成り立つことを示せ.

問題5*　(1)　ニュートンゲージから, 時間座標を取り換えることで, 共動ゲージ $v-B=0$ の条件を満たすように変換した際の速度ゆらぎ v, 密度ゆらぎ δ と圧力ゆらぎ δP をニュートンゲージの変数で書き表せ.
(2)　$w = $ 一定の完全流体の場合 ($\Pi = 0$) に, (10.118)式, および, (10.119)式を共同ゲージの変数 δ_c, v_c, および, ニュートンポテンシャル $\phi = \Phi = \Psi$ を用いて書き下せ.
(3)　$w = 0$ のダスト宇宙の場合に, 共動ゲージの密度揺らぎ δ_c の線形摂動の方程式を求め, その一般解を求めよ.

問題6*　(10.120)式の時間微分と (10.120)式, (10.121)式を用いて Φ' を Ψ と v_{N} を用いて書き下せ. その式を用いて, ニュートンゲージにおいて拘束条件である (10.108)式, および, (10.109)式が成立することを確かめよ.

問題7　(10.108) 式から (10.113) 式の方程式がすべてニュートンゲージのゲージ不変変数で書かれることを確かめよ.

問題8　(10.153)を (5.24)式から導け.

第11章 ホーキング放射 (Hawking radiation)

曲がった時空の場の理論の応用としてホーキング放射について議論する．ホーキング放射はブラックホールに固有の温度を与える．

§11.1 加速する検出器が感じる粒子数

粒子数という概念が，真空の定義の仕方に依存する相対的なものであることを 10.1.2 項で見た．ここでは，$z^\mu(\tau)$ で与えられる世界線に沿って運動する観測者が観測する粒子数という概念に着目する．そのような量を定義するために観測者の持つ検出器の変数で書かれた演算子 $m(\tau)$ を考え，検出器位置でのスカラー場の値 $\varphi(z(\tau))$ と演算子 $m(\tau)$ が双線形の形，

$$\int m(\tau)\varphi(z(\tau))\,d\tau$$

の相互作用を作用関数に持つとする．検出器は最初，エネルギー E_0 の基底状態にあり，相互作用は時間的にゆっくりと印加されるとする．このとき，検出器の状態の励起によって粒子を検出する．このような検出器は**ウンルー検出器** (Unruh detector) と呼ばれる．

場の初期状態を $|0\rangle$ として，終状態を $\langle\psi|$ とあらわす．検出器の状態ベクトルは，初期状態が $|E_0\rangle$ として，励起後の終状態を $\langle E|$ と表すと，**遷移振幅** (transition amplitude) は

$$\begin{aligned}
A_{\psi,E} &= i\langle\psi,E|\left[\int m(\tau)\varphi(z(\tau))\,d\tau\right]|0,E_0\rangle \\
&= i\langle E|m(0)|E_0\rangle\int e^{i(E-E_0)\tau}\langle\psi|\varphi(z(\tau))|0\rangle d\tau
\end{aligned} \tag{11.1}$$

と与えられる．ここで，

$$\langle E|m(\tau)|E_0\rangle = \langle E|e^{iH\tau}m(0)e^{-iH\tau}|E_0\rangle = e^{i(E-E_0)\tau}\langle E|m(0)|E_0\rangle \tag{11.2}$$

であることを用いた．ここから，場の終状態 $\langle\psi|$ としてすべての状態について足し上げると，検出器が終状態 $\langle E|$ をとる**遷移確率** (transition probability) は

$$F_{E-E_0} := \int e^{-i(E-E_0)(\tau-\tau')} \langle 0|\varphi(z(\tau))\,\varphi(z(\tau'))\,|0\rangle d\tau\,d\tau' \qquad (11.3)$$

として,

$$P_E = \sum_\psi |A_{\psi,E}|^2 = |\langle E\,|m(0)|\,E_0\rangle|^2\,F_{E-E_0} \qquad (11.4)$$

と与えられる. F_{E-E_0} の因子は検出器の詳細によらずに, 検出器の運動の経路 $z^\mu(\tau)$ にのみ依存する.

例えば, ミンコフスキー時空上で通常の真空を選んだとき, 質量ゼロのスカラー場の**ワイマン関数** (Wightman function) は,

$$\langle 0|\varphi(x)\,\varphi(x')\,|0\rangle = -\frac{1}{4\pi^2}\frac{1}{(t-t'-i\varepsilon)^2 - |\boldsymbol{x}-\boldsymbol{x}'|^2} \qquad (11.5)$$

で与えられる (章末問題 1). ここで, ε は正の無限小の実数を表し, $|t-t'| = |\boldsymbol{x}-\boldsymbol{x}'|$ において, 複素平面上で積分路を迂回する方向を示すものである.

検出器が一定の加速度 a で x 方向に加速される場合, その運動は適当に座標の原点を選べば

$$t = a^{-1}\sinh a\tau, \qquad x = a^{-1}\cosh a\tau \qquad (11.6)$$

となる. この軌道を (11.3)式に代入し, Δt を相互作用が印加されている十分に長い時間間隔とし, 積分変数を τ から $\delta\tau := \tau - \tau'$ に取り換えて, $\int_{-\Delta t/2}^{\Delta t/2} d\tau \int_{-\Delta t/2}^{\Delta t/2} d\tau' \approx \int_{-\Delta t/2}^{\Delta t/2} d\tau' \int_{-\infty}^{\infty} d(\delta\tau)$ のように近似することで,

$$
\begin{aligned}
F_{E-E_0} &= \frac{a^2\Delta t}{8\pi^2} \int e^{i(E-E_0)\delta\tau} \frac{1}{1+\varepsilon-\cosh a\delta\tau} d(\delta\tau) \\
&= \frac{\Delta t(E-E_0)}{2\pi} \sum_{n=1}^{\infty} e^{-2n(E-E_0)\pi/a} \\
&= \frac{\Delta t}{2\pi} \frac{E-E_0}{e^{2(E-E_0)\pi/a}-1}
\end{aligned}
\qquad (11.7)
$$

を得る. ここで 2 つ目の等号では, $E - E_0 > 0$ であることから, 複素平面上の積分路を上に閉じれることを用いて, $\delta\tau = 2\pi ia^{-1}n$ に位置する 2 位の極からの留数を評価している. 最終的に得られた F_{E-E_0} の表式 (11.7)は粒子数に比例すると考えられる. 加速度 a に対する依存性は $\propto 1/(e^{2(E-E_0)\pi/a}-1)$ となり, 温度 $T = \hbar a/2\pi ck_B$ の熱的な放射を検出器は検出すると解釈される.

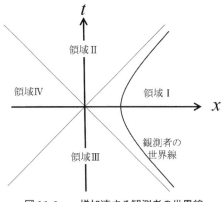

図11.1 一様加速する観測者の世界線

この観測者の世界線を図示すると図 11.1 のようになる．この一定の加速度で加速される観測者にとって，図の領域 II からの信号を受け取ることができない．この状況はブラックホール時空における外部の観測者と共通する．

§11.2 ホーキング放射

初期に自然な真空を用意して，ブラックホールが形成した後の場の状態がどのようになるのかを調べたい．そのためには，初期にはブラックホールが存在しない時空から出発して，動的にブラックホールが作られる時空を考えるのが適切と考えられる．しかし，そのような動的な時空のモデルを解析的に扱うのは一般には難しい．そこで解析的な解として，動径方向に光速で球対称に物質が落ち込む場合の解である**バイジャ計量** (Vaidya metric)

$$ds^2 = -\left(1 - \frac{r_g(v)}{r}\right)dv^2 + 2dv\,dr + r^2 d\Omega^2 \tag{11.8}$$

に着目する．ここでは，さらに簡単のために

$$\frac{dr_g(v)}{dv} = r_g\delta(v - v_0)$$

として，デルタ関数的な球殻を考える．球対称真空のアインシュタイン方程式の解はシュワルツシルト時空に限られるので，球殻で隔てられたそれぞれの領域は，内側がミンコフスキー計量，外側がシュワルツシルト計量で与えられる．このとき，光的に運動する球殻のエネルギー運動量テンソルは μ

195

を定数，$\bar{x}^\mu(\lambda, \Omega)$ が球殻を構成する要素の運動を表すとして，$k^\mu(\lambda, \Omega) :=$ $d\bar{x}^\mu(\lambda, \Omega)/d\lambda$ を用いて，

$$T_{\mu\nu} = \mu \int d\lambda \, d\Omega \, k_\mu k_\nu \frac{\delta^4 \left(x^\mu - \bar{x}^\mu(\lambda, \Omega) \right)}{\sqrt{-g(x)}} \tag{11.9}$$

と与えられる (章末問題 3). 内側，外側の領域での量に対して，各々 (M), (S) の添字をつけて区別することとする. $r_g^{(S)} = r_g$, $r_g^{(M)} = 0$ として

$$r^* = r + r_g^{(A)} \log \left(\frac{r}{r_g^{(A)}} - 1 \right),$$

$$du_{(A)} = dt - dr^* = dv - 2dr^* = dv - 2 \left(1 - \frac{r_g^{(A)}}{r} \right)^{-1} dr \tag{11.10}$$

によって $u_{(S)}$, $u_{(M)}$ の座標を導入すると，それぞれの領域で線素は

$$ds_{(A)}^2 = - \left(1 - \frac{r_g^{(A)}}{r} \right) du_{(A)} dv + r^2 d\Omega^2 \tag{11.11}$$

と表される.

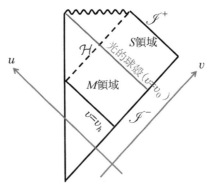

図 11.2　バイジャ時空の共形図. $\mathscr{I}^+$ は光的な未来の無限遠，$\mathscr{I}^-$ は光的な過去の無限遠，$\mathcal{H}$ の破線は事象の地平線を表す. S 領域，M 領域はそれぞれシュワルツシルト時空，ミンコフスキー時空で与えられる領域を表す.

　図 11.2 は u, v 座標を無限遠方が有限の領域にくるようにそれぞれ適当に変換された共形図である. 図上で動径方向の光的測地線が 45 度の傾きを保つ. まずは，図 11.2 に示した事象の地平線に沿った光的測地線を $r = 0$ で折り返し

たときの v-座標の値, v_h を求める. このために $v = v_0$ の球殻上での面積半径 r の連続性を考える. ミンコフスキー側での座標を用いて, r は

$$\frac{v_0 - u_{(M)}}{2} = r \tag{11.12}$$

と表される. 一方で, シュワルツシルト側の座標を用いると, 陽に r を与えることができないが,

$$\frac{v_0 - u_{(S)}}{2} = r + r_g \log \left(\frac{r}{r_g} - 1 \right) \tag{11.13}$$

の関係にあることがわかる. (11.12)式と (11.13)式から r を消去することで, $u_{(M)}$ と $u_{(S)}$ の間の関係が

$$u_{(S)} = u_{(M)} - 2r_g \log \left(\frac{v_h - u_{(M)}}{2r_g} \right) =: U(u_{(M)}) \tag{11.14}$$

と得られる. ここで $v_h := v_0 - 2r_g$ とした. $v = v_h$ で与えられる光的測地線が $r = 0$ で折り返されたものが $u_{(M)} = v_h$ である. この $u_{(M)} = v_h$ が事象の地平線に沿った光的測地線の経路を表す. $u_{(M)} \to v_h$ の極限において, $U(u_{(M)}) \to \infty$ となり, シュワルツシルト側での事象の地平線に沿った光的測地線 $u_{(S)} = \infty$ に対応する.

球面調和関数, $Y_{\ell m}(\Omega)$ を用いて場を

$$\varphi = r^{-1} \sum_{\ell, m} \varphi_{\ell m}(t, r) \, Y_{\ell m}(\Omega) \tag{11.15}$$

のように展開すると, 各 ℓ のモードに対して 2 次元の運動方程式

$$\left[-4 \frac{\partial}{\partial u} \frac{\partial}{\partial v} - V_\ell(r) \right] \varphi_{\ell, m} = 0 \tag{11.16}$$

が得られる. ここでポテンシャル $V_\ell(r)$ は

$$V_\ell(r) = \left(1 - \frac{r_g}{r} \right) \left[\frac{\ell(\ell+1)}{r^2} + \frac{r_g}{r^3} \right] \tag{11.17}$$

となる. ミンコフスキー領域における $r = 0$ での境界条件は, $\ell = 0$ の場合には動径方向の微分が 0 になる条件 $(\partial_{u_{(M)}} - \partial_v)\varphi_{00}|_{u_{(M)}=v} = 0$, それ以外の場合に関しては角運動量によるポテンシャル障壁のために値が 0 になる条件

$$\varphi_{\ell m}|_{u_{(M)}=v} = 0 \tag{11.18}$$

が課される．以下の議論では，話を簡単にするために $\ell > 0$ に限定し，十分に高い振動数成分に着目して，ポテンシャル $V_\ell(r)$ を当面無視する．このとき u，あるいは，v のみの任意関数が (11.16) 式の解となる．

未来側の光的無限遠 $\mathscr{I}^+$ 近傍で自然な正振動数関数は，シュワルツシルト領域において，$\omega > 0$ として，

$$p_\omega = \frac{e^{-i\omega u_{(S)}}}{4\pi\sqrt{\omega}} \tag{11.19}$$

と与えられるだろう．この正振動数関数をミンコフスキー領域に拡張することは容易である．$u_{(M)}$，あるいは，v のみの関数であり，$v = v_0$ の面での連続性，および，(11.18) 式の境界条件を満たす解は

$$p_\omega = \frac{1}{4\pi\sqrt{\omega}} \left(e^{-i\omega U(u_{(M)})} - e^{-i\omega U(v)} \theta(v_h - v) \right) \tag{11.20}$$

である．一方，過去側の光的無限遠 $\mathscr{I}^-$ における自然な正振動数関数も同様に

$$f_\omega = \frac{e^{-i\omega v}}{4\pi\sqrt{\omega}} \tag{11.21}$$

と与えられる．

このとき二つの正振動数関数の組 $\{p_\omega\}$ と $\{f_\omega\}$ とは異なるので，両者の間のボゴリューボフ係数は非自明になる．そのため，$\mathscr{I}^-$ において自然に定義される正振動数関数 f_ω に付随した真空状態 $|0_{\text{in}}\rangle$ を用意したとき，$\mathscr{I}^+$ における自然な正振動数関数 p_ω に付随した真空状態から見ると，粒子生成が起こる．この粒子生成を**ホーキング放射** (Hawking radiation) と呼ぶ．

ホーキング放射によって生成される振動数 ω の粒子数を評価する．未来側の無限遠方 $\mathscr{I}^+$ で自然に定義された正振動関数 p_ω を $\mathscr{I}^-$ における自然な正振動関数 $f_{\omega'}$ とその複素共役で

$$p_\omega = \int_0^\infty \left(\alpha_{\omega\omega'} f_{\omega'} + \beta_{\omega\omega'} f_{\omega'}^* \right) d\omega' \tag{11.22}$$

と展開する．このとき，展開係数は $\int_{-\infty}^\infty f_\omega f_{\omega'}^* dv = (8\pi\omega)^{-1}\delta(\omega - \omega')$ の関係を用いて，

$$\beta_{\omega\omega'} = 8\pi\omega' \int_{-\infty}^{v_h} p_\omega f_{\omega'} dv$$

$$\approx \frac{1}{2\pi}\sqrt{\frac{\omega'}{\omega}}\int_{-\infty}^{v_h}\exp\left(-i\omega\left[v_h-2r_g\log\{(v_h-v)/2r_g\}\right]-i\omega'v\right)dv$$

$$=\frac{1}{2\pi}\sqrt{\frac{\omega'}{\omega}}(2r_g)^{-2ir_g\omega}e^{-i(\omega+\omega')v_h}\int_0^\infty x^{2ir_g\omega}e^{i\omega'x}dx$$

$$=\frac{1}{2\pi}\sqrt{\frac{\omega'}{\omega}}(2r_g)^{-2ir_g\omega}e^{-i(\omega+\omega')v_h+(1+2ir_g\omega)\pi i/2}$$

$$\times(\omega')^{-1-2ir_g\omega}\Gamma(1+2ir_g\omega) \tag{11.23}$$

と求まる. 2つ目の等号で, $p_\omega\approx\frac{1}{4\pi\sqrt{\omega}}\exp\left(-i\omega\left[v_h-2r_g\log\frac{v_h-v}{2r_g}\right]\right)$ の近似を用いた. これは, 十分時間が経過した後の $u_{(S)}\to+\infty$ の極限で観測者が見る放射に着目し, 有限の振動数の幅にわたって波を重ね合わせた波束に着目したことに相当する. $u_{(S)}\to+\infty$ の極限は $v\to v_h$ の極限に対応するので, $\log\{(v_h-v)/4M\}$ の中の v 以外は v_h に置き換えることができる. 最後の等式では Γ 関数の定義式 $\Gamma(z)=\int_0^\infty e^{-y}y^{z-1}dy$ を用いた. 同様に, $\alpha_{\omega\omega'}$ も

$$\alpha_{\omega\omega'}=8\pi\omega'\int_{-\infty}^{v_h}p_\omega f_{\omega'}^* dv$$

$$\approx\frac{1}{2\pi}\sqrt{\frac{\omega'}{\omega}}\int_{-\infty}^{v_h}\exp\left(-i\omega\left[v_h-2r_g\log\{(v_h-v)/2r_g\}\right]+i\omega'v\right)dv$$

$$=\frac{1}{2\pi}\sqrt{\frac{\omega'}{\omega}}(2r_g)^{-2ir_g\omega}e^{-i(\omega-\omega')v_h}\int_0^\infty x^{2ir_g\omega}e^{-i\omega'x}dx$$

$$=\frac{1}{2\pi}\sqrt{\frac{\omega'}{\omega}}(2r_g)^{-2ir_g\omega}e^{-i(\omega-\omega')v_h-(1+2ir_g\omega)\pi i/2}$$

$$\times(\omega')^{-1-2ir_g\omega}\Gamma(1+2ir_g\omega) \tag{11.24}$$

と計算でき, $\beta_{\omega\omega'}$ と類似の表式を得る. 2つの表式を見比べると, $\alpha_{\omega\omega'}$ と $\beta_{\omega\omega'}$ の間に関係式

$$\alpha_{\omega\omega'}=-\exp\left(2\pi r_g\omega+2i\omega'v_h\right)\beta_{\omega\omega'} \tag{11.25}$$

が成り立つ. この関係式をボゴリューボフ係数が常に満たす恒等式 ((10.42)式を連続的なラベル ω に拡張したもの)

$$\delta(\omega-\tilde\omega)=\int_0^\infty\left[\alpha_{\omega\omega'}^*\alpha_{\tilde\omega\omega'}-\beta_{\omega\omega'}^*\beta_{\tilde\omega\omega'}\right]d\omega' \tag{11.26}$$

に代入すると,

$$\delta(\omega-\tilde\omega)=(\exp\left[2\pi r_g(\omega+\tilde\omega)\right]-1)\int_0^\infty\beta_{\omega\omega'}^*\beta_{\tilde\omega\omega'}d\omega' \tag{11.27}$$

を得る．この表式から，

$$\left\langle 0_{\text{in}} \left| a_\omega^{(p)\dagger} a_{\tilde\omega}^{(p)} \right| 0_{\text{in}} \right\rangle = \int_0^\infty \beta_{\omega\omega'}^* \beta_{\tilde\omega\omega'} d\omega' = \frac{\delta(\omega - \tilde\omega)}{\exp(4\pi r_g \omega) - 1} \quad (11.28)$$

を得る．$\tilde\omega = \omega$ の場合は左辺は $\mathscr{I}^+$ で生成された粒子数を表す演算子であり，結果は温度

$$T = \frac{c\hbar}{4\pi k_B r_g} = \frac{c^3 \hbar}{8\pi k_B G_N M} \quad (11.29)$$

のボーズ分布に従うことを示す．ここでは，一時的に c, $\hbar$, k_B を明示した．最後の等号では重力半径 r_g をブラックホールの質量 M で表した．表面重力 $\kappa = c^2/(2r_g)$ で表すと，温度は $T = \dfrac{\hbar}{2\pi k_B c}\kappa$ である．(11.28)の表式が $\tilde\omega \neq \omega$ のとき0になることは，異なる振動数のモード間に相関が存在しないことを意味する．

　上記の計算では (11.16)式におけるポテンシャル $V_\ell(r)$ の存在を無視して扱ってきた．しかし，この近似は l が大きい場合や，ω が小さい場合には正当化できない．今考えているバイジャ時空で (11.16)式の波動方程式を解くことは難しいが，シュワルツシルト領域のみを考えるならば，問題の定常性から，(11.16)式は $\varphi_{\ell,m} = \int_0^\infty d\omega e^{-i\omega t} R_{\ell m \omega}(r) + (\text{c.c.})$ と変数分離形を仮定することで，$R(r)$ の満たすべき方程式が

$$\left[\frac{d^2}{dr^{*2}} + \omega^2 - V_\ell(r) \right] R_{\ell m \omega} = 0 \quad (11.30)$$

と得られる．未来側の無限遠方漸近領域で (11.20)式によって与えられる境界条件を満たす解は，時間の向きを逆転させて，無限遠方から波を入射した際の散乱問題と考えられる．$r^* \to \pm\infty$ において，$V_\ell(r) \to 0$ となることから，透過係数，反射係数をそれぞれ，$t_{\ell m \omega}, r_{\ell m \omega}$ として，解の漸近形は

$$R_{\ell m \omega} = \begin{cases} \dfrac{1}{4\pi\sqrt{\omega}} \left(e^{-i\omega r} + r_{\ell m \omega} e^{i\omega r} \right), & r \to \infty, \\ t_{\ell m \omega} \dfrac{e^{-i\omega r^*}}{4\pi\sqrt{\omega}}, & r^* \to -\infty \end{cases} \quad (11.31)$$

と与えられる．ここで，$u_{(S)} \to +\infty$ の極限での観測量に着目すると，$r - r_g$ が非常に小さくなるまでは，すなわち，$-r^* \gg G_N M$ となるまではシュワルツシルト領域に留まる．ホーキング放射に寄与しているものは透過波の成分で

あることから，ポテンシャル $V_\ell(r)$ による散乱の寄与を考慮すると，(11.23)における $\beta_{\omega,\omega'}$ の計算における p_ω に $t_{\ell m \omega}$ のファクターが掛かることになる．その結果，最終的なホーキング放射の公式 (11.28)は

$$\left\langle 0_{\text{in}} \left| a^{(p)\dagger}_\omega a^{(p)}_{\tilde{\omega}} \right| 0_{\text{in}} \right\rangle = \frac{\delta(\omega - \tilde{\omega})|t_{\ell m \omega}|^2}{\exp\left(8\pi G_N M \omega\right) - 1} \tag{11.32}$$

となる．この $|t_{\ell m \omega}|^2$ は灰体因子 (greybody factor) と呼ばれる．波動方程式を見れば，ω^2 に対してポテンシャル $V_\ell(r)$ が十分に高い場合には透過係数の絶対値である $|t_{\ell m \omega}|$ は非常に小さくなる．これは衝突パラメータが十分大きな光線はブラックホール近傍には侵入せず，ブラックホールのはるか外側を通過することに対応する．すなわち，過去に光線を引き戻したとき，ブラックホール近傍に到達しない放射がホーキング放射として放出されることはないことを示している (章末問題 2)．

ブラックホールが (11.29)式で与えられる温度 T を持つ黒体としてホーキング放射をすれば，その反作用としてブラックホールのエネルギー，すなわち，質量が失われる．ホーキング放射による質量の放出率は

$$\frac{dM}{dt} \approx -\sigma T^4 \times (\text{事象の地平線の面積}) \approx -G_N^{-2} M^{-2} \tag{11.33}$$

と評価できる．ここで，$\sigma = \pi^2 k_B^4 / 60 c^2 \hbar^3$ はシュテファン-ボルツマン定数である．ホーキング放射によって，各時刻での質量に応じた質量放出率でブラックホールが質量を失うと考えると，質量 M のブラックホールが蒸発するまでにかかる時間は，$c, \hbar$ を陽に表し

$$\tau \approx \frac{G_N^2 M^3}{c^4 \hbar} \approx 10^{10} \left(\frac{M}{10^{15}\text{g}}\right)^3 \text{yr} \tag{11.34}$$

と評価される．すなわち，宇宙初期に 10^{15}g 程度のブラックホールが生成されたと仮定すると，宇宙年齢程度の時間をかけて現在蒸発の最終段階にある．この質量よりも軽いブラックホールは既に蒸発を終えていると期待されるのに対し，より重いブラックホールは現在も蒸発せずに残存していると考えられる．ブラックホール近傍での曲率半径は r_g で与えられるので，ブラックホールの質量が小さくなるとともに曲率半径も小さくなる．曲率半径がプランク長 $\ell_{pl} = \sqrt{\hbar G_N / c^3}$ 程度になれば，重力の量子効果が無視できなくなると考えられ，上記の議論の適用限界を超える．さらに，ここでは詳細には立ち入らない

が，曲率半径がプランク長に達するよりもはるか前の，ブラックホールの質量が半分程度失われた段階で，古典的な曲がった時空上の場の理論の近似的な記述が蒸発するブラックホールにおいては適用できなくなるのではないかという議論もなされている (章末コラム).

§11.3　ホーキング放射によって生じる量子もつれ

$\mathscr{I}^+$ における自然な正振動数解として $\{p_\omega\}$ を，また，その複素共役が負振動数解を与えるが，これらの解だけでは解の完全系を成さない．なぜなら，事象の地平線に落下する波が考慮されていないからである．完全系を成す上で補うべき独立解として，やや恣意的ではあるが，

$$q_\omega = \frac{-e^{+i\omega\tilde{U}(v)}}{4\pi\sqrt{\omega}}\theta(v-v_h), \qquad \tilde{U}(v) = v - 4M\log\left(\frac{v-v_h}{4M}\right)$$

を導入する．この関数は p_ω において $v-v_h$ を v_h-v に置き換えたものであるので，規格化の条件は p_ω と同様に満たす．ここで，$\mathscr{I}^-$ における正振動数関数 $\{f_{\omega'}\}$ の代わりに

$$\tilde{f}_\omega(v) = N_\omega \frac{-e^{-i\omega\tilde{U}(v_h-v+i\varepsilon)}}{4\pi\sqrt{\omega}} \tag{11.35}$$

という解析関数を考える．ここで，ε は無限小の正の実数で，複素関数 $\log(v_h-v)$ に存在する $v=v_h$ から延びる分枝をどのように避けるかを指定する．N_ω は適切な規格化因子であるが，以下の議論では重要ではない．$\{\tilde{f}_\omega(v)\}$ と $\{f_{\omega'}\}$ は v の複素平面上で虚部が負となる下半面において，分岐 (branch cut) や極をもたず解析的であるという共通の性質を持つ．逆に，$\{\tilde{f}_\omega^*(v)\}$ と $\{f_{\omega'}^*\}$ は共に上半平面で解析的である．v の任意関数が解であることを思い出すと，$\{\tilde{f}_\omega(v)\}$ と $\{\tilde{f}_\omega^*(v)\}$ の区別は，$\{f_{\omega'}\}$ と $\{f_{\omega'}^*\}$ の区別と同様に解空間を 2 つに分類するが，その分類の仕方は同じであることを意味する．したがって，$\{\tilde{f}_\omega(v)\}$ を正振動数関数とする真空 $|0_{\rm in}\rangle$ は，$\{f_{\omega'}\}$ を正振動数関数とする真空と同一である．ここで注意が必要なのは，$\{\tilde{f}_\omega(v)\}$ の ω は負の値もとりえる点である．実際，ω が負でも複素平面の下半面における解析性に何ら変更はない．

以上を踏まえ，$v<v_h$ の領域において $\log(v_h-(v-i\varepsilon)) = \log(v_h-v)$ の分枝をとるものとすると，関数 $\log(v_h-(v-i\varepsilon))$ の $v>v_h$ の領域への拡張は

$\log(v_h - (v - i\varepsilon)) = \log(v - v_h) - \pi i$ となることから, ω を正として

$$\tilde{f}_{+\omega} = N_\omega \left(p_\omega + e^{-2\pi r_g \omega} q_\omega^* \right),$$
$$\tilde{f}_{-\omega} = N_{-\omega} \left(p_\omega^* + e^{2\pi r_g \omega} q_\omega \right) \tag{11.36}$$

と展開されることがわかる. i のラベルを $\pm$, j のラベルを p, q として (10.34) と見比べると,

$$\begin{pmatrix} \alpha_{p+} & \alpha_{p-} \\ \alpha_{q+} & \alpha_{q-} \end{pmatrix} = \begin{pmatrix} N_\omega & 0 \\ 0 & N_{-\omega} e^{2\pi r_g \omega} \end{pmatrix},$$
$$\begin{pmatrix} \beta_{p+} & \beta_{p-} \\ \beta_{q+} & \beta_{q-} \end{pmatrix} = \begin{pmatrix} 0 & N_{-\omega} \\ N_\omega e^{-2\pi r_g \omega} & 0 \end{pmatrix} \tag{11.37}$$

と読み取れる. ここで, (10.48)で導いた公式を用いて, $|0_{\mathrm{in}}\rangle$ の真空を, $\{p_\omega\}$, および, $\{q_\omega\}$ を正振動数関数とする終状態の真空 $|0_{(p)}\rangle \otimes |0_{(q)}\rangle$ からの励起として表す. このとき, (10.47)式で定義した行列 M_{ik} は (11.37)式から

$$\begin{pmatrix} M_{pp} & M_{pq} \\ M_{qp} & M_{qq} \end{pmatrix} = \begin{pmatrix} 0 & e^{-2\pi r_g \omega} \\ e^{-2\pi r_g \omega} & 0 \end{pmatrix} \tag{11.38}$$

と読み取れる. $\mathscr{I}^+$ での正振動数関数 p_ω と $\mathcal{H}^+$ での正振動数関数 q_ω に対応した生成演算子を, それぞれ, $a_\omega^{(q)\dagger}$, $a_\omega^{(q)}$ と定義すると

$$|0_{\mathrm{in}}\rangle = C \exp \left(\sum_\omega e^{-2\pi r_g \omega} a_\omega^{(p)\dagger} a_\omega^{(q)\dagger} \right) |0_{(p)}\rangle \otimes |0_{(q)}\rangle$$
$$= C \prod_\omega \sum_{n_\omega} e^{-2\pi n_\omega r_g \omega} |n_{\omega(p)}\rangle \otimes |n_{\omega(q)}\rangle \tag{11.39}$$

となる. ここで, $|n_{\omega(p)}\rangle \equiv (n_\omega!)^{-1/2} \left(a^{(p)\dagger} \right)^{n_\omega} |0_{(p)}\rangle$ は真空 $|0_{(p)}\rangle$ 上に n_ω 個の粒子が励起された状態を表している. $|n_{\omega(q)}\rangle$ についても同様である.

ここで, **密度行列** (density matrix)

$$\rho = |0_{\mathrm{in}}\rangle\langle 0_{\mathrm{in}}| \tag{11.40}$$

を導入する. 任意の演算子 $\mathcal{O}$ に対して, その期待値は $\langle 0_{\mathrm{in}}|\mathcal{O}|0_{\mathrm{in}}\rangle = \mathrm{Tr}(\mathcal{O}\rho)$ と計算できる. ここで, O として $\mathscr{I}^+$ での場しか含まない演算子 $\mathcal{O}^{(p)}$ であると

すると，その期待値は**縮約された密度行列** (reduced density matrix)

$$\tilde{\rho} \equiv \mathop{\mathrm{Tr}}_{q} \rho = |C|^2 \prod_{\omega} \sum_{n_\omega} e^{-4\pi n_\omega r_g \omega} |n_{\omega(p)}\rangle \langle n_{\omega(p)}| \tag{11.41}$$

を用いて，$\mathrm{Tr}_p \mathcal{O}^{(p)} \tilde{\rho}$ と計算される．この縮約された密度行列で表される状態は，各状態の持つエネルギー $E = \sum_{\omega} n_\omega \hbar \omega$ に対応したボルツマン因子 $e^{-E/k_B T}$ の重みで足し上げられた統計的集団と解釈できる．すなわち，逆温度 $1/k_B T = 4\pi r_g / c\hbar$ の有限温度状態を表す．(11.40)式で与えられる密度行列のように，ひとつの状態の積で書ける状態を**純粋状態** (pure state) と呼ぶのに対して，有限温度状態のように複数の純粋状態の和として表される状態を**混合状態** (mixed state) と呼ぶ．通常の量子力学にしたがう限り，全系の状態は初期が純粋状態であれば，純粋状態に保たれる．今，縮約された密度行列が表す状態が混合状態となったのは，事象の地平線に落ち込むモードに関して観測しないとしてトレースをとったからである．ただし，事象の地平線に落ち込むモードは遠方の観測者には観測できない物理量であるため，遠方の観測者にはブラックホールは有限温度状態にあるように観測される．

□章末コラム　ブラックホール蒸発における情報喪失パラドックス

　有限温度の黒体輻射によりブラックホールが蒸発するとき，ブラックホールに一旦取り込まれた情報は失われるのかということが，素朴な意味でのブラックホール蒸発における情報喪失の問題だ．ブラックホールの中で情報が消去されないとすれば，どのような可能性があるだろうか．まず，ブラックホールが蒸発しきってしまうと仮定すると，蒸発の途中段階でブラックホールからの輻射はホーキング放射が予言する単純な黒体輻射からずれる必要がある．さもなくば，情報を取り出すことは不可能だからだ．そうではなくて，ブラックホールは最後まで蒸発しきらず，残骸が残るという考えもある．その場合には残骸の中に情報が残されていればよい．

　近年，ある種の重力理論は，1次元低い次元の場の理論で記述でき，場の理論の側で考えると蒸発の残骸を表現できないと思われることから，残骸は残らないという考え方が支持を集めている．通常の場の理論では，始状態の量子状態を純粋状態として与えると時間発展後の量子状態も純粋状態として一意に決定される．そのため，黒体輻射のように見えるホーキング放射も純粋状態として記述されなければならない．それは可能であり，実際，本章のホーキング放射の議論でも，考えている量子状態は始状態における真空，すなわち，純粋状態であるが，黒体輻射として観測されるということであった．純粋状態が統計的集団である有限温度状態のように見える理由は，11.3節で確認したようにブラックホール内部状態と外部状態が量子もつれを起こした状態にあり，内部状態を見ないとすることによって説明された．

　このようにホーキング放射が黒体輻射のように見えること自体は問題ではないが，7.5節で議論したブラックホール熱力学において現れたブラックホールエントロピーを，通常の状態数の対数を表す量であると考えると矛盾が発生する．ブラックホールにホーキング放射と釣り合う量の物質が落下し続けるように初期状態を用意したとする．このとき，ブラックホールの質量は時間変化しないので，その事象の地平線の面積で与えられるブラックホールエントロピーも時間変化しない．つまり，ブラックホールの内部状態として許される状態数は決まっている．しかし，外部に蓄積していくホーキング放射の持つエントロピーは増大の一途を辿る．しかし，系全体として純粋状態に保たれるのであれば，内部の状態との量子もつれによってのみ外部のホーキング放射のエントロピーを説明することが可能である．このため，ブラックホール内部の状態数に限りがある場合，外部のエントロピーが内部のエントロピーを超えて増大することは不可能となる．したがって，ブラックホール蒸発の過程は曲がった時空上の場の理論として記述される現象の枠を超えていると考えられる．もちろん，ブラックホールエントロピーがブラックホール内部の状態数を与えているわけではないという可能性も完全には否定できない．

問題 1　正振動数関数を $u_{\boldsymbol{k}} \propto e^{-i\omega t + i\boldsymbol{k}\cdot\boldsymbol{x}}$ と選び, (11.5) 式を示せ.

問題 2*　(11.30) 式において $\omega^2 - V_\ell(r) > 0$ となる領域が現れて, 入射波が角運動量障壁により半古典近似のもとで反射されるための条件を求めよ.

問題 3*　バイジャ時空がアインシュタイン方程式の解であることを理解するために, ふたつのシュワルツシルト解を球対称塵状物質の球殻によって接続することが可能であることを見る.

(1)　外側と内側の線素を, それぞれ $i = 1, 2$ とラベルして

$$ds^2 = -f_{(i)}dt_{(i)}^2 + f_{(i)}^{-1}dr_{(i)}^2 + r_{(i)}^2(d\theta^2 + \sin^2\theta\, d\varphi^2)$$

と表す. 球殻の運動の経路が $t_{(i)} = \bar{t}_{(i)}(\tau), r_{(i)} = \bar{r}(\tau)$ で与えられるとして, 球殻の外的曲率 $K^i{}_j$ を求めよ.

(2)　σ を球殻に垂直な方向の規格化された座標として, 球殻のエネルギー運動量テンソル $T_{\mu\nu}$ から,

$$S_{ij} = \int_{-\varepsilon}^{+\varepsilon} d\sigma T_{ij}$$

を定義する. ここで, $\sigma = 0$ が球殻の位置に対応する. また, i, j の添字は球殻上への射影を表すものとする. 塵状物質からなるとは, $S_{ij} = s(\tau)u_i u_j$ の形をとることを意味する. このとき, $s(\tau)$ の時間発展を $\bar{r}(\tau)$ を用いて表せ.

(3)　球殻が塵状物質からなるとして, $K^\theta{}_\theta$ に対する接続条件から, $d\bar{r}/d\tau$ の満たすべき方程式を求めよ.

(4)　前問の方程式を満たすならば, 残りの K_{ij} の接続条件から得られる方程式も自動的に満たされることを確かめよ.

球殻を次々に落とし, その速度を光速に近づけた極限でバイジャ解が得られる.

問題 4*　線素が $ds^2 = -dt^2 + dx^2$ で与えられる 2 次元ミンコフスキー時空を考える.

$$\begin{cases} t = \xi \sinh\tau, \\ x = \xi \cosh\tau \end{cases} \tag{11.42}$$

で，(τ, ξ) の新しい座標を導入する．この座標で表される時空はミンコフスキー時空の一部を表しているにすぎないが，**リンドラー時空** (Rindler spcetime) と呼ばれる．$\xi > 0$ の領域と，$\xi < 0$ の領域は $t = 0, x = 0$ の一点で接するのみに，連結されていない．$\xi > 0$ の領域での座標を $\xi_{\mathrm{R}}, \tau_{\mathrm{R}}$ と書き，$\xi < 0$ の領域での座標を $\xi_{\mathrm{L}}, \tau_{\mathrm{L}}$ と書く．このとき，$\xi_L = -\xi >$, $\tau_L = -\tau$ と選ぶのが自然である．後者の符号は，時間の進む向きに注目すれば理解できる．

(1)　リンドラー時空の線素を書き下せ．また，光的測地線に沿って移動するとき，$\xi = 0$ には有限の τ の範囲では到達できないことを示せ．

(2)　それぞれの領域で零質量スカラー場に対するクライン-ゴルドン方程式を書き下し，変数分離で解を求めよ．

(3)　リンドラー時空は定常であるので，自然な真空が定義できる．この真空を基準にミンコフスキー真空を観測した際の各振動数モード毎の粒子数を求めよ．

第 12 章　補章

§12.1　一様等方な空間

d 次元の線素を

$$d\ell^2 = \gamma_{ij} dx^i dx^j,$$

と書く．曲率テンソルは等方性から γ_{ij} のみによって表されるはずであるから，

$$^{(d)}R_{ijkl} = \lambda(\gamma_{ik}\gamma_{j\ell} - \gamma_{i\ell}\gamma_{jk}), \tag{12.1}$$

$$^{(d)}R_{ij} = (d-1)\lambda\gamma_{ij}, \tag{12.2}$$

$$^{(d)}R = d(d-1)\lambda. \tag{12.3}$$

$\lambda > 0$, $\lambda < 0$ の場合を，それぞれ正の定曲率空間，負の定曲率空間という．$\lambda = 0$ は平坦な空間であり，**ユークリッド空間** (Euclid space) である．

これらの d 次元空間は，"仮想的な" $d+1$ 次元の平坦な空間の中の**超曲面** (hypersurface) として埋め込むことができる．$d+1$ 次元の平坦な空間の直角座標を $\{x_i\}$ とする．$d+1$ 次元の平坦な空間中の半径 a の超球面

$$\sum_{i=1}^{d} x_i^2 + x_{d+1}^2 = a^2 \tag{12.4}$$

を考える．x_{d+1} を $x_1, \cdots x_d$ の従属変数とみなす．(12.4) 式の全微分をとることで，超球面上では

$$dx_{d+1} = -\frac{x_1 \, dx_1 + \cdots + x_d \, dx_d}{x_{d+1}\left(= \sqrt{a^2 - x_1^2 - \cdots - x_d^2}\right)} \tag{12.5}$$

の関係が成り立つ．したがって，線素は，

$$d\ell^2 = dx_1^2 + \cdots + dx_d^2 + \frac{(x_1 \, dx_1 + \cdots + x_d \, dx_d)^2}{a^2 - x_1^2 - \cdots - x_d^2} \tag{12.6}$$

と得られる．

一様性から，原点 $x_1 = x_2 = \cdots = x_d = 0$ のまわりのみを考えても一般性を失わない．$x_1, x_2, \cdots, x_d$ の 2 次までで，

$$\gamma_{ij} = \delta_{ij} + \frac{x_i x_j}{a^2} + O(x^3). \tag{12.7}$$

原点では $\Gamma^i{}_{jk} = 0$ なので，(2.46) 式は，

$$R_{ijk\ell} = \frac{1}{2}\left(\gamma_{i\ell,jk} + \gamma_{jk,i\ell} - \gamma_{ik,j\ell} - \gamma_{j\ell,ik}\right) = \frac{1}{a^2}\left(\delta_{ik}\delta_{j\ell} - \delta_{i\ell}\delta_{jk}\right) \tag{12.8}$$

と容易に計算できて，

$$\lambda = \frac{1}{a^2} \tag{12.9}$$

であることがわかる．

$r = \sqrt{x_1^2 + \cdots + x_d^2}$ を導入し，n 次元の単位球面の線素を $d\Omega_n^2$ と書くことにする．ユークリッド空間の線素を極座標で表すことで

$$dx_1^2 + \cdots + dx_d^2 = dr^2 + r^2 d\Omega_{d-1}^2 \tag{12.10}$$

となることがわかる．これを用いると (12.6) は

$$d\ell^2 = \frac{dr^2}{1 - \dfrac{r^2}{a^2}} + r^2 d\Omega_{d-1}^2 \tag{12.11}$$

と書き換えられる．さらに $r = a\sin\chi$ と置き換えると，

$$d\ell^2 = a^2\left[d\chi^2 + \sin^2\chi\, d\Omega_{d-1}^2\right] \tag{12.12}$$

を得る．r-座標は $r = 0$ から $r = a$ まで変化する間に球面の半分しか覆っていないが，χ-座標は $\chi = 0$ から $\chi = \pi$ まで変化する間に球面全体を覆っている．

$\lambda < 0$ の場合には d 次元曲面は $d+1$ 次元ミンコフスキー時空．

$$ds^2 = dx_1^2 + \cdots + dx_d^2 - dx_{d+1}^2 \tag{12.13}$$

に超曲面として埋め込むことができる．(12.4) 式は

$$x_1^2 + \cdots + x_d^2 - x_{d+1}^2 = -a^2,$$

と変更される．つまり，$\lambda > 0$ の場合の式を $x_{d+1} \to ix_{d+1}$, $a \to ia$ と変更すればそのまま成り立つ．すなわち $\lambda = -1/a^2$ である．r を用いた線素 (12.11) は $a \to ia$ の置き換えにより，

$$dl^2 = \frac{dr^2}{1 + \dfrac{r^2}{a^2}} + r^2 d\Omega_{d-1}^2 \tag{12.14}$$

となる．χ については，$a \to ia$ の置き換えに対応して，r が非負の実数となるように $\chi \to -i\chi$ と置き換える必要がある．結果，χ を用いた線素 (12.12) は

$$dl^2 = a^2 \left[d\chi^2 + \sinh^2\chi \, d\Omega_{d-1}^2 \right] \tag{12.15}$$

となる．

§12.2　最大対称時空

　一様等方空間を時空に拡張する．すなわち，最大の対称性を持った $D = d+1$ 次元時空を考えるが，曲率が 0 の平坦な場合は D 次元のミンコフスキー時空である．曲率が 0 でない場合も一様等方空間の場合と同様に，1 次元高い時空の中に埋め込める．

　D 次元の**ド・ジッター時空** (de Sitter spacetime) は，$D+1$ 次元のミンコフスキー時空の中に

$$\sum_{i=1}^{D} x_i^2 - x_{D+1}^2 = a^2 \tag{12.16}$$

の関係で制限することで得られる．この構成から明らかなように $D+1$ 次元のローレンツ変換と同じ対称性を持ち，変換の自由度の数は D 次元のポアンカレ変換の自由度の数に等しい．この時空は宇宙項が $\Lambda = (D-1)(D-2)/2a^2$ で与えられる場合のアインシュタイン方程式の解である．D 次元の線素には様々な表し方がある．時刻一定面が閉じたチャート，平坦なチャート，開いたチャートになる表示が取れる．

　閉じたチャートは以下のように得られる．$r^2 = \displaystyle\sum_{i=1}^{D} x_i^2 = a^2 + x_{D+1}^2$ を導入して，

$$ds^2 = -dx_{D+1}^2 + dr^2 + r^2 d\Omega_{d(=D-1)}^2 \tag{12.17}$$

と書く．ここで，$dr = \dfrac{x_{D+1}}{r} dx_{D+1}$ を代入し，$\cosh(\tau/a) := \sqrt{1 + (x_{D+1}^2/a^2)}$ で τ を導入すると

$$ds^2 = -d\tau^2 + a^2 \cosh^2 \left(\frac{\tau}{a} \right) d\Omega_d^2$$

(12.18)

を得る．閉じたチャートでのド・ジッター時空の表式である．このチャートでの埋め込みを図 12.1 に示す．太い線は時刻 $\tau = $ 一定の面を表し，各断面は d 次元球面である．このチャートはド・ジッター時空の全域を覆っている．ここで座標として用いた $\rho = \pm\sqrt{\displaystyle\sum_{i=1}^{d=D-1} x_i^2}$ の符号は，例えば，x_d の符号と考えればよい．

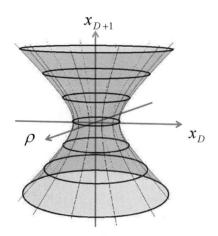

図 12.1 ド・ジッター時空の閉じたチャートを埋め込み図中に示したもの．太線が時刻一定面を表す．

平坦なチャートを得るには，

$$u = x_{D+1} + x_D \,, \qquad v = x_{D+1} - x_D \,, \qquad \rho^2 = \sum_{i=1}^{d} x_i^2 = uv + a^2 \quad (12.19)$$

として，$r = \rho/u$ を導入すると，線素は

$$ds^2 = -du\,dv + d\rho^2 + \rho^2 d\Omega_{d-1}^2$$

$$= -a^2 \frac{du^2}{u^2} + u^2 \left(dr^2 + r^2 d\Omega_{d-1}^2 \right)$$

(12.20)

と書ける．平坦なチャートでの埋め込みを図12.2に示す．太い線は時刻 $u = $ 一定の面を，細い線は $r = $ 一定の面をそれぞれ表す．このチャートはド・ジッター時空の半分しか覆っていない．

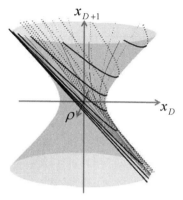

図12.2 ド・ジッター時空の平坦なチャートを1次元高いミンコフスキー時空中に埋め込んだ図中に示したもの．太線が時刻一定面を表す．

開いたチャートを得るには x_D を時間座標に選ぶ．x_{D+1} を消去すると

$$ds^2 = dx_D^2 - \frac{1}{x_{D+1}^2}\left(\rho d\rho + x_D dx_D\right)^2 + d\rho^2 + \rho^2 d\Omega_{d-1}^2 \tag{12.21}$$

を得る．座標一定の曲線が時刻一定面と直交するように $\tilde{r}^2 = \rho^2/(x_D^2 - a^2)$ を導入し，時間座標として $a\sinh(\tau/a) = \sqrt{x_D^2 - a^2}$ で τ を導入すると，

$$ds^2 = -d\tau^2 + a^2 \sinh^2\frac{\tau}{a}\left(\frac{d\tilde{r}^2}{1 + \tilde{r}^2} + \tilde{r}^2 d\Omega_{d-1}^2\right) \tag{12.22}$$

が得られる．開いたチャートでの埋め込みを図12.3に示す．太い線は時刻 $\tau = $ 一定の面を，細い線は $\tilde{r} = $ 一定の面をそれぞれ表す．このチャートもド・ジッター時空の一部分しか覆っていない．互いに交わらない4つの開いたチャートがとれることが図からわかる．

最後に静的なチャートを導入する．$x_{D+1}/x_D = \tanh\beta$ で β を時間座標として導入する．$\hat{r}^2 = \sum_{i=1}^{d} x_i^2/a^2$ として，$x_D^2 - x_{D+1}^2 = a^2(1 - \hat{r}^2)$ なので，$x_D = a\sqrt{1 - \hat{r}^2}\cosh\beta$，$x_{D+1} = a\sqrt{1 - \hat{r}^2}\sinh\beta$ と表し，線素を書くと

$$ds^2 = a^2\left[-(1 - \hat{r}^2)d\beta^2 + \frac{d\hat{r}^2}{1 - \hat{r}^2} + \hat{r}^2 d\Omega_{d-1}^2\right] \tag{12.23}$$

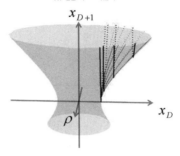

図 12.3　ド・ジッター時空の開いたチャートを埋め込み図中に示したもの．太線が時刻
一定面を表す．

となる．静的なチャートでの埋め込みを図 12.4 に示す．太い線は時刻 $\beta = $ 一
定の面を，細い線は $\hat{r} = $ 一定の面をそれぞれ表す．このチャートもド・ジッ
ター時空の一部分しか覆っていない．静的なチャートでおおわれる領域が 4 つ
の開いたチャートで覆えていない領域に対応しているわけではないことを注意
しておく．

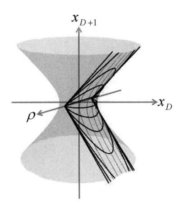

図 12.4　ド・ジッター時空の静的なチャートを埋め込み図中に示したもの．太線が時刻
一定面を表す．

　同じく最大対称時空である反ド・ジッター時空は $a \to ia$, $x_D \to ix_D$ と変更
すれば得られる．この時空は負の宇宙項 $\Lambda = -(D-1)(D-2)/2a^2$ を持つ場
合のアインシュタイン方程式の解である．静的チャートに関しては，ド・ジッ
ターの場合と同様に $x_{D+1}/x_D = \tan\beta$ で β を導入し，$x_D = a\sqrt{1+\hat{r}^2}\cos\beta$,
$x_{D+1} = a\sqrt{1+\hat{r}^2}\sin\beta$ と表すと，

$$ds^2 = a^2 \left[-(1 + \hat{r}^2)d\beta^2 + \frac{d\hat{r}^2}{1 + \hat{r}^2} + \hat{r}^2 d\Omega_{d-1}^2 \right] \tag{12.24}$$

となる．静的なチャートでの埋め込みを図12.5に示す．太い線は時刻 $\beta =$ 一定の面を，細い線は $\hat{r} =$ 一定の面をそれぞれ表す．$x_D \rightarrow i x_D$ と変更したことから，埋め込み先の $D + 1$ 次元は2つの時間方向を持つ．ただし，反ド・ジッター時空に制限する面に垂直な方向が時間的な方向であるので，反ド・ジッター時空上に独立な時間的方向は2つ存在しない．静的なチャートで時間方向に進むと埋め込み図12.5では ρ 軸まわりを一周すると同じ場所に帰ってくるが，一般には周回後の点と元の点を同一視する必要はない．

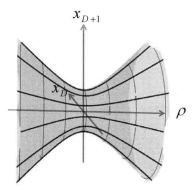

図12.5 反ド・ジッター時空の静的なチャートを埋め込み図中に示したもの．太線が時刻一定面を表す．

ド・ジッター時空の時刻一定面として閉じた一様等方空間，平坦な一様等方空間，開いた一様等方空間のいずれにも選ぶことができた．同様に，D 次元の反ド・ジッター時空の空間座標一定面が d 次元のド・ジッター時空，ミンコフスキー時空，反ド・ジッター時空になるような座標が存在する．

断面がミンコフスキー時空になる場合は，ド・ジッター時空で平坦なチャートを求めるのと同様に求められる．$a \rightarrow ia$, $x_d \rightarrow i x_d$ と変更し，ド・ジッター時空の場合の手順を繰り返すと，ユークリッド空間の線素 $dr^2 + r^2 d\Omega_{d-1}^2$ の部分がミンコフスキー時空のものに変更される．結果，得られる線素は

$$ds^2 = a^2 \frac{du^2}{u^2} + u^2 \left(-dt^2 + d\boldsymbol{x}^2 \right) \tag{12.25}$$

となる．$u =$ 一定の面を埋め込み図12.6として示す．ただし，この図は

$x_1 = x_2 = \cdots = x_{d-1} = 0$ での断面を表す. このチャートが覆っている領域をポアンカレパッチ (Poincare patch) と呼ぶ. ここで, $u = e^{-y/a}$ とおけば, (5.60)式の計量が得られる.

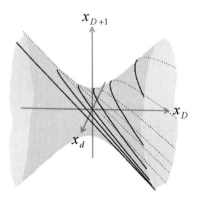

図 12.6　反ド・ジッター時空の断面が 1 次元低い次元のミンコフスキー時空となるような切り方を埋め込み図中に示したもの. ただし, この図は $x_1 = x_2 = \cdots = x_{d-1} = 0$ での断面を表す.

　断面がド・ジッター時空となる座標を得るために, 埋め込み先の時空の符号を $(+, \cdots, +, -, -)$ と選び, $x_1^2 + x_2^2 + \cdots - x_D^2 - x_{D+1}^2 = -a^2$ の面へ制限する. 1 から D 次元までを取り出して, その部分の線素は $\hat{\rho}^2 := x_1^2 + x_2^2 + \cdots - x_D^2$ として, d 次元のド・ジッター時空の線素 $ds_{\mathrm{dS}_d}^2$ で表すと

$$ds^2 = \hat{\rho}^2 ds_{\mathrm{dS}_d}^2 + d\hat{\rho}^2 - dx_{D+1}^2 \tag{12.26}$$

となる. ここで, $x_{D+1}^2 - \hat{\rho}^2 = a^2$ であることから $\hat{\rho} = a\sinh\beta$, $x_{D+1} = a\cosh\beta$ と置くことで,

$$ds^2 = a^2 \left(d\beta^2 + \sinh^2\beta\, ds_{\mathrm{dS}_d}^2 \right) \tag{12.27}$$

が得られる. $\beta = $ 一定の面を埋め込み図 12.7 として示す. 断面が反ド・ジッター時空となる座標を得るために, 埋め込み先の時空の符号を $(+, \cdots, +, -, -, +)$ と選び, $x_1^2 + x_2^2 + \cdots - x_{D-1}^2 - x_D^2 + x_{D+1}^2 = -a^2$ の面へ制限する. 1 から D 次元までを取り出して, その部分の線素は $\tilde{\rho}^2 := -x_1^2 - x_2^2 - \cdots + x_{D-1}^2 + x_D^2$ として, d 次元の反ド・ジッター時空の線素 $ds_{\mathrm{adS}_d}^2$ と表すと,

$$ds^2 = \tilde{\rho}^2 ds_{\mathrm{adS}_d}^2 - d\tilde{\rho}^2 - dx_{D+1}^2 \tag{12.28}$$

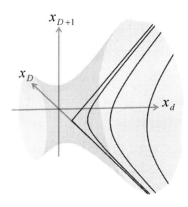

図 12.7 反ド・ジッター時空の断面が 1 次元低い次元のド・ジッター時空となるような切り方を埋め込み図中に示したもの．ただし，この図は $x_1 = x_2 = \cdots = x_{d-1} = 0$ での断面を表す．

となる．ここで，$x_{D+1}^2 - \tilde{\rho}^2 = -a^2$ であることから $\tilde{\rho} = a\cosh\beta$, $x_{D+1} = a\sinh\beta$ と置くことで，

$$ds^2 = a^2\left(d\beta^2 + \cosh^2\beta\, ds_{\mathrm{adS}_d}^2\right) \tag{12.29}$$

が得られる．$\beta = $ 一定の面を埋め込み図 12.8 として示す．

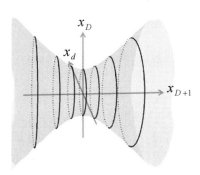

図 12.8 反ド・ジッター時空の断面が 1 次元低い次元の反ド・ジッター時空となるような切り方を埋め込み図中に示したもの．ただし，この図は $x_1 = x_2 = \cdots = x_{d-1} = 0$ での断面を表す．

章末問題　解答

問題1　進行方向に対して垂直方向には Lorentz 収縮は起こらないので，単純に $\dfrac{2a}{\cos\theta} < \ell$ が通り抜ける条件.

問題2　(t, x) 面で考えれば充分. u^μ に垂直な単位ベクトルを n_μ として

$$n_\mu u^\mu = 0, \qquad n_\mu n^\mu = -1.$$

n_μ はロケット静止系での空間方向の単位ベクトル. 加速度一定の条件を式で表すと，$a = n_\mu du^\mu/d\tau$ となる. 軌道を $(t(\tau), x(\tau))$ と表す. ドットを固有時での微分として，$u^\mu = (c\dot{t}, \dot{x})$, $n_\mu = (-\dot{x}/c, \dot{t})$ と与えられる. すると，$a = -\dot{x}\ddot{t} + \dot{t}\ddot{x}$ である. $u_\mu u^\mu = -c^2$ より，$c^2\dot{t}^2 - \dot{x}^2 = c^2$ だが，これを微分して $c^2\dot{t}\ddot{t} - \dot{x}\ddot{x} = 0$ を得る. 以上より，$a = \ddot{x}/\dot{t} = d\dot{x}/dt$ となり，$\dot{x} = at$ を得る. 同様にして，$a/c^2 = \ddot{t}/\dot{x} = d\dot{t}/dx$ から，$\dot{t} = ax/c^2$ となる. ここで，初期条件として $t = 0$ で静止している ($\dot{x} = 0$) とした. そのとき，$\dot{t} = 1$ となるので $t = 0$ で $x = c^2/a$ とおいたことに対応する. 組み合わせると，t に対する方程式 $\ddot{t} = a^2 t/c^2$ が得られ，$t = 0$ が $\tau = 0$ に対応する解は

$$t = \frac{c}{a}\sinh(a\tau/c), \quad x = \frac{c^2}{a}\cosh(a\tau/c)$$

となる.

問題3　それぞれの粒子の4元運動量 (= 静止質量 × 4元速度) を p_1^μ, p_2^μ としたとき，全4元運動量は $p^\mu = p_1^\mu + p_2^\mu$ である. 重心系では p^μ の空間成分は0であるので，全エネルギーを E とすると，$E^2 = -c^2 p^\mu p_\mu$ である. この右辺はローレンツ不変であるので，どの座標で計算してもよい. したがって，

$$E = c\sqrt{-p^\mu p_\mu}$$

218

$$= c\sqrt{m_1^2 c^2 + m_2^2 c^2 + 2\sqrt{|\boldsymbol{p}_1|^2 + m_1^2 c^2}\sqrt{|\boldsymbol{p}_2|^2 + m_2^2 c^2} - 2(\boldsymbol{p}_1 \cdot \boldsymbol{p}_2)}\,.$$

問題 4　入射粒子の運動量を $p^\mu = p^0(1, 0, 0, \beta)$ と表し，崩壊後の光子の運動量を $q^\mu = q^0(1, n\sin\theta, 0, n\cos\theta)$ と表す．崩壊後の粒子が入射粒子と同じ質量を持っていることから $\eta_{\mu\nu}(p^\mu - q^\mu)(p^\nu - q^\nu) = \eta_{\mu\nu}p^\mu p^\nu$ が要求されるが，これは $2(p^\mu q_\mu) = (q^\mu q_\mu)$ と等価であり，書き下すと

$$q^0 = \frac{2p^0(n\beta\cos\theta - 1)}{n^2 - 1}$$

であるが，q^0 が正である条件から，$\cos\theta > 1/n\beta$ が要求される．この条件が満たされるためには $n\beta > 1$ が条件である．媒質中を高速で通過する粒子が光子を放出する現象は**チェレンコフ放射** (Cherenkov radiation) と呼ばれ，上記の条件はチェレンコフ放射が起こるための条件を与える．

問題 5　$\beta = v/c$ として，Δt 時間が経った時点で光源から放出される光の到達時刻は $(1 - \beta\cos\theta)\Delta t$ だけ遅れる．その間に視線に垂直方向へ光源 $v\sin\theta\Delta t$ だけ移動距離するので，見かけの移動速度 v' は

$$v' = \frac{v\sin\theta}{1 - \beta\cos\theta}$$

となる．$v > \dfrac{c}{\sin\theta + \cos\theta}$ であれば，$v' > c$ となりえる．すなわち，角度をうまく選ぶと $v > c/\sqrt{2}$ であれば，$v' > c$ となりえる．v を固定したとき，この見かけの速度 v' が最大になるのは $\cos\theta = \beta$ であるので，この値を代入すると，$v' = v/\sqrt{1 - \beta^2}$ である．このように見かけの光源の移動速度が光速を超える現象は**超光速運動** (super-luminal motion) と呼ばれる．

第2章

問題 1　時間的な単位ベクトルを $e_{(0)}^\mu$ とし，$e_{(0)}^\mu$ に垂直で，互いに直交する単位ベクトル $e_{(i)}^\mu$ を導入すれば，(2.10)式において，$C^\mu_\nu = e_{(\nu)}^\mu$ と選ぶことで，$g'_{\mu\nu}(0) = \eta_{\mu\nu}$ とできる．次に，$C^\mu_{\nu\rho} = \Gamma^\mu_{\nu\rho}/2$ と選ぶことで，$g'_{\mu\nu,\rho}(0) = 0$ とできる．

問題 2　(θ, φ) を $\{x^I\}$ と表し，$g_{IJ}dx^I dx^J = d\theta^2 + \sin^2\theta\, d\varphi^2$．

問題 3 $D(A^\mu{}_\nu B_\mu C^\nu)/\partial x^\rho$ を考えればよい.

問題 4 $DA^\mu/\partial x^\nu$ がテンソルとして変換することから

$$\frac{DA'^\mu}{\partial x'^\nu} = \frac{\partial x'^\mu}{\partial x^\alpha}\frac{\partial x^\beta}{\partial x'^\nu}\frac{DA^\alpha}{\partial x^\beta} = \frac{\partial x'^\mu}{\partial x^\alpha}\frac{\partial x^\beta}{\partial x'^\nu}\left(\frac{\partial A^\alpha}{\partial x^\beta} + \Gamma^\alpha{}_{\rho\beta}A^\rho\right)$$

となる. 共変微分を取ってから変換することで,

$$\frac{DA'^\mu}{\partial x'^\nu} = \frac{\partial A'^\mu}{\partial x'^\nu} + \Gamma'^\mu{}_{\rho\nu}A'^\rho = \frac{\partial}{\partial x'^\nu}\left(\frac{\partial x'^\mu}{\partial x^\alpha}A^\alpha\right) + \Gamma'^\mu{}_{\rho\nu}\frac{\partial x'^\rho}{\partial x^\alpha}A^\alpha$$

$$= \frac{\partial x'^\mu}{\partial x^\alpha}\frac{\partial x^\beta}{\partial x'^\nu}\frac{\partial A^\alpha}{\partial x^\beta} + \frac{\partial x^\beta}{\partial x'^\nu}\frac{\partial^2 x'^\mu}{\partial x^\alpha \partial x^\beta}A^\alpha + \Gamma'^\mu{}_{\rho\nu}\frac{\partial x'^\rho}{\partial x^\alpha}A^\alpha$$

が得られる. 両者を比較すればよい.

問題 5 ある点 x^μ で与えられたベクトル A^μ を平行移動により x^μ の近傍の点 $x^\mu + \delta x^\mu$ に拡張するとき, 定義により, $A^\mu{}_{;\rho}\delta x^\rho = 0$ である. この関係を $(A \cdot B)_{;\rho}\delta x^\rho = 0$ に用いればよい.

問題 6 一般に,

$$\delta\left(\int d\lambda \mathcal{L}\left[\frac{dx^\mu}{d\lambda}, x^\mu\right]\right) = 0$$

からは, オイラー–ラグランジュ方程式

$$-\frac{d}{d\lambda}\frac{\partial \mathcal{L}}{\partial(dx^\mu/d\lambda)} + \frac{\partial \mathcal{L}}{\partial x^\mu} = 0$$

が得られる. これを適用すれば,

$$0 = \frac{d}{d\lambda}\left[\left(-g_{\alpha\beta}\frac{dx^\alpha}{d\lambda}\frac{dx^\beta}{d\lambda}\right)^{-1/2}g_{\mu\nu}\frac{dx^\nu}{d\lambda}\right]$$

$$-\frac{1}{2}\left(-g_{\alpha\beta}\frac{dx^\alpha}{d\lambda}\frac{dx^\beta}{d\lambda}\right)^{-1/2}g_{\nu\rho,\mu}\frac{dx^\nu}{d\lambda}\frac{dx^\rho}{d\lambda}$$

を得る. ここで $-c^2 d\lambda^2 = ds^2 = g_{\mu\nu}dx^\mu dx^\nu$ とおくと,

$$-g_{\alpha\beta}\frac{dx^\alpha}{d\lambda}\frac{dx^\beta}{d\lambda} = c^2$$

であるので, $u^\mu = dx^\mu/d\lambda$ として, 上式は $du_\mu/d\lambda - g_{\nu\rho,\mu}u^\nu u^\rho/2$ となる. 一方, 測地線方程式は共変成分でかくと

$$0 = \frac{Du_\mu}{d\lambda} = \frac{du_\mu}{d\lambda} - \Gamma_{\rho\sigma\mu}u^\rho u^\sigma.$$

であるが, (6.22)式を用いると, 同一の式であることがわかる.

問題 7

$$A^{\mu}{}_{;\sigma\rho} = (A^{\mu}{}_{,\sigma} + \Gamma^{\mu}{}_{\alpha\sigma}A^{\alpha})_{;\rho}$$

$$= A^{\mu}{}_{,\sigma\rho} + \Gamma^{\mu}{}_{\alpha\sigma,\rho}A^{\alpha} + \Gamma^{\mu}{}_{\alpha\sigma}A^{\alpha}{}_{,\rho}$$

$$+ \Gamma^{\mu}{}_{\beta\rho}\left(A^{\beta}{}_{,\sigma} + \Gamma^{\beta}{}_{\alpha\sigma}A^{\alpha}\right) - \Gamma^{\beta}{}_{\sigma\rho}\left(A^{\mu}{}_{,\beta} + \Gamma^{\mu}{}_{\alpha\beta}A^{\alpha}\right)$$

より明らか. ここで, $A^{\mu}{}_{,\sigma\rho}$, $\Gamma^{\mu}{}_{\alpha\sigma}A^{\alpha}{}_{,\rho} + \Gamma^{\mu}{}_{\alpha\rho}A^{\alpha}{}_{,\sigma}$, $\Gamma^{\beta}{}_{\sigma\rho}$ はそれぞれ $\{\sigma, \rho\}$ に関して対称なので寄与しない.

問題 8　単純に計算するだけではあるが, 要領として,

$$\Gamma^{\mu}{}_{\nu\sigma,\rho} = g^{\mu\alpha}{}_{,\rho}\Gamma_{\alpha\nu\sigma} + \frac{1}{2}g^{\mu\alpha}\left(g_{\alpha\nu,\sigma\rho} + g_{\alpha\sigma,\nu\rho} - g_{\nu\sigma,\alpha\rho}\right)$$

を用いると簡単. さらに, $g^{\mu\alpha}g_{\alpha\beta} = \delta^{\mu}_{\beta}$ と (6.22)式から導かれる $g^{\mu\alpha}{}_{,\rho} = -\Gamma^{\mu}{}_{\beta\rho}g^{\beta\alpha} - \Gamma^{\alpha}{}_{\beta\rho}g^{\mu\beta}$ を用いる.

問題 9　(1) 測地線に沿って, u^{μ}, および, $e^{\mu}_{(i)}$ が互いに直交し続けることは, 例えば,

$$\frac{d}{d\tau}\left(e_{\mu(j)}e^{\mu}_{(i)}\right) = e_{\mu(j)}u^{\nu}e^{\mu}_{(i);\nu} + e_{\mu(i)}u^{\nu}e^{\mu}_{(j);\nu} = 0$$

のように, 直交関係の測地線に沿う微分が 0 になることで示される. したがって, 新しい座標での計量テンソルは $\tilde{g}_{\mu\nu} = \eta_{\mu\nu} + O(\xi)$ である. 次に, 線素を ξ^j の 1 次の精度で求めると,

$$ds^2 = \left(g_{\mu\nu}|_{\xi^j=0} + g_{\mu\nu,\gamma}e^{\gamma}_{(i)}\xi^i\right)$$

$$\times \left[(u^{\mu} + \partial_{\tau}e^{\mu}_{(i)}\xi^i)d\tau + \left(e^{\mu}_{(j)} - \Gamma^{\mu}{}_{\rho\sigma}e^{\rho}_{(k)}e^{\sigma}_{(j)}\xi^k\right)d\xi^j\right]$$

$$\times \left[(u^{\nu} + \partial_{\tau}e^{\nu}_{(l)}\xi^l)d\tau + \left(e^{\nu}_{(m)} - \Gamma^{\nu}{}_{\rho\sigma}e^{\rho}_{(n)}e^{\sigma}_{(m)}\xi^n\right)d\xi^m\right] + O(\xi^2)$$

$$= \left(g_{\mu\nu}|_{\xi^j=0}e^{\mu}_{(\alpha)}e^{\nu}_{(\beta)} + g_{\alpha\beta,\gamma}e^{\gamma}_{(i)}\xi^i - 2\Gamma_{\alpha\rho\sigma}e^{\rho}_{(\beta)}e^{\sigma}_{(j)}\xi^j\right)d\tilde{x}^{\alpha}d\tilde{x}^{\beta}$$

$$+ O(\xi^2)$$

となる. ここで, 最後の等号で $e^{\mu}_{(0)} \equiv u^{\mu}$ を導入し, $e^{\mu}_{(i)}$ の平行移動の式を用いた. 最後の表式で括弧内の第 2 項と第 3 項は互いに打ち消しあい, $O(\xi)$ の項が存在しないことがわかる.

(2)(2.46)式の一行目のみを評価すればよいので,

$$R_{0i0j} = -C_{00ij}, \qquad R_{0ijk} = C_{0kij} - C_{0jik},$$

$$R_{ijkl} = C_{iljk} + C_{jkil} - C_{ikjl} - C_{jlik}$$

となる．$C_{0kij} = \alpha R_{0(ij)k}$, $C_{iljk} = \beta R_{i(jk)l}$ とおいて，代入すると

$$R_{0ijk} = \frac{\alpha}{2}(R_{0jik} - R_{0ikj} - R_{0kij}) = \frac{3\alpha}{2}R_{0ijk},$$

$$R_{ijkl} = \frac{\beta}{2}(R_{ijkl} + R_{ikjl} + R_{jilk} + R_{jlik}$$
$$- R_{ijlk} - R_{iljk} - R_{jikl} - R_{jkil}) = 3\beta R_{ijkl}$$

となり，$\alpha = 2/3$, $\beta = 1/3$ と決まる．すなわち，線素は

$$ds^2 = -(1 + R_{0i0j}\xi^i\xi^j)c^2 d\tau^2 + \frac{4}{3}R_{0ijk}\xi^i\xi^j cd\tau d\xi^k$$
$$+ \left(\delta_{il} + \frac{1}{3}R_{ijkl}\xi^j\xi^k\right)d\xi^i d\xi^l$$

と表される．この座標は**フェルミ直交座標** (Ferimi normal coordinates) と呼ばれる．

問題 10　(2.46)式を用いて，局所慣性系で示せば良いので，1 行目だけを考えればよい．後半の (2.48)式の対称性は，

$$2R_{\mu\nu\rho\sigma} = R_{\mu\nu\rho\sigma} + R_{\nu\mu\sigma\rho} = -R_{\mu\rho\sigma\nu} - R_{\mu\sigma\nu\rho} - R_{\nu\sigma\rho\mu} - R_{\nu\rho\mu\sigma}$$
$$= -R_{\rho\mu\nu\sigma} - R_{\rho\nu\sigma\mu} - R_{\sigma\mu\rho\nu} - R_{\sigma\nu\mu\rho} = 2R_{\rho\sigma\mu\nu}$$

と示される．

問題 11　$R_{\mu\nu\rho\sigma}$ と同じ対称性を持つリッチテンソルに関して線形なテンソルは

$$\mathcal{W}^{(1)}_{\mu\nu\rho\sigma} := g_{\mu\rho}R_{\nu\sigma} + g_{\nu\sigma}R_{\mu\rho} - g_{\mu\sigma}R_{\nu\rho} - g_{\nu\rho}R_{\mu\sigma},$$

$$\mathcal{W}^{(2)}_{\mu\nu\rho\sigma} := R(g_{\mu\rho}g_{\nu\sigma} - g_{\mu\sigma}g_{\nu\rho})$$

の 2 つ．トレースレスの条件を満たす組み合わせは，D を次元として

$$W_{\mu\nu\rho\sigma} := R_{\mu\nu\rho\sigma} - \frac{1}{D-2}\mathcal{W}^{(1)}_{\mu\nu\rho\sigma} + \frac{1}{(D-1)(D-2)}\mathcal{W}^{(2)}_{\mu\nu\rho\sigma}$$

であり，$W_{\mu\nu\rho\sigma}$ は**ワイルテンソル** (Weyl tensor) と呼ばれる．

問題 12　まず，$u^\mu := \partial x^\mu(\tau; \xi^j)/\partial\tau$ として，

$$\frac{D}{\partial\tau}B^\mu_{(i)} = u^\nu B^\rho_{(i)}x^\mu_{;\rho\nu}(\tau; \xi^j) = \frac{D}{\partial\xi^i}u^\mu$$

が成り立つ. 次に,

$$R^{\mu}{}_{\nu\rho\sigma}u^{\nu}u^{\rho}B^{\sigma}_{(i)} = u^{\rho}B^{\sigma}_{(i)}(\nabla_{\rho}\nabla_{\sigma} - \nabla_{\sigma}\nabla_{\rho})u^{\mu}$$
$$= u^{\rho}\nabla_{\rho}(B^{\sigma}_{(i)}\nabla_{\sigma}u^{\mu}) - u^{\rho}(\nabla_{\rho}B^{\sigma}_{(i)})(\nabla_{\sigma}u^{\mu})$$
$$- B^{\rho}_{(i)}\nabla_{\rho}(u^{\sigma}\nabla_{\sigma}u^{\mu}) + B^{\rho}_{(i)}(\nabla_{\rho}u^{\sigma})(\nabla_{\sigma}u^{\mu})$$

となる. ここで, 第3項は測地線方程式を用いて消える. 第2項と第4項は $DB^{\mu}_{(i)}/\partial\tau = Du^{\mu}/\partial\xi^{i}$ を用いると打ち消しあう. 残った第1項を $DB^{\mu}_{(i)}/\partial\tau = Du^{\mu}/\partial\xi^{i}$ を用いて書き換えると,

$$\frac{D^2}{\partial\tau^2}B^{\mu}_{(i)} = R^{\mu}{}_{\nu\rho\sigma}u^{\nu}u^{\rho}B^{\sigma}_{(i)}$$

を得る. この方程式は**測地線偏差の方程式** (geodesic deviation equation) と呼ばれる.

第3章

問題1　$x^{\mu} \to \bar{x}^{\mu}$ の座標変換を考える.

$$\bar{g}_{\mu\nu} = g_{\alpha\beta}\frac{\partial x^{\alpha}}{\partial\bar{x}^{\mu}}\frac{\partial x^{\beta}}{\partial\bar{x}^{\nu}}$$

より, 行列の積の行列式は, それぞれの行列の行列式の積になることから,

$$|\bar{g}_{\mu\nu}| = |g_{\alpha\beta}| \cdot \left|\frac{\partial x^{\alpha}}{\partial\bar{x}^{\mu}}\right| \cdot \left|\frac{\partial x^{\beta}}{\partial\bar{x}^{\nu}}\right|$$

となる. したがって, 体積要素の変換は

$$d^4x = \left|\frac{\partial x^{\alpha}}{\partial\bar{x}^{\mu}}\right|d^4\bar{x} = \sqrt{\frac{-\bar{g}}{-g}}d^4\bar{x}$$

となる.

問題2　$A^{\mu}{}_{;\mu} = A^{\mu}{}_{,\mu} + \Gamma^{\mu}{}_{\rho\mu}A^{\rho}$ だが,

$$\Gamma^{\mu}{}_{\rho\mu} = \frac{1}{2}g^{\mu\nu}\left(g_{\nu\rho,\mu} + g_{\nu\mu,\rho} - g_{\rho\mu,\nu}\right) = \frac{1}{2}g^{\mu\nu}g_{\mu\nu,\rho} = \frac{1}{\sqrt{-g}}\partial_{\rho}\sqrt{-g}.$$

問題3　最初の式に対して $\{\mu, \nu, \rho, \sigma\}$ と $\{\alpha, \beta, \gamma, \delta\}$ についての完全反対称性を確認し，$\mu = 0, \nu = 1, \rho = 2, \sigma = 3$ と $\alpha = 0, \beta = 1, \gamma = 2, \delta = 3$ を代入して確かめる．後は，順に縮約を取れば示せる．

問題4　クリストッフェル記号の変分が (3.18) 式で与えられ，テンソルであること，リーマンテンソルの変分もテンソルであることから，局所慣性系で考えて最後に共変化すれば，

$$\delta R^{\mu}{}_{\nu\rho\sigma} = \delta\Gamma^{\mu}{}_{\nu\sigma;\rho} - \delta\Gamma^{\mu}{}_{\nu\rho;\sigma}$$

を得る．これに (3.18) 式を代入すればよい．

問題5

$$\left(\frac{\delta S}{\delta g^{\mu\nu}}\right)_{A^{\rho}} = \left(\frac{\delta S}{\delta A_{\alpha}}\right)_{g^{\rho\sigma}}\left(\frac{\delta A_{\alpha}}{\delta g^{\mu\nu}}\right)_{A^{\rho}} + \left(\frac{\delta S}{\delta g^{\mu\nu}}\right)_{A_{\rho}}$$

だが，右辺第1項は電磁場の運動方程式 $\delta S/\delta A_{\nu} = 0$ を用いると消え，A_{μ} を独立変数に選んだ場合と同じになる．

問題6　相互作用は電荷を q として，共変な相互作用は $q\int d\tau u^{\mu}(\tau)A_{\mu}(x(\tau)) = q\int d^4x\int d\tau u^{\mu}(\tau)A_{\mu}(x)\delta^4(x - x(\tau))$ くらいしか作れない．この相互作用は一見するとゲージ不変でないが，ゲージ変換による変化分は

$$\int d^4x \int d\tau u^{\mu}(\tau)\partial_{\mu}\Lambda(x)\delta^4(x - x(\tau))$$

$$= -\int d^4x \int d\tau\, u^{\mu}(\tau)\Lambda(x)\partial_{\mu}\delta^4(x - x(\tau))$$

$$= -\int d^4x\Lambda(x)\int d\tau\frac{dx^{\mu}(\tau)}{d\tau}\frac{\partial}{\partial x^{\mu}(\tau)}\delta^4(x - x(\tau))$$

$$= -\int d^4x\Lambda(x)\int d\tau\frac{d}{d\tau}\delta^4(x - x(\tau))$$

となり，$\tau \to \pm\infty$ での $\Lambda(x)$ の値にしか依存しない．

問題7　$\delta\Gamma^{\mu}{}_{\nu\rho} := \Gamma'^{\mu}{}_{\nu\rho} - \Gamma^{\mu}{}_{\nu\rho}$ がテンソルであるので，最終的な表式が共変な形になることに注意すると，

$$\delta\Gamma^{\mu}{}_{\nu\rho} = \delta^{\mu}_{\nu}\partial_{\rho}\Omega + \delta^{\mu}_{\rho}\partial_{\nu}\Omega - g_{\nu\rho}g^{\mu\sigma}\partial_{\sigma}\Omega,$$

$$R'^{\mu}{}_{\nu\rho\sigma} = R^{\mu}{}_{\nu\rho\sigma} + \delta\Gamma^{\mu}{}_{\nu\sigma;\rho} - \delta\Gamma^{\mu}{}_{\nu\rho;\sigma} + \delta\Gamma^{\mu}{}_{\rho\alpha}\delta\Gamma^{\alpha}{}_{\nu\sigma} - \delta\Gamma^{\mu}{}_{\sigma\alpha}\delta\Gamma^{\alpha}{}_{\nu\rho}$$

と与えられる．D 次元の場合にリッチテンソルとスカラー曲率の変換を書き下しておくと，

$$R'_{\mu\nu} = R_{\mu\nu} - (D-2)\Omega_{;\mu\nu} - g_{\mu\nu}\Omega_{;\alpha}^{\ ;\alpha}$$

$$+(D-2)\Omega_{;\mu}\Omega_{;\nu} - (D-2)g_{\mu\nu}\Omega_{;\alpha}\Omega^{;\alpha},$$

$$R' = \exp(-2\Omega)\left[R - 2(D-1)\Omega_{;\alpha}^{\ ;\alpha} - (D-2)(D-1)\Omega_{;\alpha}\Omega^{;\alpha}\right].$$

第 4 章

問題 1　(1) アインシュタイン方程式の $\{0,i\}$ 成分に着目すると，

$$\chi_i := h_{0i} = \psi_{0i} = \frac{16\pi G_N}{c^3}\Delta^{-1}(\rho v_i)$$

を得る．

(2) $\Delta^{-1}(\rho v_i)$ は十分遠方では

$$\Delta^{-1}(\rho v_i) = -\frac{1}{4\pi}\int d^3x' \frac{\rho(\boldsymbol{x}')v_i(\boldsymbol{x}')}{|\boldsymbol{x}-\boldsymbol{x}'|}$$

$$\approx -\frac{1}{4\pi|x|}\int d^3x'\,\rho(\boldsymbol{x}')v_i(\boldsymbol{x}') - \frac{x^j}{4\pi|x|^3}\int d^3x'\,\rho(\boldsymbol{x}')v_i(\boldsymbol{x}')x'_j$$

となるが，第一項は物質の重心系で考えれば消える．定常な場合の物質の保存 $\partial_k[\rho(\boldsymbol{x}')v^k(\boldsymbol{x}')] = 0$ を用いて，$0 = \int d^3x'\,\partial_k[\rho(\boldsymbol{x}')v^k(\boldsymbol{x}')x'_ix'_j]$ から，第二項の積分で (i,j) に関して対称な成分も消える．反対称な成分は

$$\frac{1}{2}\int d^3x'\,\rho(\boldsymbol{x}')v_{[i}(\boldsymbol{x}')x'_{j]} = \frac{\epsilon_{kij}}{2}\int d^3x'\,\epsilon^{kmn}\rho(\boldsymbol{x}')v_m(\boldsymbol{x}')x'_n = -\frac{\epsilon_{kij}}{2}J^k$$

となることから，$\boldsymbol{J}$ の方向を z 軸方向に選ぶと χ_i は方位角方向の φ 成分しか持たず，

$$\chi_i\,dx^i = \chi_i\frac{\partial x^i}{\partial\varphi}\,d\varphi \approx -\frac{2G_N J_z}{c^3 r}dt\,d\varphi$$

となる．考えたい円軌道と重力源の位置は $z=0$ に固定しても一般性を失わない．粒子の速度が遅いとして，測地線方程式の t-成分，φ-成分から，E，および，L_z を運動の恒量として，

$$-\frac{2G_N J_z}{c^2 r}\dot{t} + r^2\dot{\varphi} \approx L_z,\qquad \left(1+\frac{2\phi}{c^2}\right)\dot{t} + \frac{2G_N J_z}{c^4 r}\dot{\varphi} = E$$

を得る．4 元速度の規格化の条件から，円軌道に対して，

$$-c^2 = -c^2\left(1-\frac{2\phi}{c^2}\right)E^2 + \frac{L_z^2}{r^2} + \frac{4G_N J_z}{c^2 r^3}EL_z$$

および，この式を r で微分した式が成立する．$J_z = 0$ の場合からの摂動を δ をつけて表すことにすると，後者の条件において δE は無視することができ，$\delta L_z \approx -\dfrac{3G_N J_z}{c^2 r}$ となる．これより $\delta\dot\varphi \approx \dfrac{\delta L_z}{r^2} + \dfrac{2G_N J_z}{c^2 r^3}E \approx -\dfrac{G_N J_z}{c^2 r^3}$ を得る．周期 T の変化分はニュートン重力での表式 $\dot\varphi^2 = G_N M/r^3$ を用いて

$$\delta T = \mp \int_0^{2\pi} \frac{\delta\dot\varphi}{\dot\varphi^2} d\varphi \approx \pm \frac{2\pi J_z}{Mc^2}$$

と求まる．ただし順回転の場合が上の符号．

(3) $\dot\varphi \approx \dfrac{L_z}{r^2} + \dfrac{2G_N J_z}{c^2 r^3}$ とニュートン極限の動径方向の運動方程式 $\dot r \approx -\sqrt{\dfrac{2G_N M}{r}}$ を組み合わせると，粒子の軌跡は

$$\varphi = \frac{2L_z}{\sqrt{2G_N M r}} + \frac{4G_N J_z}{3c^2\sqrt{2G_N M}r^{3/2}}$$

となり，初項の初期条件に依存する部分を一致させたとき，第二項が重力源の持つ角運動量の効果による補正をあらわす．重力源の回転の方向への回転が促されることがわかる．

問題2　ニュートンの場合

$$\frac{d}{dz}\left(\frac{dx^I}{c\,dt}\right) = \frac{d^2 x^I}{c^2 dt^2} \approx -\frac{1}{c^2}\partial_I \phi(\boldsymbol{b}, z)$$

より，曲がり角は

$$\alpha^I(\boldsymbol{b}) \approx -\left[\frac{dx^I}{cdt}\right]_{z=-\infty}^{z=\infty} \approx \frac{1}{c^2}\int dz\,\partial_I \phi(\boldsymbol{b}, z).$$

となり，相対論の場合の半分になる．

問題3　$1.75''$

問題4　面積要素 $d\Omega(\boldsymbol\theta)$ は通常の曲座標の場合と同じで，角度座標を χ として $d\Omega(\boldsymbol\theta) = \theta\,d\theta\,d\chi$.

$$\theta = \theta_\pm = \frac{1}{2}\left(\phi \pm \sqrt{\phi^2 + 4\alpha_0^2}\right)$$

であるので，

$$\mathcal{A}_\pm = \frac{d\Omega(\boldsymbol\theta_\pm)}{d\Omega(\boldsymbol\phi)} = \left|\frac{\theta d\theta_\pm}{\phi d\phi}\right| = \left|\frac{\theta_\pm}{2\phi}\left(1 \pm \frac{\phi}{\sqrt{\phi^2 + 4\alpha_0^2}}\right)\right|$$

より計算すれば求まる.

問題 5

$$\hat{v} = \frac{v}{D_\ell}, \qquad \phi^2 = (\hat{v}t)^2 + \phi_0^2.$$

を公式へ代入すれば求まる.

第 5 章

問題 1　省略

問題 2　この対称性は,

$$q_\nu{}^\rho \nabla_\rho n_\mu = \mp q_\nu{}^\rho q_\mu{}^\xi \nabla_\rho \frac{\partial_\xi \sigma}{|\partial \sigma|} = \mp \frac{1}{|\partial \sigma|} q_\nu{}^\rho q_\mu{}^\xi \nabla_\rho \nabla_\xi \sigma$$

より, 添字の入れ替えに対して対称であることが示される.

問題 3　外的曲率が $K_{ij} = r_0^{-1} \gamma_{ij}$ で与えられることを用いれば, 公式に当てはめて, ${}^{(d)}R_{ijkl} = r_0^{-2} (\gamma_{ik}\gamma_{jl} - \gamma_{il}\gamma_{jk})$, ${}^{(d)}R_{ij} = (d-1)r_0^{-2}\gamma_{ij}$, ${}^{(d)}R = d(d-1)r_0^{-2}\gamma_{ij}$ が得られる.

問題 4　$K_{ij} = \dfrac{1}{2N} (\partial_\sigma q_{ij} - D_i N_j - D_j N_i)$.

問題 5　(1) $[K_{ij}] = \pm \dfrac{8\pi G_N}{c^4} \left(S_{ij} - \dfrac{1}{d-1} q_{ij} S \right)$

(2) $\hat{\rho} = (1 - \delta/2\pi)\rho + \rho_0 \delta/2\pi$

(3) 内側では $K_{ij} = \rho_0 \delta_i^\varphi \delta_j^\varphi$ であり, 外側では $K_{ij} = (1 - \delta/2\pi)\rho_0 \delta_i^\varphi \delta_j^\varphi$ であるので, $[K_{ij}] = -(\delta/2\pi)\rho_0 \delta_i^\varphi \delta_j^\varphi$ である. この結果を (1) で得た接続条件に $d = 3$ として当てはめると, $c^{-2}\tilde{T}_{tt} = -\tilde{T}_{zz} = \dfrac{c^4 \delta}{16\pi^2 G_N \rho_0}$

(4) x^μ として $\{t, r, \varphi, z\}$ を, X^A の座標として $\{t, z\}$ を用いて, (3) で得た結果を軸まわりの微小な体積要素にわたり積分する. 体積要素を時間方向, および, z 方向には単位長さに選べば, 上記の結果に $2\pi\rho_0$ を掛けるだけであるので, $c^{-2}\hat{T}_{tt} = -\hat{T}_{zz} = \dfrac{c^4 \delta}{8\pi G_N}$ となる. これを一般の座標に拡張すると, $\hat{T}_{\mu\nu} = -\dfrac{c^4 \delta}{8\pi G_N} \left(\gamma^{AB} \dfrac{\partial x^\mu}{\partial X^A} \dfrac{\partial x^\nu}{\partial X^B} \right)$ と書ける.

上記のようにひも状にエネルギー運動量テンソルを与えることで, 欠損角を持った時空構造が得られる. このような構造は偽真空領域がひも状に取り残さ

れることで現実にも実現されている可能性があり，**宇宙紐** (cosmic string) と呼ばれる．

第 6 章

問題 1

$$T_\mu{}^\nu{}_{;\nu} = T_\mu{}^\nu{}_{,\nu} + \Gamma^\nu{}_{\nu\rho}T_\mu{}^\rho - \Gamma^\rho{}_{\mu\nu}T_\rho{}^\nu = \frac{1}{\sqrt{-g}}\left(\sqrt{-g}T_\mu{}^\nu\right)_{,\nu} - \Gamma^\rho{}_{\mu\nu}T_\rho{}^\nu$$

より，$\dfrac{1}{\sqrt{-g}}\left(\sqrt{-g}T_r{}^r\right)_{,r} - \Gamma^\rho{}_{r\nu}T_\rho{}^\nu = 0$ を得る．この式を書き下せばよい．また，

$$T_A^A = \frac{c^4}{8\pi G_N}e^{-\lambda}\left(\nu'' + \frac{\nu'^2}{2} + \frac{\nu' - \lambda'}{r} - \frac{\nu'\lambda'}{2}\right)$$

問題 2

$$\xi_{\mu;\nu} = g_{\mu\rho}\xi^\rho{}_{,\nu} + \Gamma_{\mu\nu\rho}\xi^\rho$$

であるが，$\xi^\rho = \delta_t^\rho$ であるので，$\xi^\rho{}_{,\nu} = 0$ である．一方，$\Gamma_{\mu\nu\rho} + \Gamma_{\nu\mu\rho} = g_{\nu\mu,\rho}$ であるので，定常な場合，$g_{\nu\mu,\rho}\xi^\rho = 0$ となり第 2 項の寄与も消える．

問題 3　約 0.6Hz

問題 4　関数 $z = \bar{z}(\rho)$ を $(z = \bar{z}(R), \rho = \bar{\rho}(R))$ と媒介変数表示すると，2 次元超曲面の線素は

$$ds^2 = \left(\left(\frac{d\bar{z}}{dR}\right)^2 + \left(\frac{d\bar{\rho}}{dR}\right)^2\right)dR^2 + \bar{\rho}^2 d\varphi^2$$

と表せるので，$(d\bar{z}/dR)^2 + (d\bar{\rho}/dR)^2 = 4r_g^3\exp(-r/r_g)/r$，および，$\bar{\rho} = r$ を得る．$T = 0$，すなわち，$t = 0$ において成り立つ関係式 $R = \exp(r^*/2r_g)$ を使って r を消去した式から $(d\bar{z}(\rho)/d\rho)^2 = r_g/(\rho - r_g)$ が得られる．これを積分し，$\bar{z} = 2\sqrt{r_g(\rho - r_g)}$ となる．これを図示すると図 1 のようになる．

問題 5　図 2 に示す．

問題 6　省略

問題 7　$L^2 = 4r_g^2$ のとき．$L^2 > 4r_g^2$ のときは $E_- > 1$ となり，$L^2 < 4r_g^2$ のときは $E_- < 1$ となる．

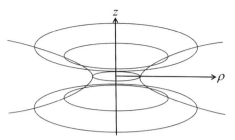

図1　シュワルツシルト時空の時刻一定面のユークリッド空間への埋め込み

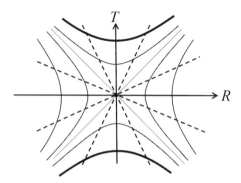

図2　クルスカル座標での $r=$ 一定の曲線 (実線) と $t=$ 一定の曲線 (破線)

問題 8　$r^2\dot\varphi = cL$, および, $c^{-2}\dot r^2 + V(r) = E^2$ の形はニュートン重力でも同じ. したがって,

$$\frac{1}{r^4}\left(\frac{dr}{d\varphi}\right)^2 = \frac{1}{L^2}\left(E^2 - V(r)\right),$$

も同じ形だが,

$$V(r) = 1 - \frac{r_g}{r} + \frac{L^2}{r^2}.$$

したがって, $u = 1/r$ を導入すると

$$\left(\frac{du}{d\varphi}\right)^2 = \frac{1}{L^2}\left(E^2 - 1 + r_g u - L^2 u^2\right).$$

すると, $\bar u = u - \dfrac{r_g}{2L^2}$ とおけば,

$$\left(\frac{d\bar u}{d\varphi}\right)^2 = -\bar u^2 + 定数.$$

となり，完全に周期 1 の調和振動子になる．$\bar{u} \propto \sin\varphi$ となり，近日点移動はない．

問題 9　与えられた数値を入れて計算すると $45.7''$ となるが，実際は離心率が大きいのでずれが生じ $43''$．

問題 10　(1) $dt\,dr$ の成分があると $r =$ 一定面に垂直なベクトル $\partial r/\partial x^\mu$ の反変成分が時間成分を持つため，時刻一定面内にないことになる．他の 0 となる成分は球対称性による要請．

(2) 外的曲率の角度成分はシフトベクトルが 0 であることと，計量テンソルの角度成分が時間変化しないことから，0 であることがわかる (5 章の章末問題 4)．球対称性から動径方向外向きの単位ベクトルを $\hat{r}^i$ として，外的曲率は $K_{ij} = \alpha(r)\hat{r}_i\hat{r}_j$ と書ける．運動量拘束条件は対称性から動径方向の成分しかなく，書き下すと

$$0 = \hat{r}^i D_j(\alpha\hat{r}_i\hat{r}_j) - \hat{r}^i \partial_i\alpha = \alpha\hat{r}^j D_i(\hat{r}_i\hat{r}_j) = \alpha\,^{(2)}K^i{}_i$$

となる．ここで，$^{(2)}K_{ij}$ は時刻一定の超曲面内の 2 次元球面の外的曲率である．これは 0 でないので，$\alpha = 0$ が導かれる．

(3) (5.57)式で，$d = 3$ のとき，$K_{ij} = 0$，$R_{\mu\nu} = 0$(真空のアインシュタイン方程式) と置き，2 次元球面への射影演算子 $\gamma^{ij} := g^{ij} - \hat{r}^i\hat{r}^j$ で縮約をとると，$\gamma^{ij}D_iD_jN = $ (時間に依存しない表式) $\times N$ となる．球対称性から N が角度座標に依存しないことから，$D_iN /\!\!/ \hat{r}_i$ であることに注意すると，左辺は $\gamma^{ij}D_iD_jN = -(D_i\gamma^{ij})D_jN = (D_i\hat{r}^i\hat{r}^j)D_jN = (D_i\hat{r}^i)\hat{r}^j D_jN$ と書き換えられ，結局，$dN/dr = $ (時間に依存しない表式) $\times N$ という式が得られる．この式を積分すると，$N = C(t) \times$ (時間に依存しない表式) が得られるが，$C(t)$ は時間座標の取り換えで消すことができる．出発点では静的ということを仮定しなかったが，アインシュタイン方程式から静的であることが導かれた．

問題 11　(1) 初期時刻面における空間座標を λ_i とする．ここから面に垂直な方向にのびる測地線に沿った固有時 τ を用いて，$x^\mu(\tau, \lambda^i)$ なる座標を張る．このとき，$g_{\mu\nu}\dfrac{\partial x^\mu}{\partial\tau}\dfrac{\partial x^\nu}{\partial\lambda^i} = 0$ が測地線に沿って保たれることを示せばよい．このことは，$\dfrac{\partial x^\mu}{\partial\lambda^i}\nabla_\nu\dfrac{\partial x^\mu}{\partial\tau} = \dfrac{\partial x^\mu}{\partial\tau}\nabla_\nu\dfrac{\partial x^\mu}{\partial\lambda^i}$ であることを用いれば示せる．

(2) $0 = T_\mu{}^\nu{}_{;\nu} = (\rho u^\nu)_{;\nu} u_\mu = (\sqrt{-g}\rho u^\nu)_{,\nu} u_\mu / \sqrt{-g}$ で, u^μ は今の座標で定数ベクトルであることから, $\rho \propto 1/\sqrt{-g} \propto 1/(\mathcal{N}r^2)$ であることがわかる.

(3) ct-微分と R-微分を, それぞれ, " $\cdot$ " と " $\prime$ " で表す. $\alpha = \dot{\mathcal{N}}/\mathcal{N}$, $\beta = \dot{r}/r$. 運動量拘束条件は系の対称性から動径方向の成分のみが非自明である.

$$0 = \hat{r}^i[D_j K_i{}^j - D_i K] = D_j(\alpha \hat{r}^j) - \beta\,^{(2)}K_j{}^j - \hat{r}^i \partial_i(\alpha + 2\beta)$$

を書き下すと $r'\alpha = (r\beta)'$ が得られる. ここで, $\hat{r}^i$ は動径方向の単位ベクトル, $^{(2)}K_{ij} = \dfrac{r'}{\mathcal{N}r}{}^{(2)}\gamma_{ij}$ は時刻一定面上での $R =$ 一定の 2 次元面の外的曲率である. $r'\alpha = (r\beta)'$ に α, β の表式を代入すると, $\dot{\mathcal{N}}/\mathcal{N} = \dot{r}'/r'$ となり, この式を時間方向に 1 階積分すると, $f_1(R)$ を任意関数として $\mathcal{N} = f_1(R)r'$ を得る.

(4) 書き下すと, $-(rf_1^2)' + (r\dot{r}^2)' + r' = f_2$ を得る. ここで $8\pi G_N \epsilon/c^4 = f_2(R)/f_1(R)\mathcal{N}r^2$ によって, $f_2(R)$ を導入した. この式を 1 階積分し, $M(R) := (1/2)\int f_2 dR$, $E(R) := (f_1^2 - 1)/2$ とおけば, 導くべき方程式が得られる.

得られた方程式はニュートン重力における球殻の運動のエネルギー方程式と同じである. また, この方程式は (9.23) 式の一様等方時空の膨張則を表すフリードマン方程式で $\Omega_\Lambda = \Omega_r = 0$ とした場合とも同じであり, その解は (9.25)-(9.27) 式で $B = 0$ とし, $a \to r$, $A \to M$, $K \to -2E$ と置き換えたもので与えられる.

第7章

問題1

$$g^{\mu\nu}\partial_\mu\partial_\nu = -\frac{1}{c^2\Delta}\left(r^2 + a^2 + \frac{2Mra^2}{\Sigma}\sin^2\theta\right)\partial_t^2 + \frac{\Delta}{\Sigma}\partial_r^2$$
$$+ \frac{1}{\Sigma}\partial_\theta^2 + \frac{1}{\Delta\sin^2\theta}\left(1 - \frac{2Mr}{\Sigma}\right)\partial_\varphi^2 - \frac{4Mra}{c\Delta\Sigma}\partial_\varphi\partial_t$$

問題2　省略

問題3　確かめるのは代入するだけなので省略. $K_{(\mu\nu;\rho)} = 0$ となることは直接計算することもできるが, Q が測地線に沿って変化しないことから, 任意の

u^μ に対して $K_{(\mu\nu;\rho)}u^\mu u^\nu u^\rho = 0$ であることがわかる．$u^\mu = \sum_\alpha c^\alpha e^\mu_{(\alpha)}$ を代入し，c^α, c^β, c^γ, で微分すれば，$K_{(\mu\nu;\rho)}e^\mu_{(\alpha)}e^\nu_{(\beta)}e^\rho_{(\gamma)} = 0$ となり，題意が示される．

問題4

$$\lim_{r \to r_+} \Sigma = 2Mr_+(1 - c^{-1}a\Omega_H \sin^2\theta),$$

$$\lim_{r \to r_+} |\Delta_{,\mu}| \approx \lim_{r \to r_+} |e^\mu_{(2)}\Delta_{,\mu}| = \lim_{r \to r_+} \sqrt{\frac{\Delta}{\Sigma}}|\partial_r \Delta|$$

を示せばよい．

問題5　(1) λ を分離定数として，

$$\frac{d}{dr}\Delta\frac{dR}{dr} + \left(\frac{\left((r^2+a^2)\frac{\omega}{c} - am\right)^2}{\Delta} - \lambda\right)R = 0,$$

$$\frac{1}{\sin\theta}\frac{d}{d\theta}\sin\theta\frac{d\Theta}{d\theta} - \left(a^2\frac{\omega^2}{c^2}\sin^2\theta + \frac{m^2}{\sin^2\theta} - 2\frac{am\omega}{c} - \lambda\right)\Theta = 0.$$

(2) $\bar{R}$ を R の複素共役として $W := (r^2+a^2)\left(\bar{R}(dR/dr^*) - R(d\bar{R}/dr^*)\right)$ が r に依らないことを用いて，$2Mr_+k|\mathcal{T}|^2 = \omega(1 - |\mathcal{R}|^2)$ が導かれる．

(3) i) の方程式から，$k = \pm(\omega - \Omega_H m)/c$ でなければならない．次に符号を決定する．$t = $ 一定面に垂直な未来向きの単位ベクトルを $\hat{t}^\mu$, $r = $ 一定面に垂直な外向き単位ベクトルを $\hat{r}_\mu = e^{(2)}_\mu$ とする．$r \to r_+$ の極限では，$\hat{t}^\mu = e^{(0)}_\mu$ である．波数ベクトル k_μ は $k_\mu \approx -i\partial_\mu \log\phi$ と与えられるので，$r \to r_+$ の極限で $-\hat{t}^\mu k_\mu \to \dfrac{(r_+^2+a^2)}{c\sqrt{\Delta\Sigma}}(\omega - m\Omega_H)$, $\hat{r}^\mu k_\mu = -k\sqrt{\dfrac{\Delta}{\Sigma}}$ となる．内向きに進行する波であるためには，$-\hat{t}^\mu k_\mu$ と $\hat{r}^\mu k_\mu$ は逆符号である必要がある．これより，$k = (\omega - \Omega_H m)/c$ と決まる．$\omega/k < 0$ となる場合，すなわち，$m > 0$ ならば $0 < \omega < \Omega_H m$ の範囲の波に関しては $|\mathcal{R}|^2 > 1$ となり，反射波の振幅が入射波の振幅を上回る．

第8章

問題1　$\xi_{\nu;\alpha} = -\xi_{\alpha;\nu}$, および，$R^\lambda_{\beta\alpha\nu} = -R^\lambda_{\beta\nu\alpha} = R^\lambda_{\nu\alpha\beta} + R^\lambda_{\alpha\beta\nu}$ を用いて

$$\xi_{\nu;\alpha\beta} - \xi_{\nu;\beta\alpha} = R^\lambda_{\nu\alpha\beta}\xi_\lambda,$$

$$\xi_{\alpha;\beta\nu} - \xi_{\alpha;\nu\beta} = R^{\lambda}{}_{\alpha\beta\nu}\xi_{\lambda},$$

$$\xi_{\beta;\alpha\nu} - \xi_{\beta;\nu\alpha} = R^{\lambda}{}_{\beta\alpha\nu}\xi_{\lambda}$$

を足し合わせると求める関係式が得られる.

問題 2　$R_{\mu\nu}$ はクリストッフェル記号の 1 階微分で書かれるので, 背景時空の局所慣性系で考えてから, 微分を共変な形にすればよい. ちなみに, クリストッフェル記号の 1 次の摂動は (8.38) 式で, 2 次の摂動は

$$\overset{[2]}{\Gamma}{}^{\alpha}{}_{\mu\nu} = -\frac{1}{2}h^{\alpha\beta}\left(h_{\mu\beta;\nu} + h_{\nu\beta;\mu} - h_{\mu\nu;\beta}\right)$$

と与えられる. いずれも, 背景時空上のテンソルであるので, 背景時空の局所慣性系で計算してから共変な形にすることで得られる.

問題 3　物質のエネルギー密度を ϵ とし, 空間的な広がりのサイズを L, 典型的な速度を v とすれば, 物質の圧力 P は重力と圧力勾配のつり合いから $P = O(\epsilon G_N M/c^2 L)$ となる. ここで M は系の質量である. 重力の束縛エネルギーと運動エネルギーが釣り合うとすると, $G_N M/c^2 L = O((v/c)^2)$ であるので, 大きさを $\beta := (v/c)$ のべきで表すことにする. すると, 物質場のエネルギー運動量テンソルの大きさはおおよそ

$$T_{00} = O(\epsilon), \qquad T_{0i} = O(\epsilon\beta), \qquad T_{ij} = O(\epsilon\beta^2)$$

と評価できる. 一方で, 計量テンソルの摂動 $h^{\alpha}{}_{\beta}$ はニュートンポテンシャルの大きさから $O(\beta^2)$ と評価でき, $c^4 h/G_N L^2 = O(c^2 M/L^3) = O(\epsilon)$ のように ϵ の大きさとも関係づく. また, 典型的な振動数を ω とすると, $\omega = O(v/R)$ と評価できる. 時間微分は ω のオーダー, 空間微分は $1/L$ のオーダーであるとして, (8.54)式を評価すると,

$$\overset{(GW)}{T}{}_{00} = O(\varepsilon\beta^4), \qquad \overset{(GW)}{T}{}_{0i} = O(\varepsilon\beta^3), \qquad \overset{(GW)}{T}{}_{ij} = O(\varepsilon\beta^2)$$

となる.

問題 4　並進対称性があるので, $x'^{\mu} = 0$ としても一般性は失われない. グリーン関数のフーリエ変換を $\tilde{G}_k = (2\pi)^{-4}\int d^4 x e^{-ik_{\mu}x^{\mu}}G(x,0)$ と定義すると $\tilde{G}_k = (2\pi)^{-4}(k_0^2 - k^2)^{-1}$ となる. ただし, ここで $k = |\boldsymbol{k}|$ である. これより,

$$G(x,0) = \int d^4 k e^{ik_{\mu}x^{\mu}}\tilde{G}_k = \int \frac{dk_0\, k^2 dk\, d\cos\theta}{(2\pi)^3}\frac{e^{i(-k_0(ct)+ik\cos\theta)}}{(k_0 + i\varepsilon)^2 - k^2}$$

を得る．無限小の $\varepsilon > 0$ は $t < 0$ の場合に k_0 積分により，表式が自明に 0 になるように積分路を選んだことに対応する．この積分を $t > 0$ を仮定して順に実行すれば求めるべき表式を得る．

問題 5 (1) 座標変換で $h'_{00}(x^\mu) = h_{00}(x^\mu + \xi^\mu) + 2\xi^0_{,0}$ と変換することから，$\xi^j = -b^j(ct)/r_g$ とすればこの項を消すことができる．この座標変換は座標原点を重心に選びなおす操作に対応する．

(2) $\partial_j \partial^j h_{0i} = 0$ の遠方で減衰する一般解は $1/r$，および，その微分から作られる量に適当な定数をかけることで，

$$h_{0i} = c_i \frac{1}{r} + \sum_j c_{ij} \left(\frac{1}{r}\right)_{,j} + \cdots$$

のように与えることができる．$\partial^j h_{0j} = 0$ の座標条件を課すと

$$0 = c_j \left(\frac{1}{r}\right)_{,j} + \sum_j c_{ij} \left(\frac{1}{r}\right)_{,ij} + \cdots$$

となり，$c_j = 0$，および，q を定数，$\tilde{c}_{ij} = -\tilde{c}_{ji}$ として，$c_{ij} = q\delta_{ij} + \tilde{c}_{ij}$ を得る．ここで，$\xi^0 = -q/r$ と選び座標変換をすると q が関係する項を消去することができる．

問題 6 左辺の積分には特別な方向がないので，添字を持つ量はクロネッカーデルタの積で書かれる以外にない．完全反対称記号はすべての添字の入れ替えに対して反対称なので現れない．全ての添字に対する入れ替えに対して対称であることから右辺の形になると決まる．最後に $\{i,j\}$，$\{l,m\}$ について縮約をとることで，係数を決定すればよい．

第9章

問題 1 $T_0^{\ 0} = -\epsilon$，$T_i^{\ j} = P\delta_i^{\ j}$ であることから，

$$0 = T_0^{\ 0}_{\ ,0} + \Gamma^\nu_{\ \nu 0} T_0^{\ 0} - \left(\Gamma^0_{\ 00} T_0^{\ 0} + \Gamma^i_{\ 0j} T_i^{\ j}\right) = -\dot{\epsilon} - 3H(\epsilon + P).$$

を得る．また，残りのアインシュタイン方程式で対称性から消えないのは $\{i,j\}$ 成分のみであるが，計算すると，

$$2\dot{H} + 3H^2 + \frac{k}{a^2} = -8\pi G_N P$$

が得られる．この方程式が自明に満たされることは (9.7) 式の微分から得られる

$$2H(\dot{H} + H^2) = \frac{8\pi G_N}{3}(\dot{\epsilon} + 2H\epsilon)$$

と，(9.10) 式を用いることで示される．

問題 2　$\Omega_\Lambda < 0$ ならば，必ず収縮に転じる．$\Omega_\Lambda > 0$ の場合には，$K < 0$ であれば収縮に転じることはない．$K > 0$ の場合には，収縮に転じる場合もあれば，転じない場合もある．

問題 3

$$\left(\frac{1}{H_0}\frac{da}{d\eta}\right)^2 = \Omega_K a^2 + \Omega_d a + \Omega_r$$

を積分する．

$$H_0\eta = \int \frac{da}{\sqrt{\Omega_K a^2 + \Omega_d a + \Omega_r}}$$
$$= \frac{1}{\sqrt{-\Omega_K}}\mathrm{Arcsin}\frac{a + \Omega_d/2\Omega_K}{\sqrt{(\Omega_d/2\Omega_K)^2 - \Omega_r/\Omega_K}} + 定数.$$

これより，$K = 1$ の場合には，

$$a = -\frac{\Omega_d}{2\Omega_K} + \sqrt{(\Omega_d/2\Omega_K)^2 - \Omega_r/\Omega_K}\sin\left(\eta + 定数\right)$$
$$= -\frac{\Omega_d}{2\Omega_K} + \sqrt{\frac{\Omega_d^2 - 4\Omega_r\Omega_K}{4\Omega_K^2}}\left(\alpha\sin\eta + \beta\cos\eta\right)$$

となり，α, β は $\alpha^2 + \beta^2 = 1$ を満たす定数である．$\eta = 0$ で $a = 0$ となるように定数を選ぶことにすると，

$$\alpha = \sqrt{\frac{-4\Omega_r\Omega_K}{\Omega_d^2 - 4\Omega_r\Omega_K}}, \quad \beta = \frac{-\Omega_d}{\sqrt{\Omega_d^2 - 4\Omega_r\Omega_K}},$$

となり，代入すると a に対する表式が得られる．更に，$t = a\int d\eta$ から t が得られる．$K = -1$ の場合も同様．

問題 4　適当に変数変換をして積分する．例えば，$\cosh\beta = \sqrt{1 + a^3\Omega_\Lambda/\Omega_d}$ と変数を置き換える．

問題 5

$$q_0 \equiv -\left.\frac{\ddot{a}}{aH_0^2}\right|_{t=t_0} = -\frac{1}{2}\left(2\Omega_\Lambda - \Omega_d - 2\Omega_r\right)$$

問題6　$d^3k \to 4\pi k^2 dk$ と置き換え,

$$\frac{1}{1+x} = \sum_{n=0}^{\infty} (-x)^n$$

を用いて展開したのち, 項別に積分すればよい.

問題7　共同座標での波数 $\boldsymbol{k}$ でラベルされる状態の粒子の占有率は変化しない. これを t_i は初期時刻として式で表すと,

$$\frac{1}{1 - e^{k/a(t_i)T(t_i)}} = \frac{1}{1 - e^{k/a(t)T(t)}}$$

である. したがって, 温度が $a(t)T(t) = $ 一定を保つように変化するだけであることがわかる.

問題8　省略

第10章

問題1　(5.41)式の形から, $N^i = 0$ としても $\det g_{\mu\nu}$ は変化しない. このことは $d\tilde{x}^i := dx^i + N^i d\sigma$ を基底に選びなおした際に, 基底の変換のヤコビ行列式 $\det(\partial \tilde{x}^\mu / \partial x^\nu) = 1$ となることからも明らか.

問題2

$$k^2 \int d^3x \sqrt{q} Y_k(\boldsymbol{x}) Y_{k'}(\boldsymbol{x}) = -\int d^3x \sqrt{q} (\Delta Y_k(\boldsymbol{x})) Y_{k'}(\boldsymbol{x})$$

$$= -\int d^3x \sqrt{q} Y_k(\boldsymbol{x}) (\Delta Y_{k'}(\boldsymbol{x})) = k'^2 \int d^3x \sqrt{q} Y_k(\boldsymbol{x}) Y_{k'}(\boldsymbol{x})$$

より, $k \neq k'$ のとき直交することが示される.

問題3　規格直交化条件 (10.10)から, $\bar{u}_j$ の係数は,

$$(u_i, \bar{u}_j) = (\bar{u}_j, u_i)^* = \alpha_{ji}^*$$

と求まる. ここで, $(u, v) = (v, u)^*$ の関係を用いた. $\bar{u}_j^*$ の係数についても同様.

問題4　$n_\mu = -\dfrac{\partial t}{\partial x^\mu} \left| \dfrac{\partial t}{\partial x^\rho} \right|^{-1}$ を微分する際に, $|\partial t / \partial x^\rho|$ に微分が作用する項は, $\tilde{\Sigma}$ 面への射影で消える. $\dfrac{\partial t}{\partial x^\mu}$ に微分が作用する項は明らかに添字の入れ替えに対して対称.

問題5　(1)
$$v_c = v_N,$$
$$\delta_c = \delta_N + 3k^{-1}\mathcal{H}(1+w)v_N,$$
$$\delta P_c = \delta P_N - P'k^{-1}v_N.$$

(2) (10.121)式より，$\Phi = \Psi$ であるが，これを ϕ とした.
$$\dot{\delta}_c - 3wH\delta_c = -(1+w)\frac{k}{a}v_c,$$
$$\dot{v}_c + Hv_c = \frac{k}{a}\frac{\delta P_c}{\epsilon + P} + \frac{k}{a}\phi$$

となり，(10.120)式から得られるポアッソン方程式
$$-\frac{k^2}{a^2}\phi = 4\pi G_N \epsilon \delta_c$$

と合わせて，ニュートン重力の場合の摂動の式と類似の方程式が得られる.

(3) $w = 0$ として，v_c，および，ϕ を前問の方程式系から消去すると，塵状物質からなる宇宙モデルでの摂動方程式が
$$\ddot{\delta}_{c\boldsymbol{k}} + 2H\dot{\delta}_{c\boldsymbol{k}} - \frac{3}{2}H^2\delta_{c\boldsymbol{k}} = 0$$

と得られる. この解は，c_1, c_2 を任意定数として，$\delta_{c\boldsymbol{k}} = c_1 t^{2/3} + c_2 t^{-1}$ と得られる. 十分時間が経つと第1項が卓越する. その際に，$\phi_{\boldsymbol{k}} = -\dfrac{4\pi G_N a^2 \epsilon}{k^2}\delta_{c\boldsymbol{k}}$ であり，$\epsilon \propto 1/a^3$ であることと $a \propto t^{2/3}$ から，ニュートンポテンシャルは時間変化しないことがわかる.

問題6　$\mathcal{H}' = -\mathcal{H}^2(1+3w)/2$ であることを用いて計算する. w' を含む項に関しては互いに打ち消しあうので具体的に計算する必要はない.

問題7　省略

問題8　リー微分の分配則を $\delta^\mu_{\ \rho} = q^{\mu\nu}q_{\nu\rho}$ に対して適用して得られる $\mathcal{L}_n q^{\mu\nu} = -2K^{\mu\nu}$ を用いればよい.

第11章

問題1　規格化された正振動数関数は $e^{ik_\mu x^\mu}/\sqrt{2k(2\pi)^3}$ なので，$\Delta x^\mu = x^\mu - x'^\mu$ として
$$\langle 0|\varphi(x)\varphi(x')|0\rangle = \int d^3k\, u_k(x)u_k^*(x') = \int \frac{d^3k}{(2\pi)^3 2k}e^{ik_\mu \Delta x^\mu}$$

を計算すればよい. $k_0 = -|\boldsymbol{k}| \to -\infty$ で積分が収束するためには, Δx^0 を $\Delta x^0 - i\varepsilon$ と置き換え, 微小な負の虚数部分を加えておく必要がある. $\Delta \boldsymbol{x}$ と $\boldsymbol{k}$ のなす角を θ として, $\int d^3 k = 2\pi \int k^2 dk\, d\cos\theta$ として $\cos\theta$ に関する積分を行えば, 求めるべき表式が得られる.

問題 2

$$\frac{\omega^2}{c^2} < \frac{1}{512 r_g^2}\Big[27l^8 + 108l^7 + 198l^6 + 216l^5 + 137l^4 + 40l^3 + 38l^2$$
$$+ 36l + 27 + (-9l^6 - 27l^5 - 32l^4 - 19l^3 + 5l + 9)$$
$$\times \sqrt{9 + l(l+1)(9l^2 + 9l + 14)}\Big]$$

が $\omega^2/c^2 - V_l > 0$ となる領域の存在する条件である. ℓ が大きい極限では $r_g\omega/c < 2l/3\sqrt{3}$ となり, 古典的な運動が落下軌道となるための条件と一致する.

問題 3　(1)(i) の添字は省略する. 4元速度 u^μ を時間成分と動径成分を並べて $(d\bar{t}/d\tau, d\bar{r}/d\tau)$ のように表すことにする. 規格化の条件は, $f(d\bar{t}/d\tau)^2 - f^{-1}(d\bar{r}/d\tau)^2 = 1$ である. 同様に, 球殻に対する単位法線ベクトル n_μ は $n_\mu = (-d\bar{r}/d\tau, d\bar{t}/d\tau)$ と与えられる. 角度方向の成分を I, J の添字で区別することにすると $K^I{}_J = \Gamma^I{}_{Jr} n^r = \dfrac{f}{r}\dfrac{d\bar{t}}{d\tau}\delta^I_J$ と計算される. また

$$u^\mu u^\nu K_{\mu\nu} = -n_\mu u^\mu{}_{;\nu} u^\nu$$
$$= -\frac{d\bar{t}}{d\tau}\frac{d^2\bar{r}}{d\tau} + \frac{d^2\bar{t}}{d\tau^2}\frac{d\bar{r}}{d\tau} - \Gamma^\rho{}_{\mu\nu} u^\mu u^\nu n_\rho$$
$$= -\frac{d\bar{t}}{d\tau}\frac{d^2\bar{r}}{d\tau} + \frac{d^2\bar{t}}{d\tau^2}\frac{d\bar{r}}{d\tau} + \frac{f'}{2f}\frac{d\bar{t}}{d\tau}\left\{2\left(\frac{d\bar{r}}{d\tau}\right)^2 - f\right\}.$$

(2) 球殻上の誘導計量を q_{ij} として, 外的曲率の飛びは (5.58)式より, $[K_{ij} - q_{ij}K] = -8\pi G_N S_{ij}$ と与えられる. $T_{\mu\nu}n^\mu = 0$ であることから, (5.40)式を適用し, $S_{ij}{}^{|j} = 0$ を得る. 対称性から u^j 方向の成分のみが非自明であるので, $0 = S_{ij}{}^{|j}u^i = -\sigma u^j{}_{|j} - \sigma_{|j}u^j$ を得る. 球殻上の線素は $ds^2 = -d\tau^2 + \bar{r}^2(\tau)(d\theta^2 + \sin^2\theta d\varphi^2)$ であり, この座標では u^j は定数ベクトルであるから, $u^j{}_{|j} = \Gamma^j{}_{jk}u^k = 2(d\log\bar{r}/d\tau)$ となり, $\dfrac{d\log\sigma}{d\tau} = -\dfrac{2d\log\bar{r}}{d\tau}$ を得る. これより, s_0 を定数として, $s(\tau) = s_0/\bar{r}^2(\tau)$

を得る.

(3) 規格化条件を用いて $d\bar{t}/d\tau$ を $\bar{r}$ を用いた表式に書き換えると

$$\sqrt{f_{(1)} + \left(\frac{d\bar{r}}{d\tau}\right)^2} - \sqrt{f_{(2)} + \left(\frac{d\bar{r}}{d\tau}\right)^2} = -\frac{4\pi G_N s_0}{\bar{r}}$$

を得る.

(4)(3) で得た方程式を時間微分した式になっていることを，規格化条件の時間微分を用いて確認すればよい.

問題 4　(1) リンドラー時空の線素は $ds^2 = -\xi^2 d\tau^2 + d\xi^2$ で与えられる. $u = t - x = -\xi e^{-\tau} =$ 一定がヌル測地線であるが，$\tau \to -\infty$ でも $\xi \to 0$ に漸近するのみである.

(2)$\left[-\frac{1}{\xi^2}\partial_\tau^2 + \partial_\xi^2\right]\phi = 0$ の解は

$$\phi_\pm^R = \frac{1}{k}e^{-i|k|\tau_R}\xi_R^{\pm ik}, \qquad (\xi > 0),$$
$$\phi_\pm^L = \frac{1}{k}e^{-i|k|\tau_L}\xi_L^{\pm ik}, \qquad (\xi < 0)$$

とその複素共役である.

(3)$x \pm t$ の任意関数が解である. また，ミンコフスキー時空での正振動数関数は $t \to -i\infty$ で発散しないことから，複素平面の下半分で正則であるべきである. これらのことから，$(x \pm (t - i\varepsilon))^{ik} = e^{\pm ik\tau_R}\xi_R^{ik} = e^{\pm\pi k}e^{\mp ik\tau_L}\xi_L^{ik}$ がミンコフスキーの正振動数関数であることがわかる. これより，(2) で与えた解と比較して，$(\phi_\pm^R + e^{-\pi|k|}\phi_\mp^{L*})/\sqrt{1 - e^{-2\pi|k|}}$ と $(\phi_\pm^L + e^{-\pi|k|}\phi_\mp^{R*})/\sqrt{1 - e^{-2\pi|k|}}$ がミンコフスキーの正振動数関数である. ここから，(10.34)式と見比べて β を読み取り，(10.44)式に代入すると，リンドラーの真空から見たときの粒子数は $n_k = 1/(e^{2\pi|k|} - 1)$ となる. 物理的な振動数は $\omega_{\mathrm{phys}} = c|k|/\xi$ であるので，温度に換算すると $T = c\hbar/2\pi k_B|\xi|$ に対応する.

索 引

□監修者

益川 敏英

　名古屋大学素粒子宇宙起源研究所名誉所長・特別教授，京都大学名誉
　教授，京都産業大学名誉教授，2021 年逝去

□編集者

植松 恒夫

　京都大学大学院理学研究科物理学・宇宙物理学専攻教授（〜2012 年 3 月）
　京都大学国際高等教育院特定教授（2013 年 4 月〜2018 年 3 月）
　京都大学名誉教授

青山 秀明

　京都大学大学院理学研究科物理学・宇宙物理学専攻教授（〜2019 年 3 月）
　京都大学大学院総合生存学館（思修館）特任教授（2019 年 4 月〜2020 年
　3 月）
　京都大学名誉教授，経済産業研究所ファカルティフェロー，理研 iTHEMS
　客員主管研究員

□著者

田中 貴浩

　京都大学大学院理学研究科教授

基幹講座 物理学　相対論　　　　　　　　　　　　　　Printed in Japan

2021 年 7 月 25 日 第 1 刷発行　　　　　　　　　　　© Takahiro Tanaka 2021
2024 年 5 月 25 日 第 2 刷発行

　　　　　　　　　　　監　修　益川　敏英
　　　　　　　　　　　編　集　植松　恒夫，青山　秀明
　　　　　　　　　　　著　者　田中　貴浩
　　　　　　　　　　　発行所　東京図書株式会社
　　　　　　　　〒102-0072 東京都千代田区飯田橋 3-11-19
　　　　　　　　振替 00140-4-13803 電話 03(3288)9461
　　　　　　　　http://www.tokyo-tosho.co.jp/

ISBN 978-4-489-02364-4